看图学规范系列丛书

看图学规范——
混凝土框架结构与厂房

王艺霖　周晓松　编著

U0283139

中国建筑工业出版社

图书在版编目（CIP）数据

看图学规范——混凝土框架结构与厂房/王艺霖，周晓松编著. —北京：中国建筑工业出版社，2018.4
（看图学规范系列丛书）
ISBN 978-7-112-21804-2

Ⅰ.①看… Ⅱ.①王… ②周… Ⅲ.①钢筋混凝土框架-框架结构-建筑规范-中国 Ⅳ.①TU375.4-65

中国版本图书馆 CIP 数据核字（2018）第 020069 号

本书依照"从整体到局部、从主要到次要"的脉络，梳理了《混凝土结构设计规范》GB 50010—2010、《高层建筑混凝土结构技术规程》JGJ 3—2010、《建筑抗震设计规范》GB 50011—2010、《建筑结构荷载规范》GB 50009—2012 这四本规范（规程）中的相关知识。清晰简洁地介绍了混凝土框架结构和厂房的基础知识、设计理念、分析与设计方法、截面计算、构造要求等重点内容，并与规范条文做了具体对应。本书的主要特色是强化"结构"概念，突出体系。同时，大量采用框图形式代替文字表达，并辅以相应的实景照片。

本书可作为土木工程相关专业本科生、研究生学习混凝土框架结构和厂房相关国家规范（规程）的辅导书，也可作为结构设计人员、施工技术人员的技术参考书。

责任编辑：刘瑞霞　刘婷婷
责任校对：李美娜

看图学规范系列丛书
看图学规范——混凝土框架结构与厂房
王艺霖　周晓松　编著

*

中国建筑工业出版社出版、发行（北京海淀三里河路 9 号）
各地新华书店、建筑书店经销
北京红光制版公司制版
环球东方（北京）印务有限公司印刷

*

开本：787×1092 毫米　1/16　印张：18¼　字数：452 千字
2018 年 4 月第一版　　2018 年 4 月第一次印刷
定价：58.00 元
ISBN 978-7-112-21804-2
（31643）

前　　言

要全面掌握混凝土框架结构和厂房的相关知识，需要深入学习《混凝土结构设计规范》GB 50010—2010（2011 年 7 月 1 日起实施，2015 年 8 月局部修订）、《高层建筑混凝土结构技术规程》JGJ 3—2010、《建筑抗震设计规范》GB 50011—2010 及《建筑结构荷载规范》GB 50009—2012 等。

为了帮助学习者尽快熟悉和掌握这四本国家规范（规程）的相关内容，本书在写作过程中力求简明扼要，大量采用框图的形式代替文字表达，同时结合诸多实景照片来进行辅助说明，帮助加深对关键概念的理解，提升学习效率和效果。

特别值得说明的是：本书并非完全依照规范（规程）的内容顺序来讲述，而是基于"强化结构概念"的观念，依照"从整体到局部、从主要到次要"的思路，对规范（规程）的相关内容作了一个新的梳理。

全书共 12 章：第 1 章是绪论；第 2 章讲述结构所受的外界作用和自身抗力；第 3 章介绍结构设计的基本概念和方法；第 4～7 章按照"从整体到局部"的顺序讲述结构设计的安全性问题［其中第 4 章针对框架结构的整体分析，第 5 章针对厂房结构的整体分析，第 6～7 章针对两大类结构中的主要受力构件（梁、板、柱）的截面分析与设计］；第 8 章介绍了节点和楼梯的设计；第 9 章介绍了框架结构和厂房中非结构构件的设计；第 10 章介绍了混凝土结构的适用性设计；第 11 章对预应力混凝土进行了专题介绍；第 12 章是结语。

在本书的编写过程中，得到了山东建筑大学领导及师生的大力支持、指导和帮助。此外，澳大利亚 North Star Design & Build 陈可高级工程师、Five Element Infrastructure Co.，Ltd 贾治龙高级工程师、中瀚国际建筑设计院张强高工、中国建筑设计集团济南分院宋本腾工程师、华海建设有限公司何清耀工程师、中铁二十五局毛爱通工程师、中铁二十一局林学武工程师、青岛海德路桥工程股份有限公司于浩工程师、湖南和天监理公司吕滔滔工程师、英国卡迪夫大学博士研究生刘晓阳、加拿大 University of Western Ontario 研究生刘明玥等提供了部分照片，特别表示感谢！

本书适用于土木工程相关专业的本科生及研究生，以及从事建筑结构设计和施工的技术人员。对于在校学生而言，本书可以帮助尽快理解混凝土框架结构和厂房的理论体系，并熟悉规范条文；对于设计院的结构设计人员、施工单位的技术人员而言，可以通过比较轻松的阅读来掌握规范条文，更好地理解核心思想。

因作者水平有限，敬请广大读者对书中错误和欠妥之处提出批评和指正。

有关结合图示和照片来编写国家规范（规程）学习辅导书的方式，本书是一个尝试，今后有待做进一步的改进。

作者

于山东济南

说　明

本书主要涉及以下规范（规程）：

1. 《混凝土结构设计规范》GB 50010—2010，本书简称为《混规》；

2. 《高层建筑混凝土结构技术规程》JGJ 3—2010，本书简称为《高规》；

3. 《建筑抗震设计规范》GB 50011—2010，本书简称为《抗震规范》；

4. 《建筑结构荷载规范》GB 50009—2012，本书简称为《荷载规范》。

目　　录

第1章 绪 论

1.1 钢筋混凝土结构的基本概念

钢筋混凝土是用圆钢筋作为配筋的普通混凝土结构。

混凝土中为什么需要配钢筋?

原因如图 1-1 所示。

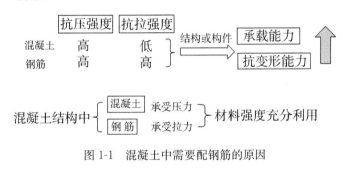

图 1-1 混凝土中需要配钢筋的原因

1.2 钢筋和混凝土的协同工作问题

钢筋和混凝土为什么能协同工作?

原因如图 1-2 所示。

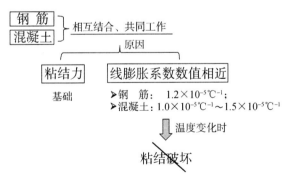

图 1-2 钢筋与混凝土协同工作的原因

注:混凝土结构设计应符合节省材料、方便施工、降低能耗与保护环境的要求。

以上参见《混规》3.2.4 条

第 2 章　结构所受的外界作用和自身抗力

本章介绍建筑物在大自然中存在的基本矛盾——"攻"与"守"。

➤ "攻"：对应"外界作用"；

➤ "守"：对应"自身抗力"。

2.1　作用的概念和分类

作用：指能使结构产生效应（内力、变形）的各种原因的总称。

根据性质不同，可进行多种分类。其中，可按直接性和间接性进行分类，如图 2-1 所示。

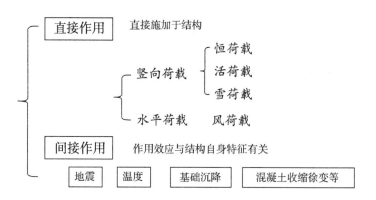

图 2-1　作用按直接性和间接性分类

直接作用又称为"荷载"。

当混凝土的收缩、徐变以及温度变化等间接作用在结构中产生的作用效应可能危及结构的安全或正常使用时，宜进行间接作用效应的分析，并应采用相应的构造措施和施工措施。

间接作用效应的分析如何进行？

（1）可采用弹塑性分析方法（参考《混规》5.5 节）；

（2）也可考虑裂缝和徐变对构件刚度的影响，按弹性方法进行近似分析。

> 以上参见《混规》5.7 节

因本书主要研究的是直接作用（荷载），因此后面直接将"作用"称为"荷载"。

下面依据《荷载规范》对常见荷载及其代表值进行介绍。其他荷载的情况参见《荷载规范》。

2.2　常见荷载及其代表值

✳ 2.2.1　荷载代表值的概念

要定量地确定荷载，需要考虑到一般都具有的明显变异性。在设计时为了方便取值，通常是考虑荷载的统计特征，赋予其一个规定的量值，称为"代表值"。

荷载可以根据不同的设计要求规定不同的代表值，使其能更准确地反映出在设计中的特点。

常用的代表值有以下两种。

1. 荷载的标准值

结构在正常使用期间可能出现的最大荷载值称为荷载标准值。荷载标准值是荷载的基本代表值。

关于"正常使用期间"：《建筑结构荷载规范》对于一般的建筑结构，统一取 50 年作为"正常使用期间"的持续时间，用一个比较专业的词命名为"设计基准期"。即：可变荷载的统计参数都是按设计基准期（50 年）确定的。

真正往后看五十年显然是做不到的。怎么办？

如图 2-2 所示。

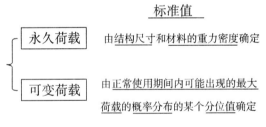

图 2-2　标准值的确定方法

2. 荷载准永久值

如图 2-3 所示。

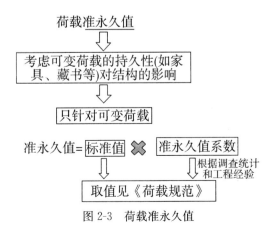

图 2-3　荷载准永久值

准永久值只针对可变荷载。用于考虑某些可变荷载（如家具）的持久性对结构的影响。书库等建筑的楼面活载中，准永久荷载值占的比例达到 80%。

准永久值由标准值乘以一个准永久值系数得到。准永久值系数 ψ_q：是根据在设计基准期内荷载达到和超过该值的总持续时间与设计基准期内总持续时间的比值而确定。具体由调查统计和工程经验得到。可从《荷载规范》中查到。

下面具体介绍最常用的民用建筑的楼面活荷载及其代表值。

✳ 2.2.2　民用建筑的楼面活荷载

详见二维码链接 2-1。

2.3　抗　力　R

结构对外界作用的抵抗能力用字母 R（Resistance）来代表。

显然，抗力 R 与材料自身对各种内力的抵抗能力、构件的几何尺寸有关。如图 2-4 所示：

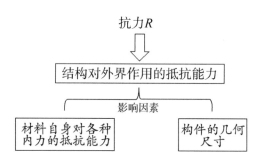

图 2-4　抗力 R 的影响因素

R 可展开表达为：

$$R = R(f_c, f_s, a_k, \cdots)\gamma_{Rd} \qquad 《混规》式（3.3.2-2）$$

式中　　$R(\cdot)$——抗力函数；

　　　　γ_{Rd}——结构构件的抗力模型不定性系数，

　　　　　　➤ 一般设计时：取 1.0；

　　　　　　➤ 对不确定性较大的结构构件：可根据具体情况取大于 1 的数值；

　　　　　　➤ 抗震设计时：应用承载力抗震调整系数 γ_{RE} 代替 γ_{Rd}；

　　　　a_k——几何参数的标准值，一般不用考虑。当几何参数的变异性对结构性能有明显的不利影响时，才需要增加或减去一个附加值；

例如，薄板的截面有效高度的变异性对其正截面承载力有明显影响，因此在确定有效高度时宜考虑施工允许偏差带来的不利影响。

f_c——混凝土的强度；

f_s——钢筋的强度。

以上参见《混规》3.3.2条

构件所受的内力形式不同时，R 显然也不同。

基本的内力形式有 3 种（轴力、剪力、力矩）。但这些内力还可能组合之后作用在构件上，比如压弯、拉弯、压（拉）弯剪、压（拉）弯剪扭等。在每种情况下，都有对应的 R。

各种内力效应下相应 R 的计算方法将结合构件的形式在第 6、7 章介绍。

下面首先介绍一下材料自身的物理力学性能。

✸ 2.3.1　混凝土的物理力学性能

详见二维码链接 2-2。

✸ 2.3.2　钢筋的物理力学性能

详见二维码链接 2-3。

✸ 2.3.3　钢筋与混凝土之间的粘结和锚固

粘结和锚固是钢筋和混凝土形成整体、共同工作的基础。

1. 粘结的机理与强度分析

粘结的机理包括三部分，如图 2-5 所示。

混凝土中水泥胶体与钢筋表面的胶结力
当钢筋与混凝土产生相对滑动后，胶结作用即丧失

混凝土因收缩将钢筋握紧而产生的钢筋与混凝土间的摩擦力
大小取决于握裹力和钢筋与混凝土表面的摩擦系数

机械咬合力

图 2-5　粘结的机理

对机械咬合力要分两种情况进行讨论：

（1）光面钢筋

机械咬合力很低，为什么？

机械咬合力来自于钢筋表面的凹凸不平。凸凹程度很小，所以咬合力不大。

因此，光面钢筋与混凝土的粘结强度是较低的。

为保证光面钢筋的锚固，通常需在钢筋端部弯钩、弯折或加焊短钢筋以阻止钢筋与混凝土间产生较大的相对滑动。

（2）变形钢筋

将钢筋表面轧制出肋形，成为带肋钢筋，即变形钢筋，可显著增加钢筋与混凝土的机械咬合作用，从而大大增加了粘结强度。

注意

对于强度较高的钢筋，均需做成变形钢筋，以保证钢筋与混凝土间具有足够的粘结强度，使钢筋的强度得以充分发挥。

图 2-6　混凝土劈裂

为了更好地量化粘结性能，定义一个概念——粘结应力：指钢筋与混凝土界面间的剪应力。

钢筋与混凝土之间的应力传递正是通过这种粘结应力来实现的。

进一步定义一个概念——粘结强度 τ_u：粘结破坏（钢筋拔出或混凝土劈裂，图 2-6）时钢筋与混凝土界面上的最大平均粘结应力。用来衡量粘结性能的好坏。

$$\tau_u = \frac{F}{\pi dl} = \frac{\sigma_s A_s}{\pi dl} \tag{2-1}$$

2. 影响粘结强度的主要因素

（1）混凝土强度

光面钢筋和变形钢筋的粘结强度均随混凝土强度的提高而增加，但并不与立方体强度 f_{cu} 成正比，而与抗拉强度 f_t 成正比（图 2-7）。

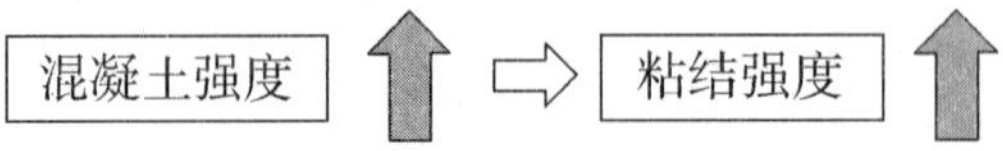

混凝土强度 ⬆ ⇨ 粘结强度 ⬆

图 2-7　混凝土强度与粘结强度的关系

（2）保护层厚度和钢筋净间距

从最外层钢筋的外表面到截面边缘的垂直距离，称为保护层厚度。

保护层的作用是什么？

是防止纵向钢筋锈蚀；在火灾情况下使钢筋的温度上升缓慢；使纵筋和混凝土有较好的粘结。

保护层厚度在施工时如何实现？

如图 2-8 所示。

保护层的最小厚度根据环境类别及混凝土强度等级，由《混规》表 8.2.1 查得。

图 2-8　钢筋保护层的实现（供图：宋本腾）
（图中的圆形件就是用来在混凝土浇筑时确保实现保护层厚度的）

《混规》表 8.2.1　混凝土保护层的最小厚度 c（mm）

环境类别	板、墙、壳	梁、柱、杆
一	15	20
二 a	20	25
二 b	25	35
三 a	30	40
三 b	40	50

注：1. 混凝土强度等级不大于 C25 时，表中保护层厚度数值应增加 5mm；

2. 钢筋混凝土基础宜设置混凝土垫层，基础中钢筋的混凝土保护层厚度应从垫层顶面算起，且不应小于 40mm。

对变形钢筋，粘结强度主要取决于劈裂破坏。因此：

① 相对保护层厚度 c/d（c 为保护层厚度，d 为钢筋直径）越大，混凝土抵抗劈裂破坏的能力也越大，粘结强度越高；

② 钢筋净距 s 与直径 d 的比值 s/d 越大，粘结强度也越高。

如图 2-9 所示。

（3）横向配筋

径向裂缝到达构件表面将形成劈裂裂缝：劈裂裂缝是顺钢筋方向产生的，对钢筋锈蚀的影响比受弯垂直裂缝更大，将严重降低构件的耐久性。

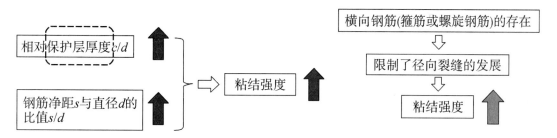

图 2-9　保护层厚度和钢筋净间距对粘结强度的影响　　　图 2-10　横向配筋的影响

配置横向钢筋可以阻止径向裂缝的发展，如图 2-10 所示。因此，如图 2-11 所示。

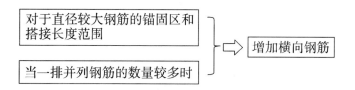

图 2-11　配置横向钢筋的情况

（4）钢筋表面和外形特征

对粘结强度的影响如图 2-12 所示。

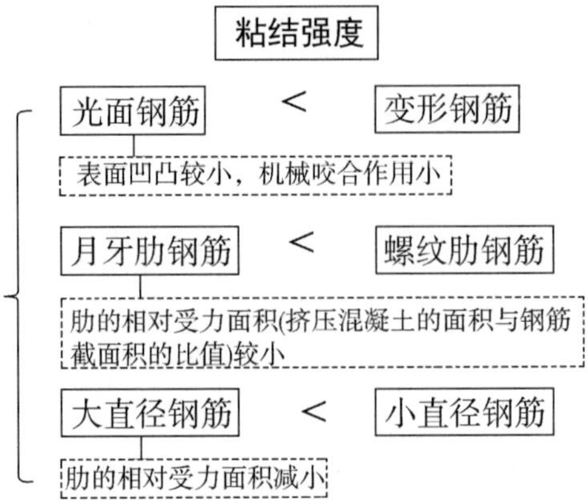

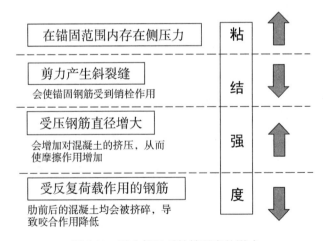

粘结强度

光面钢筋 < 变形钢筋

表面凹凸较小，机械咬合作用小

月牙肋钢筋 < 螺纹肋钢筋

肋的相对受力面积(挤压混凝土的面积与钢筋截面积的比值)较小

大直径钢筋 < 小直径钢筋

肋的相对受力面积减小

图 2-12 钢筋表面和外形特征的影响

说 明

光面钢筋表面凹凸较小，机械咬合作用小，粘结强度低。对于月牙肋和螺纹肋变形钢筋，前者肋的相对受力面积（挤压混凝土的面积与钢筋截面积的比值）较小，粘结强度比后者低一些。

由于变形钢筋的外形参数不随直径成比例变化，对于直径较大的变形钢筋，肋的相对受力面积减小，粘结强度也有所减小。

此外，当钢筋表面为防止锈蚀涂环氧树脂时，钢筋表面较为光滑，粘结强度也将有所降低。

（5）受力情况

受力情况对粘结强度的影响如图 2-13 所示。

在锚固范围内存在侧压力　　粘

剪力产生斜裂缝
会使锚固钢筋受到销栓作用　　结

受压钢筋直径增大
会增加对混凝土的挤压，从而
使摩擦作用增加　　强

受反复荷载作用的钢筋
肋前后的混凝土均会被挤碎，导
致咬合作用降低　　度

图 2-13 受力情况对粘结强度的影响

因此可知，提高粘结强度的主要方法有：

① 在钢筋周围配置横向钢筋（箍筋或螺旋钢筋）；

② 增加混凝土的保护层厚度。

注："刮犁式"破坏是变形钢筋与混凝土粘结强度的上限。

3. 受拉钢筋的锚固

钢筋所需锚固长度的确定依据：钢筋受拉达到屈服（强度充分发挥）时，不产生粘结破坏。对应临界情况：钢筋达到受拉屈服。该临界情况的锚固长度称为基本锚固长度 l_{ab}。

下面以光面钢筋的情况为例来确定其取值。

根据拔出试验中钢筋受力平衡关系可得：

$$l_{ab} = \frac{f_y A_s}{\tau_u \cdot \pi d} = \frac{1}{4} \cdot \frac{f_y}{\tau_u} d \tag{2-2}$$

根据前面已知，粘结强度 τ_u 与混凝土抗拉强度 f_t 成正比，另外考虑非光面钢筋的通用情况，可将表达式修正为：

$$l_{ab} = \alpha \frac{f_y}{f_t} d \qquad \text{《混规》式（8.3.1-1）}$$

式中　α——锚固钢筋的外形系数。经过对各类钢筋的系统性粘结锚固试验研究，结合可靠度分析后，得到具体取值如《混规》表 8.3.1 所示。

　　　f_y——钢筋的屈服强度值。

《混规》表 8.3.1　锚固钢筋的外形系数

钢筋类型	光面钢筋	带肋钢筋	三面刻痕钢丝	三股钢绞线	七股钢绞线
钢筋外形系数	0.16	0.14	0.19	0.16	0.17

注：1. 光面钢筋系指 HPB235 级热轧钢筋；带肋钢筋系指 HRB335、HRB400、RRB400 级热轧钢筋及热处理钢筋。

　　2. f_t：当大于 C60 时，按 C60 取。

在实际应用时，还需根据构件中钢筋的受力情况、保护层厚度、钢筋形式等情况，采用基本锚固长度 l_{ab} 乘以修正系数得到的实际锚固长度：

$$l_a = \zeta_a l_{ab} \qquad \text{《混规》式（8.3.1-3）}$$

式中　l_a——受拉钢筋的锚固长度；

　　　ζ_a——锚固长度修正系数。按下列规定取用：

➢ 当带肋钢筋的直径>25mm 时，为反映粗直径带肋钢筋相对肋高减小对锚固作用降低的影响，锚固长度应适当加大，ζ_a 取 1.10；

➢ 当采用环氧树脂涂层钢筋时，钢筋表面光滑状态对锚固有不利影响，根据试验分析的结果并参考国外标准的有关规定，ζ_a 取 1.25；

➢ 采用滑模施工或有其他施工期依托钢筋承载的情况时，为反映这类施工扰动对钢筋锚固作用的不利影响，ζ_a 取 1.10；

➢ 当混凝土保护层厚度较大时，握裹作用加强，锚固长度可适当缩短。经过试验研究及可靠度分析，并结合工程实践经验：当保护层厚度>锚固钢筋直径的 3 倍时，ζ_a 取 0.80；当保护层厚度＞锚固钢筋直径的 5 倍时，ζ_a 取 0.70；中间情况插值。

汇总如图 2-14 所示。

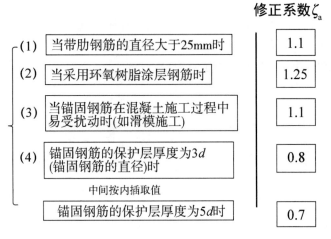

图 2-14　锚固长度修正系数 ζ_a 的取值

以上参见《混规》8.3.2 条

> **注意**
>
> 当钢筋末端采用弯钩或机械锚固措施时，可将包括附加锚固端头在内的锚固长度取为基本锚固长度的 0.6 倍。
>
> 为什么？
>
> 受力钢筋端部锚头（弯钩、贴焊锚筋、焊接锚板或螺栓锚头）会对混凝土产生局部挤压作用，从而加大锚固承载力，使钢筋不易发生锚固拔出破坏。

根据近年的试验研究，参考国外规范并考虑方便施工，确定了几种钢筋弯钩和机械锚固的形式（见《混规》图 8.3.3），并明确相应的技术要求，如图 2-15～图 2-17 所示。详见《混规》表 8.3.3。

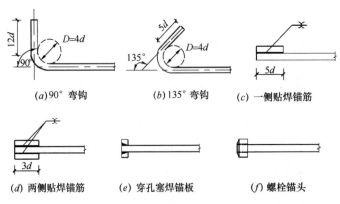

《混规》图 8.3.3　弯钩和机械锚固的形式和技术要求

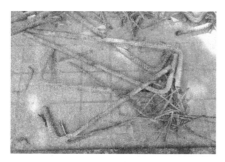

图 2-15　末端 90°弯钩（一）

图 2-16　末端 90°弯钩（二）

图 2-17　制作钢筋弯钩的机器

《混规》表 8.3.3　钢筋弯钩和机械锚固的形式和技术要求

锚固形式	技术要求
90°弯钩	末端 90°弯钩，弯钩内径 4d，弯后直段长度 12d
135°弯钩	末端 135°弯钩，弯钩内径 4d，弯后直段长度 5d
一侧贴焊锚筋	末端一侧贴焊长 5d 同直径钢筋
两侧贴焊锚筋	末端两侧贴焊长 3d 同直径钢筋
焊端锚板	末端与厚度 d 的锚板穿孔塞焊
螺栓锚头	末端旋入螺栓锚头

以上参见《混规》8.3.3 条

此外，当考虑抗震时，地震作用下的钢筋锚固端可能处于拉、压反复受力状态或拉力大小交替变化状态，其粘结锚固性能比静力粘结锚固性能要弱，主要表现为锚固强度退化、锚固端的滑移量偏大。

为此，根据试验结果并参考国外规范的规定，在静力要求的受拉钢筋锚固长度的基础上，对一、二、三级抗震等级的构件，应乘以不同的锚固长度增大系数。具体来说，纵向受拉钢筋的锚固长度记为 l_{aE}，应按下式计算：

$$l_{aE} = \zeta_{aE} l_a \qquad \text{《混规》式 (11.1.7-1)}$$

式中 ζ_{aE}——纵向受拉钢筋抗震锚固长度修正系数：

> 对一、二级抗震等级：取 1.15；

> 对三级抗震等级：取 1.05；

> 对四级抗震等级：取 1.00。

以上参见《混规》11.1.7 条

4. 受压钢筋的锚固

对于纵向受压钢筋（如柱及桁架上弦等构件中），当计算中充分利用其抗压强度时，根据工程经验、试验研究及可靠度分析，发现锚固长度可小于相应受拉钢筋的锚固长度要求。

结合国外规范，确定受压钢筋的锚固长度不应小于相应受拉锚固长度的 70%。

同时规定，受压钢筋不应采用末端弯钩和一侧贴焊锚筋的锚固措施。

以上参见《混规》8.3.4 条

5. 补充说明

（1）无论是受拉还是受压钢筋，在锚固范围内，当锚固钢筋的保护层厚度≤5d（d 为锚固钢筋的直径）时，为了防止保护层混凝土劈裂时钢筋突然失锚，锚固长度范围内应配置横向构造钢筋，且：

> 直径：≥$d/4$；

> 间距：≤100mm。

同时：

> 对梁、柱、斜撑等构件：≤5d；

> 对板、墙等平面构件：≤10d。

（2）对于承受动力荷载的预制构件

根据长期工程实践经验，应将纵向受力普通钢筋末端焊接在钢板或角钢上，钢板或角钢应可靠地锚固在混凝土中。

钢筋或角钢的尺寸应按计算确定，其厚度不宜小于 10mm。

以上参见《混规》8.3.1 条和 8.3.5 条

其他构件中受力普通钢筋的末端也可通过焊接钢板或型钢来实现锚固。

第3章 结构设计的基本概念和方法

3.1 结构设计的内容

结构设计应包括哪些内容？

（1）结构方案设计（包括结构选型、构件布置及传力路径）；

（2）作用及作用效应分析；

（3）结构的极限状态设计；

（4）结构及构件的构造、连接措施；

（5）耐久性及施工的要求；

（6）满足特殊要求结构的专门性能设计。

以上参见《混规》3.1.1 条

3.2 结构的功能要求及界限分析

✳ 3.2.1 结构的功能要求

从需求出发来考虑，结构应该满足的功能要求可概括为图 3-1。

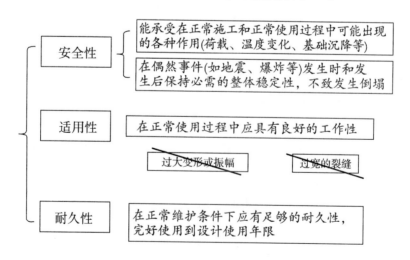

图 3-1 结构应该满足的功能要求

图 3-1 中这三个性质可合称为"可靠性"。

✳ 3.2.2　界限分析

能完成预定的各项功能时，结构处于有效状态；反之，则处于失效状态。

有效状态和失效状态的分界，称为"极限状态"，是结构开始失效的标志。

➢ 安全性对应于"承载能力极限状态"；

➢ 适用性和耐久性对应于"正常使用极限状态"。

✳ 3.2.3　安全性的界限及其表达方程

承载能力极限状态：结构或构件达到最大承载能力（图 3-2）、出现疲劳破坏、发生不适于继续承载的变形或因结构局部破坏而引发的连续倒塌。超过承载能力极限状态后，结构或构件就不能满足安全性的要求。

图 3-2　混凝土构件因材料强度不够而破坏

以上参见《混规》3.1.3 条

如出现图 3-3 所列情形之一，则认为超过了承载能力极限状态。

承载能力极限状态计算应包括哪些内容？

（1）结构构件应进行承载力（包括失稳）计算；

（2）直接承受重复荷载的构件应进行疲劳验算；

（3）有抗震设防要求时，应进行抗震承载力计算；

（4）必要时尚应进行结构的倾覆、滑移、漂浮验算；

- 材料强度不够而破坏
- 因疲劳而破坏
- 产生过大的塑性变形而不能继续承载
- 结构或构件丧失稳定
- 结构转变为机动体系

图 3-3　超过承载能力极限状态的情形

（5）对可能遭受偶然作用，且倒塌可能引起严重后果的重要结构，宜进行防连续倒塌设计（参见《混规》3.6 节）。

以上参见《混规》3.3.1 条

承载能力极限状态方程可表示为：

$$Z = R - S_1 \qquad\qquad (3-1)$$

式中 S_1——表示某种荷载在结构内部产生的内力；

　　　R——表示结构对应于这种内力所具备的抗力。

根据 S_1、R 的取值不同，Z 值可能出现三种情况：

$Z=R-S_1>0$ 时，结构处于可靠状态；

$Z=R-S_1=0$ 时，结构处于极限状态；

$Z=R-S_1<0$ 时，结构处于失效状态。

✦ 3.2.4　适用性的界限及其表达方程

正常使用极限状态：结构或构件达到正常使用的某项规定限值或耐久性能的某种规定状态。

超过了正常使用极限状态，结构或构件就不能保证适用性和耐久性的功能要求。例如：结构或构件出现影响正常使用的过大变形、过宽裂缝等（图 3-4）。

图 3-4　某混凝土结构的过大变形与锈胀裂缝

以上参见《混规》3.1.3 条

不能满足耐久性的主要表现如图 3-5 所示。

> 构件表面出现锈胀裂缝
>
> 混凝土表面出现可见的耐久性损伤（酥裂、粉化等）
>
> 预应力筋开始锈蚀

图 3-5　不能满足耐久性的主要表现

结构设计中经常不仅要考虑承载能力，多数场合下还需要考虑结构对变形或开裂等的抵抗能力。因此：

重要性

承载能力极限状态 ＝ 正常使用极限状态

混凝土结构构件应根据其使用功能及外观要求，进行正常使用极限状态验算。具体规定有哪些？

（1）对需要控制变形的构件，应进行变形验算；

（2）对不允许出现裂缝的构件，应进行混凝土拉应力验算；

（3）对允许出现裂缝的构件，应进行受力裂缝宽度验算；

（4）对舒适度有要求的楼盖结构，应进行竖向裂缝宽度验算。

以上参见《混规》3.4.1条

正常使用极限状态可用如下方程表示：

$$Z = C - S_2 \tag{3-2}$$

式中　S_2——表示某种荷载产生的变形和裂缝；

　　　C——结构构件达到正常使用要求所规定的变形、应力、裂缝宽度和自振频率等的限值。

3.3　结构对应于安全性的设计方法

考虑到实用上的简便，《建筑结构设计统一标准》GB 50153提出了便于实际使用的设计表达式，称为实用设计表达式。

建立实用设计表达式的基本思想如图3-6所示。

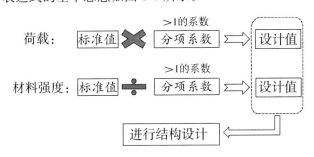

图3-6　结构实用设计表达式的基本思想示意

说　明

（1）提出荷载设计值的概念，它是将荷载的标准值乘以一个大于1的系数（荷载分项系数）；

（2）提出材料强度设计值的概念，它是将材料强度除以一个大于1的系数（抗力分项系数）；

（3）以这两个设计值作为代表值来进行结构设计。

这样既照顾了结构设计的传统方式，又避免了设计时直接进行概率方面的计算。具体表达式如下：

将极限状态方程（3-1）变换一下形式，可得：$S_1 \leqslant R$。

考虑到实际结构千差万别，在重要性、设计使用年限这两方面存在差异，因此进一步改造为：

$$\gamma_0 S_1 \leqslant R \qquad\qquad 《混规》式（3.3.2-1）$$

式中　γ_0——结构重要性系数，考虑结构安全等级或结构设计使用年限的差异。

下面具体解释一下安全等级、设计使用年限。

✳ 3.3.1 结构的安全等级与设计使用年限

1. 结构的安全等级

我国根据建筑结构破坏时可能产生的后果严重与否，分为三个安全等级：

（1）一级——破坏后果很严重、重要的建筑物；

（2）二级——破坏后果严重、一般的建筑物；

（3）三级——破坏后果不严重、次要建筑物。

> **注意**
>
> 对人员比较集中、使用频繁的影剧院、体育馆等，安全等级宜按一级设计；对特殊的建筑物，其设计安全等级可视具体情况确定。

2. 结构的设计使用年限

是指设计的结构或结构构件不需进行大修即可按其预定目的使用的时期。一般建筑结构的设计使用年限可为 50 年。

结构的设计使用年限与其使用寿命是什么关系？

有联系，但不等同，如图 3-7 所示。

图 3-7　设计使用年限与使用寿命的关系

各类工程结构的设计使用年限是不应统一的。

根据《工程结构可靠性设计统一标准》GB 50153，各类建筑的设计使用年限见表 3-1。

房屋建筑结构的设计使用年限　　　　　　　　　　　　表 3-1

类别	年限（年）	示例
1	5	临时性建筑结构
2	25	易于替换的结构构件
3	50	普通房屋和构筑物
4	100	标志性建筑和特别重要的建筑结构

注：1. 混凝土结构中各类结构构件的安全等级，宜与整个结构的安全等级相同。对其中部分结构构件的安全等级，可根据其重要程度进行适当调整。对于结构中重要构件和关键传力部位，宜适当提高其安全等级。
　　2. 结构的设计用途，在设计使用年限内未经技术鉴定或技术许可，不得改变结构的用途和使用环境。

以上参见《混规》3.1.5 条和 3.1.7 条

γ_0具体取值如下：

> 对安全等级为一级或设计使用年限为 100 年及以上的结构构件：≥1.1；

> 对安全等级为二级或设计使用年限为 50 年的结构构件：≥1.0；

> 对安全等级为三级或设计使用年限为 5 年及以下的结构构件：≥0.9；

> 在抗震设计时：不考虑 γ_0。

表示某种荷载的设计值所产生的内力效应 S_1 的计算式：

$$S_1 = \gamma_s S_{k1} \tag{3-3}$$

式中　　S_{k1}——表示某种荷载取标准值作为代表值时所产生的内力；

　　　　γ_s——荷载分项系数。

结构构件抗力设计值 R 的计算式：

$$R = \frac{R_k}{\gamma_R} \tag{3-4}$$

式中　　R_k——按结构材料的强度标准值计算的结构对应于这种内力所具备的抗力；

　　　　γ_R——抗力分项系数。

✳ 3.3.2　分项系数的取值

取值原则：按照目标可靠指标 $[\beta]$ 值，采用将其隐含在设计表达式中的原则，考虑工程经验后优选确定。所以，分项系数已起着考虑 $[\beta]$ 的等价作用。

分项系数主要包括哪些？

（1）永久荷载分项系数 γ_G

1）当其效应对结构不利时：

> 对由可变荷载效应控制的组合：取 1.2；

> 对由永久荷载效应控制的组合：取 1.35。

2）当其效应对结构有利时：

> 对结构计算：取 1.0；

> 对倾覆和滑移验算：取 0.9。

（2）可变荷载分项系数 γ_Q

一般情况下，取 1.4；

对楼面活荷载标准值大于 $4kN/m^2$ 的工业厂房楼面结构的活荷载，取 1.3。

（3）抗力分项系数 γ_R

1）对混凝土，记为 γ_c，取为 1.4。

可得混凝土强度设计值如《混规》表 4.1.4-1 所示。

《混规》表 4.1.4-1　混凝土轴心抗压强度设计值（N/mm²）

强度	混凝土强度等级													
	C15	C20	C25	C30	C35	C40	C45	C50	C55	C60	C65	C70	C75	C80
f_c	7.2	9.6	11.9	14.3	16.7	19.1	21.1	23.1	25.3	27.5	29.7	31.8	33.8	35.9

《混规》表 4.1.4-2　混凝土轴心抗拉强度设计值（N/mm²）

强度	混凝土强度等级													
	C15	C20	C25	C30	C35	C40	C45	C50	C55	C60	C65	C70	C75	C80
f_t	0.91	1.10	1.27	1.43	1.57	1.71	1.80	1.89	1.96	2.04	2.09	2.14	2.18	2.22

2）对钢筋，记为 γ_s，根据钢筋种类不同，取值如下：

➤ 对常用的热轧钢筋（HRB335、HRB400、RRB400 等）：取为 1.10；

➤ 对高强度的 500MPa 级钢筋（HRB500、HRBF500），考虑到应适当提高安全储备：取为 1.15。

可得钢筋强度设计值（N/mm²）如《混规》表 4.2.3-1 所示。

《混规》表 4.2.3-1　钢筋强度设计值（N/mm²）

牌号	抗拉强度设计值	抗压强度设计值
HPB300	270	270
HRB335	300	300
HRB400、HRBF400、RRB400	360	360
HRB500、HRBF500	435	410

进一步分析：以上的 S_1 代表某种荷载在结构内部产生的内力，显然与结构的具体形式有关。因此要想获得更具体的表达式，需要结合具体问题进行具体分析。

本书接下来将以框架结构和单层厂房结构为例进行详细说明。也就是说，本书的第 4~8 章研究安全性问题。

小结如图 3-8 所示。

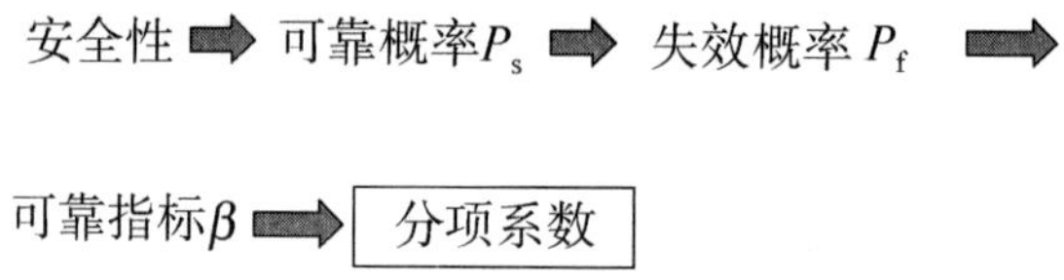

安全性 ➡ 可靠概率 P_s ➡ 失效概率 P_f ➡

可靠指标 β ➡ 分项系数

图 3-8　结构安全性设计的思路演变示意

3.4　结构对应于适用性的设计

将极限状态方程（3-2）变换一下形式，可得：

$$S_{k2} \leqslant C \tag{3-5}$$

式中　S_{k2}——表示某种荷载取标准值作为代表值时所产生的变形和裂缝；

　　　　C——结构或构件达到正常使用要求的变形和裂缝的限值。

S_{k2} 和 C 的计算详见第 8 章。

3.5　结构对应于耐久性的设计

影响混凝土结构耐久性的主要因素有哪些？

（1）外因：自然环境；

（2）内因：混凝土碳化、钢筋锈蚀。

✳ 3.5.1　混凝土的碳化

即大气环境中的 CO_2 引起混凝土中性化的过程。混凝土中含有大量的碱性水化物，碳化会使其被中和。所以碳化即是中性化。碳化对结构的影响如图 3-9 所示。

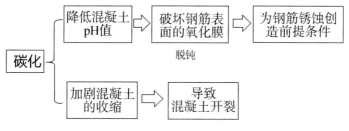

图 3-9　碳化对结构的影响

影响混凝土碳化的因素如图 3-10 所示。

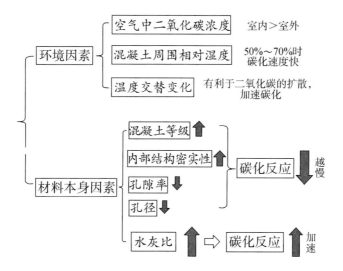

图 3-10　影响混凝土碳化的因素

针对混凝土自身的影响因素，减小、延缓其碳化的主要措施如图 3-11 所示。

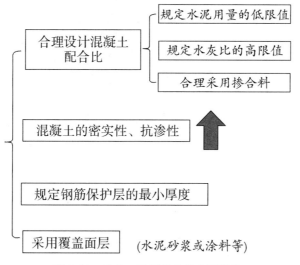

图 3-11　减小、延缓碳化的主要措施

☀ 3.5.2　钢筋的锈蚀

钢筋虽然被包裹在混凝土内，但仍然可能锈蚀，而且可能很严重。如图 3-12 所示。

图 3-12　某混凝土内的锈蚀钢筋

原因在于，由于钢筋中化学成分的不均匀分布，混凝土碱度的差异以及裂缝处氧气的增浓等，使得钢筋表面各部位之间产生电位差，从而构成许多具有阳极和阴极的微电池，出现坑蚀，进一步是环蚀，然后出现锈胀，最后出现暴筋。

> **注意**
> 通常可把大范围内出现沿钢筋的纵向裂缝作为判别混凝土构件寿命终结的标准。

钢筋锈蚀的条件有哪些？
- 必要条件：钢筋表面氧化膜的破坏；
- 充分条件：含氧水分侵入。

防止钢筋锈蚀的主要措施如图 3-13 所示。

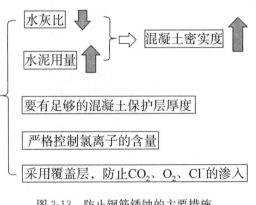

图 3-13　防止钢筋锈蚀的主要措施

✳ 3.5.3 混凝土结构的耐久性设计

1. 确定结构所处的环境类别

混凝土结构耐久性设计、保护层厚度、裂缝控制等级和最大裂缝宽度限值等都与结构所处的环境类别有关（图 3-14，图 3-15）。

环境类别是指混凝土暴露表面所处的环境条件。设计时可根据实际情况确定适当的环境类别，具体划分见《混规》表 3.5.2。

《混规》表 3.5.2　混凝土结构的环境类别

环境类别		条件
一		室内干燥环境 永久的无侵蚀性静水浸没环境
二	a	室内潮湿环境 非严寒和非寒冷地区的露天环境 非严寒和非寒冷地区与无侵蚀性的水或土直接接触的环境 严寒和寒冷地区的冻土线以下与无侵蚀性的水或土直接接触的环境
	b	干湿交替环境 水位频繁变动区环境 严寒与寒冷地区的露天环境 严寒和寒冷地区的冻土线以上与无侵蚀性的水或土直接接触的环境
三	a	严寒和寒冷地区冬季水位变动区环境 受除冰盐影响环境 海风环境
	b	盐渍土环境 受除冰盐作用环境 海岸环境
四		海水环境
五		受人为或自然的侵蚀性物质影响的环境

图 3-14　海岸环境

图 3-15　海水环境

2. 提出对混凝土材料的耐久性基本要求

对设计使用年限为 50 年的混凝土结构，根据对既有混凝土结构耐久性状态的调查结果和混凝土材料性能的研究，从材料抵抗性能退化的角度出发，规定混凝土材料的耐久性基本要求如《混规》表 3.5.3 所示。

《混规》表 3.5.3　混凝土材料的耐久性基本要求

环境等级	最大水胶比	最低强度等级	最大氯离子含量（%）	最大含碱量（kg/m³）
一	0.60	C20	0.30	不限制
二 a	0.55	C25	0.20	3.0
二 b	0.50(0.55)	C30(C25)	0.15	
三 a	0.45(0.50)	C35(C30)	0.15	
三 b	0.40	C40	0.10	

注：1. 氯离子含量系指其占胶凝材料总量的百分比；

2. 素混凝土构件的水胶比及最低强度等级的要求可适当放松；

3. 有可靠工程经验时，二类环境中的最低混凝土强度等级可降低一个等级；

4. 处于严寒和寒冷地区二 b、三 a 类环境中的混凝土应使用引气剂，并可采用括号中的有关参数；

5. 当使用非碱活性骨料时，对混凝土中的碱含量可不作限制。

《混规》表 3.5.3 中为什么是"水胶比"，而不是"水灰比"？因为现在水泥中一般都加入各种不同的掺和料，有效胶凝材料的含量不太确定，因此用"水胶比"更为准确。

3. 确定构件中钢筋的混凝土保护层厚度

（1）为了保证握裹层混凝土对受力钢筋的锚固，受力钢筋的保护层厚度不应小于钢筋的公称直径 d。

（2）对设计使用年限为 50 年的混凝土结构，最外层钢筋的保护层厚度应符合《混规》表 8.2.1 的规定。

《混规》表 8.2.1　混凝土保护层的最小厚度 c（mm）

环境类别	板、墙、壳	梁、柱、杆
一	15	20
二 a	20	25
二 b	25	35
三 a	30	40
三 b	40	50

注：1. 混凝土强度等级不大于 C25 时，表中保护层厚度数值应增加 5mm；

2. 根据工程经验，钢筋混凝土基础宜设置混凝土垫层，基础中钢筋的混凝土保护层厚度应从垫层顶面算起，且不应小于 40mm。

如果设计使用年限为 100 年，考虑碳化速度的影响，保护层厚度不应小于《混规》表 8.2.1 数值的 1.4 倍。

（3）当有充分依据并采取下列措施时，混凝土保护层厚度可适当减小：

① 构件表面有可靠的防护层（表面抹灰层或其他有效的保护层涂料层）；

② 采用工厂化生产的预制构件，经过检验有较好质量保证时；

③ 在混凝土中掺加阻锈剂，采用环氧树脂涂层钢筋、镀锌钢筋，采用阴极保护处理等防锈措施；

④ 当对地下室墙体采取可靠的建筑防水做法或防护措施时，与土层接触一侧钢筋的

保护层厚度可适当减少，但应≥25mm。

（4）当梁、柱、墙中纵向受力钢筋的保护层厚度＞50mm时（如配置粗钢筋，框架顶层端节点弯弧钢筋以外的区域等），宜对保护层采取有效的拉结措施，以防止混凝土开裂剥落、下坠，并控制裂缝宽度。具体措施通常为在保护层内配置钢筋网片，或直接采用纤维混凝土作为保护层。

为保证防裂钢筋网片不会成为引导锈蚀的通道，应对其采取有效的绝缘和定位措施，此时网片钢筋的保护层厚度可适当减小，但应≥25mm。同时要求：

① 钢筋网片的直径不宜大于8mm，间距≤150mm；

② 网片应配置在梁底和梁侧，梁侧的钢筋网片应延伸至梁高的2/3处；

③ 两个方向上表层钢筋网片的截面积均≥相应混凝土保护层面积的1%。

以上参见《混规》8.2.1～8.2.3条、9.2.15条

4. 混凝土结构及构件应采取的其他耐久性技术措施

（1）有抗渗要求的混凝土结构：

混凝土的抗渗等级应符合有关标准的要求。

（2）严寒及寒冷地区的潮湿环境中：

结构混凝土应满足抗冻要求，混凝土抗冻等级应符合有关标准的要求。

（3）处于二、三类环境中的悬臂构件：

宜采用悬臂梁板的结构形式，或在其上表面增设防护层。

（4）处于二、三类环境中的结构构件：

其表面的预埋件、吊钩、连接件等金属部件应采取可靠的防锈措施。

（5）处在三类环境中的混凝土结构构件：

可采用阻锈剂、环氧树脂涂层钢筋或其他具有耐腐蚀性能的钢筋，采取阴极保护措施或采用可更换的构件等措施。

图3-16　反例——某工程的保护层厚度不够
（供图：贾治龙）

以上参见《混规》3.5.4条

5. 结构在设计使用年限内的检测与维护要求

（1）建立定期检测、维修制度；

（2）设计中可更换的混凝土构件应按规定更换；

（3）构件表面的防护层，应按规定维护或更换；

（4）结构出现可见的耐久性缺陷时，应及时进行处理；

（5）对临时性混凝土结构，可不考虑混凝土的耐久性要求。

以上参见《混规》3.5节和CCES 01《混凝土结构耐久性设计与施工指南》

3.6 本 章 小 结

由以上过程可见，结构的设计方法可称为："以概率理论为基础的极限状态设计方法，以可靠指标度量结构的可靠度，采用分项系数的设计表达式进行设计。"简称如图 3-17 所示。

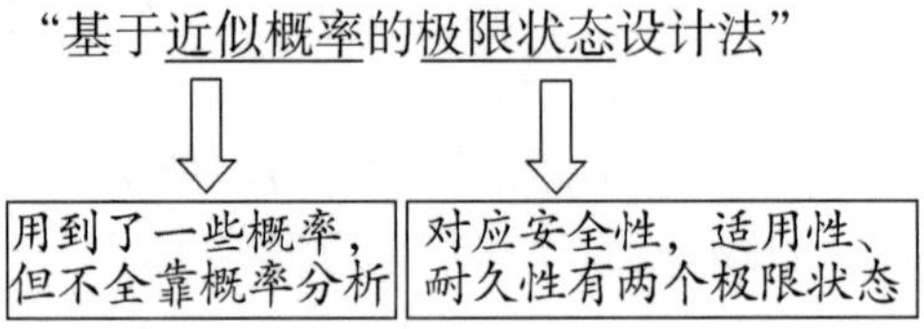

"基于<u>近似概率</u>的<u>极限状态设计法</u>"

用到了一些概率，但不全靠概率分析	对应安全性，适用性、耐久性有两个极限状态

图 3-17　结构的设计方法

另外，在抗震设防区域建设的混凝土结构，应按现行国家标准《建筑工程抗震设防分类标准》GB 50223 确定其抗震设防类别和相应的抗震设防标准。

➢ 特殊设防类建筑又称为"甲类建筑"；
➢ 重点设防类建筑又称为"乙类建筑"；
➢ 标准设防类建筑又称为"丙类建筑"。

针对不同的混凝土结构建筑物，可根据其设防类别、烈度、结构类型和房屋高度划分成不同的抗震等级（同时应考虑《混规》11.1.4 条的要求）。

对应于不同的抗震等级，有相应的计算和构造措施要求。

以最为普遍的"标准设防类"的建筑为例，其抗震等级可根据《混规》表 11.1.3 确定。

> 以上参见《混规》3.1.2 条、11.1.2 条和 11.1.3 条

第4章 混凝土框架结构

4.1 框架结构概述

✳ 4.1.1 框架结构的组成

框架结构由三大部分组成：框架梁、柱、楼（屋）盖。如图 4-1、图 4-2 所示。

图 4-1 某在建框架结构

图 4-2 框架结构的三大部分

注：框架结构的短边方向称为横向，长边方向称为纵向。

> **注意**
>
> 楼盖和屋盖的区别主要在于是不是处于建筑物的顶部，结构上没有本质区别。所以下面的介绍中仅以楼盖来代表。

✳ 4.1.2 框架结构的由来

如图 4-3、图 4-4 所示。结构构件的连接应符合哪些要求？

（1）连接部位的承载力应保证被连接构件之间的传力性能；

（2）当混凝土构件与其他材料构件连接时，应采取可靠的措施；

（3）应考虑构件变形对连接节点及相邻结构或构件造成的影响。

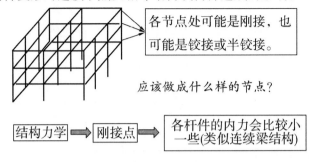

图 4-3　多层多跨结构的分析

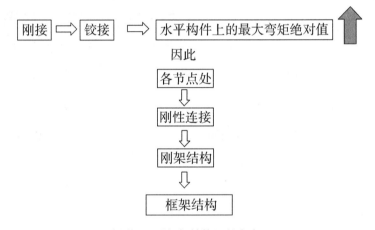

图 4-4　"框架结构"的由来

注意

震害调查表明，对于整栋建筑物全部或绝大部分采用单跨框架的结构，由于冗余度低，震害比较严重，因此抗震设计的框架结构不应采用单跨框架（不包括仅局部为单跨框架的框架结构）。

✳ 4.1.3　框架结构的优缺点

（1）优点

➤ 自身重量轻，地震作用较小；

➤ 内部空间大，布置灵活；

（2）缺点

➤ 侧向刚度较小，地震时水平变形较大，易造成非结构构件的破坏；

➤ 结构较高时，过大的水平位移引起的二阶效应也较大，故结构不宜过高。

✳ 4.1.4　框架结构的分类

（1）全现浇式框架：整体性好、刚度大。

（2）装配式框架：施工快、质量稳定。

（3）装配整体式框架：整体性能、施工进度界于以上两者之间。

以上参见《混规》3.2.3条和《高规》6.1.1条、6.1.2条

✳ 4.1.5　注意点

（1）框架结构按抗震设计时，不应采用"部分由砌体墙承重"的混合形式。原因在于框架结构与砌体结构是两种截然不同的结构体系，其抗侧刚度、变形能力等相差很大，如果混用的话会对结构的抗震性能产生很不利的影响，甚至造成严重破坏。

（2）框架结构中的楼、电梯间及局部出屋顶的电梯机房、楼梯间、水箱间等应采用框架承重，不应采用砌体墙承重。

以上参见《高规》6.1.6条

4.2　框架结构的布置

✳ 4.2.1　结构缝的设置

为什么结构上要设缝？因为有一些不利因素需要克服，如：混凝土收缩；温度变化引起的胀缩变形；基础不均匀沉降；结构上局部刚度及质量的突变；局部应力集中等。（图4-5）

图4-5　某框架结构的结构缝

1. 具体的结构缝包括哪些？

（1）伸缩缝：即伸缝（膨胀）、缩（收缩）缝的合称。目的是为了减小由于温差（早期水化热或使用期季节温差）和体积变化（施工期或使用早期的混凝土收缩）等间接作用效应积累的影响。

（2）沉降缝：预防不均匀沉降，与上部荷载、地质条件有关。

（3）防震缝：避免地震时各部分的相互作用，与建筑平面形状、质量刚度分布、设防烈度有关。

> 结构缝的设置原则：少设或不设，不得已时方设。尽量"三缝合一"。

2. 混凝土结构中结构缝的设计应符合哪些要求？

（1）应根据结构受力特点及建筑尺度、形状、使用功能要求，合理确定结构缝的位置和构造形式；

（2）宜控制结构缝的数量，并应采取有效措施减少设缝对使用功能的不利影响；

（3）可根据需要设置施工阶段的临时性结构缝。

钢筋混凝土结构伸缩缝的最大间距见《混规》表 8.1.1。

《混规》表 8.1.1　钢筋混凝土结构伸缩缝的最大间距（m）

结构类别		室内或土中	露天
排架结构	装配式	100	70
框架结构	装配式	75	50
	现浇式	55	35
剪力墙结构	装配式	65	40
	现浇式	45	30
挡土墙、地下室墙壁等类结构	装配式	40	30
	现浇式	30	20

3. 为什么装配式结构的伸缩缝间距要大于现浇式结构？

因为预制构件部分提前完成了收缩。

另外，考虑到受环境条件的影响较大：

（1）当屋面无保温或隔热措施时，框架结构、剪力墙结构的伸缩缝间距宜按《混规》表 8.1.1 中露天栏的数值取用；

（2）现浇挑檐、雨篷等外露结构的局部伸缩缝间距不宜大于 12m。

说　明

（1）对下列情况，《混规》表 8.1.1 中的伸缩缝最大间距宜适当减小：

① 位于气候干燥地区、夏季炎热且暴雨频繁地区的结构或经常处于高温作用下的结构；

② 混凝土材料收缩大、施工期外露时间较长的结构。

（2）如有充分依据，对下列情况，《混规》表 8.1.1 中的伸缩缝最大间距可适当增大：

① 采取减小混凝土收缩或温度变化的措施；

② 采用专门的预加应力或增配构造钢筋的措施；

③ 采用低收缩混凝土材料，采取跳仓浇筑、后浇带、控制缝等施工方法，并加强施工养护。

控制缝也称为引导缝，是采取弱化截面的构造措施，引导混凝土裂缝在规定的位置产生，并预先做好防渗、止水等措施，或采用建筑手法（线脚、饰条等）加以掩饰。

注意

当伸缩缝间距增大较多时，尚应考虑温度变化和混凝土收缩对结构的影响，尤其是对于施工期的大体积混凝土、暴露的屋盖、山墙部位等。设计者应通过有效的分析或计算慎重考虑各种不利因素对结构内力和裂缝的影响，然后确定合理的伸缩缝间距。

（3）当设置伸缩缝时，框架结构的双柱基础可不断开。（图 4-6）

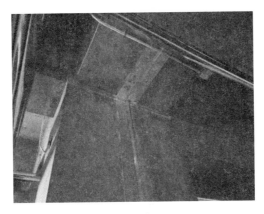

图 4-6　某结构缝旁的双柱

以上参见《混规》8.1.2～8.1.4 条

4.2.2　框架梁和柱的布置

混凝土结构的设计方案应符合的要求如图 4-7 所示。

- 选用合理的结构体系、构件形式和布置
- 结构的平、立面布置宜规则，各部分的质量和刚度宜均匀、连续
- 结构传力路径应简捷、明确，竖向构件宜连续贯通、对齐
- 宜采用超静定结构，重要构件和关键传力部位应增加多余约束或有多条传力路径
- 宜采取减小偶然作用影响的措施

图 4-7　对混凝土结构设计方案的要求

以上参见《混规》3.2.1 条

混凝土结构设计还应考虑防连续倒塌的问题。防连续倒塌的目标是：

➢ 在特定类型的偶然作用发生时和发生后，结构能够承受这种作用；

➢ 当结构体系发生局部垮塌时，依靠剩余结构体系仍能继续承载，避免发生与作用不

相匹配的大范围破坏或连续倒塌。

结构防连续倒塌设计的难度和代价很大，一般结构只需进行概念性设计。

防连续倒塌的基本设计要求有哪些?

（1）采取减小偶然作用效应的措施；

（2）采取使重要构件及关键传力部位避免直接遭受偶然作用的措施；

（3）在结构容易遭受偶然作用影响的区域增加冗余约束，布置备用的传力路径；

（4）增强疏散通道、避难空间等重要结构构件及关键传力部位的承载力和变形性能；

（5）配置贯通水平、竖向构件的钢筋，并与周边构件可靠地锚固；

（6）设置结构缝，控制可能发生连续倒塌的范围。

以上参见《混规》3.6.1 条

重要结构的防连续倒塌设计方法以及进行偶然作用下结构防连续倒塌验算时的具体情况参见《混规》3.6.2 条和 3.6.3 条。

具体到框架结构，框架梁和柱的布置要点如图 4-8 所示。

具体到柱网布置的要求如下：

➢ 对多层办公楼建筑：应满足建筑平面布置要求；

➢ 受力合理。

➢ 应双向布置

➢ 柱　底：　应为固定支座

➢ 框架梁：　宜拉通、对直

➢ 框架柱：　宜纵横对齐、上下对中

➢ 梁柱轴线：宜在同一竖向平面内

➢ 有时由于使用功能或建筑造型上的要求，也可做成缺梁、内收或有斜向布置的梁等

图 4-8　布置要点

框架结构以承受竖向荷载为主。要考虑柱网布置对内力分布的影响（材料强度能否充分利用）。柱网确定之后，框架梁的位置和跨度自然也确定了。

接下来介绍框架结构的第三部分——楼盖的布置和相关分析。

4.3　框架结构的楼盖

✳ 4.3.1　概述

1. 楼盖的功能及设计要求

详见二维码链接 4-1。

2. 楼盖的类型

最简单的楼盖做法显然是：用一整块楼板直接将各框架横梁和纵梁连接起来。

具体又分为两种方式：

（1）楼板的厚度小于梁的高度（图 4-9）

这种情况下，楼板不太狭长，在荷载作用下，两个方向弯曲程度接近，属于双向受弯的情况。这种楼板称为"双向板"。（图 4-10）

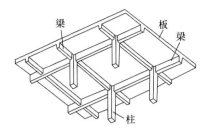

图 4-9　楼板的厚度小于梁的高度

图 4-10　双向受弯

　　具体来说，根据分析结果，双向受弯对应的是：$l_1/l_2 \leqslant 3$。

　　式中　l_1、l_2——分别为板长跨方向和短跨方向的计算跨度。

　　详见后文介绍。

　　（2）楼板的厚度与梁的高度相同

　　此时，梁就被"埋没"了，所以又称为"无梁楼盖"，如图 4-11 所示。

　➢ 优点：支模简单、通风采光条件好；

　➢ 缺点：板厚较大，需要的配筋多，不够经济。

　　无梁楼盖常用于厂房、仓库、商场等建筑以及矩形水池的池顶和池底等结构。

　　对于其他建筑类型，常采用在楼板内设置一些小梁（又称为"肋梁"）的方式来将一整块楼板分成若干个小楼板。这样可有效减小板的跨度，降低板厚，提高经济性。

　　肋梁的设置方式主要分为两种：

　　① 只沿框架的纵向间隔一定距离布置

　　这样楼板被肋梁分割成若干个狭长的小板。习惯上也称这种肋梁为次梁（图 4-12）。

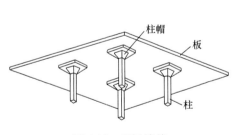

图 4-11　无梁楼盖

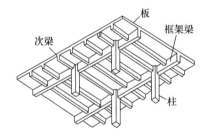

图 4-12　次梁的布置

　　这种被分割成的狭长板，在荷载作用下往往只在一个方向弯曲或者主要在一个方向弯曲，称为"单向板"。

　　具体来说，根据分析结果，单向受弯对应的是：$l_1/l_2 > 3$。

　　这种楼盖称为"单向板肋梁楼盖"。

　　当次梁布置得特别多、楼板跨度小，可以做得更薄时，形成了一种特殊的单向板楼盖——密肋楼盖（图 4-13）。

　　② 沿框架的横向、纵向都间隔一定距离布置

　　这样楼板被两个方向的肋梁分割成若干个不太狭长的小板（即前述的"双向板"），这种楼盖称为"双向板肋梁楼盖"。

图 4-13　某密肋楼盖

当两个方向的肋梁尺寸一样、跨度一样时，形成了一种特殊的双向板楼盖——井式楼盖。后面介绍。

3. 需要预先确定的楼盖参数

楼盖中的主要构件是梁和楼板，在进行楼盖设计之前需要考虑的因素如图 4-14 所示。

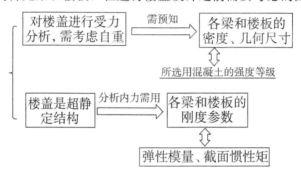

图 4-14　楼盖设计之前需要考虑的因素

说　明

分析楼盖自重的作用时，需要预先知道各梁和楼板的密度（取决于所选用混凝土的强度等级）、几何尺寸。另外，楼盖显然是个超静定结构，在进行内力分析时需要用到各梁和楼板的刚度参数（主要包括弹性模量和截面惯性矩，图 4-15）。

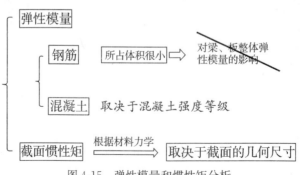

图 4-15　弹性模量和惯性矩分析

可见，需要预先确定的楼盖参数包括：混凝土强度等级、截面几何尺寸。

（1）梁、板的混凝土强度等级：常用 C25、C30。一般不超过 C40，为了防止混凝土收缩过大。

（2）如何确定各梁、板的截面几何尺寸？考虑结构安全及舒适度（刚度）的要求，根据工程经验，梁的截面高度和宽度可根据跨度的选取和表 4-1 来确定。板的厚度也由表 4-1 来初步选定。

梁、板的截面几何尺寸　　　　　　　表 4-1

构件种类		高跨比（h/l）	备　注
多跨连续次梁 多跨连续横梁 单跨简支梁		$1/18 \sim 1/12$ $1/14 \sim 1/8$ $1/14 \sim 1/8$	梁的宽高比（b/h）一般为 $1/3 \sim 1/2$，b 以 50mm 为模数
单向板	简　支 连　续	$\geq 1/35$ $\geq 1/40$	最小板厚： ➤ 屋面板　　　　　$h \geq 60$mm ➤ 民用建筑楼板　$h \geq 70$mm ➤ 工业建筑楼板　$h \geq 80$mm
双向板	四边简支 四边连续	$\geq 1/45$ $\geq 1/50$	高跨比 h/l 中的 l 取短向跨度 板厚一般宜为 80mm$\leq h \leq 160$mm
密肋板	单跨简支 多跨连续	$\geq 1/20$ $\geq 1/25$	高跨比 h/l 中的 h 为肋高 板厚： ➤ 当肋间距≤ 700mm，$h \geq 40$mm ➤ 当肋间距> 700mm，$h \geq 50$mm
悬　臂　板		$\geq 1/12$	板的悬臂长度≤ 500mm，$h \geq 60$mm 板的悬臂长度> 500mm，$h \geq 80$mm
无梁楼板	无柱帽 有柱帽	$\geq 1/30$ $\geq 1/35$	$h \geq 150$mm

板的跨厚比：单向板：≤ 30；双向板：≤ 40；无梁支撑的有柱帽板：≤ 35；无梁支撑的无柱帽板：≤ 30。

根据工程经验，从构造角度提出了板的最小厚度要求，见《混规》表 9.1.2。

《混规》表 9.1.2　板的最小厚度（单位：mm）

板的类别		最小厚度
单向板	屋面板	60
	民用建筑楼板	60
	工业建筑楼板	70
	行车道下的楼板	80
双向板		80
密肋楼盖	面板	50
	肋高	250

板的类别		最小厚度
悬臂板（根部）	悬臂长度不大于500mm	60
	悬臂长度1200mm	100
无梁楼板		150
现浇空心楼盖		200

以上参见《混规》9.1.2条

✳ 4.3.2 单向板肋梁楼盖

1. 结构平面布置方案

（1）次梁沿横向布置（图4-16、图4-17）

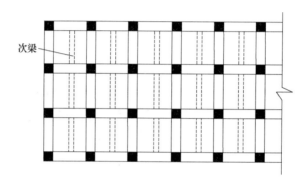

图4-16 次梁沿横向布置方案

图4-17 某结构的单向板楼盖次梁横向布置

（2）次梁沿纵向布置（图4-18、图4-19）

其特点是：

（1）横梁和柱可形成横向框架，横向抗侧移刚度大；

（2）各榀横向框架间由纵向的次梁连接，房屋的整体性好；

（3）由于外纵墙处仅设置次梁，窗户高度可比较大，对采光有利。

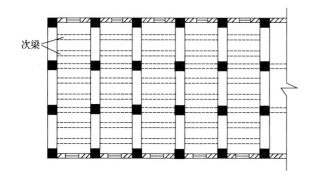

次梁

图 4-18　次梁沿纵向布置方案

图 4-19　某结构的单向板楼盖次梁纵向布置

2. 计算简图

对于单向板肋梁楼盖，需要分析和计算的是次梁和板。次梁一般由框架的横梁（又相对地称为"主梁"）支撑。框架横梁需要考虑次梁传来的荷载及其他荷载，连同柱子一起进行内力分析（详见下面 4.4 和 4.5 节）。

（1）计算模型

板、次梁的计算模型为连续板或连续梁。其中：

➤ 次梁是板的支座；

➤ 主梁是次梁的支座。

（2）简化假定

① 对于板与次梁、次梁与主梁的节点，假定为铰接（支座可以自由转动，但没有竖向位移）。铰接包含两个方面的含义：

➤ 可以自由转动的假定：实际上忽略了次梁对板、主梁对次梁的转动约束能力。这显然不完全符合实际情况。带来的误差将通过折算荷载的方式来弥补（后面介绍）。

➤ 没有竖向位移的假定：实际上忽略了次梁、主梁的竖向变形对板、次梁的影响。

计算偏差一般不作调整。对这一假设换个更直白的表达方式，如图 4-20 所示。

② 不考虑内拱效应对板内力的影响。板的弯

板：支承在次梁上

　　将次梁作为板的不动铰支座

次梁：支承在主梁上

　　将主梁作为次梁的不动铰支座

图 4-20　单向板肋梁计算假定

曲变形在四周会受到梁的约束，使得板内存在轴向压力，这个现象称为"内拱效应"。轴压力会提高板的抗弯能力，降低板实际受到的弯矩值。

> 在内力分析时，一般不考虑"内拱效应"这一有利作用

③ 确定板传给次梁的荷载、次梁传给主梁的荷载时，为了方便起见，根据作用力与反作用力相等的原理，采用计算支座竖向反力的方式来得到。此时可忽略板、次梁的连续性，按简支构件来计算支座反力（图 4-21）。显然会有误差，但不大，且给计算带来很大方便。

④ 跨数超过 5 跨的连续梁、板，当各跨荷载相同，且跨度相差不超过 10% 时，可按 5 跨的等跨连续梁、板计算。因为根据力学分析的结果，当超过 5 跨时，中间各跨的内力和第 3 跨非常接近。

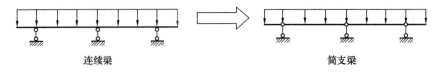

连续梁　　　　　　　　　　　简支梁

图 4-21　模型简化

所以为减少工作量，所有中间跨的内力和配筋都可按第 3 跨来处理。

注意

计算完成后进行配筋构造时，需要考虑真实的跨数，但中间跨的配筋构造相同。

（3）板、次梁、主梁所受的荷载

① 板

承受楼面均布荷载。考虑到分析的方便，取 1m 宽的板带作为计算单元即可，如图 4-22 所示。

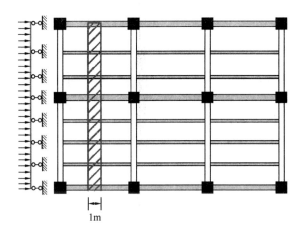

1m

图 4-22　板的计算单元

② 次梁

承受板传来的均布线荷载，如图 4-23 所示。

根据前面的简化假定③，按简支板的支座反力来计算次梁受到的荷载大小。因此，对于某一个次梁来说，相当于承受其两侧各一半跨度范围内的均布荷载。

③ 主梁

承受次梁传来的集中荷载，如图 4-24 所示。

图 4-23　次梁荷载示意

图 4-24　主梁荷载示意

根据前面的简化假定③，按简支次梁的支座反力来计算主梁受到的集中荷载大小。因此，对于某一个主梁与次梁的节点来说，相当于承受其两个方向各一半跨度范围内的均布荷载。但要注意：板、次梁、主梁还都要承受自重作用，自重作用也是均布荷载的形式。因此：

➤ 对于板和次梁，考虑自重后，所受的总荷载仍为均布荷载；
➤ 对于主梁，除承受自重均布荷载之外，还承受次梁传来的集中荷载。

可得板、次梁的支撑条件和荷载形式如图 4-25 所示。

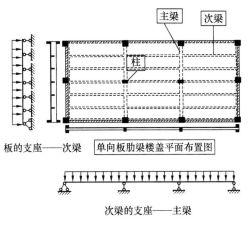

图 4-25　支撑条件和荷载形式

小结

以上过程完成了如下过渡：工程问题 → 力学问题 → 数学问题

（4）计算跨度

与"跨长"不是一个概念，区别在于，板的跨长是次梁的间距，次梁的跨长是主梁的间距。而梁、板的计算跨度 l_0 是指内力计算时所采用的跨间长度，理论上来说是两端支座处转动点之间的距离。

计算跨度与支承条件和构件的抗弯刚度等因素有关。在这里，梁、板的计算跨度取值如下：

① 中间跨：取支撑中心线之间的距离，如图 4-26 所示。

② 对边跨：边支座一般都为整体现浇，l_{01} 也取支座中心线之间的距离。

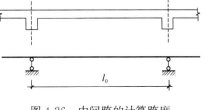

图 4-26　中间跨的计算跨度

> 单向板、次梁和主梁的经济跨度（根据经验得到）：
> ➤ 单向板跨度（次梁间距）：1.7～2.7m；
> ➤ 次梁跨度（横梁间距）：4～6m；
> ➤ 主梁跨度（柱距）：5～8m。

（5）竖向荷载的取值

楼盖作为一种水平构件体系，可只考虑竖向荷载的作用。包括永久荷载和可变荷载两类。

① 永久、可变荷载的标准值和分项系数：已在第 2、3 章中介绍。

② 荷载的折算（对应前面假定①）。

为了处理铰接的假定所带来的误差，可采用"调整恒载与活载比例"的方法，其原理如图 4-27 所示。

由结构力学可知，多跨连续梁、板：

➤ 在均布的恒载作用下：中间支座截面的转角 | 很小 |

➤ 在隔跨布置的活载作用下：中间支座截面的转角 | 较大 |

图 4-27 原理

此时，如果按假定铰接的情况，支座处的转角记为 θ，按实际的约束情况（介于铰接和固接之间，可认为是弹性约束），支座处的转角记为 θ'。显然：$\theta > \theta'$。为了使得 $\theta \approx \theta'$，根据结构力学，可采用增大恒载、相应减小活载、保持总荷载不变的间接方法，称为"折算荷载法"。

注意

对主梁不折算。折算荷载取值如下：

连续板

$$g' = g + \frac{q}{2}, \quad q' = \frac{q}{2} \tag{4-1}$$

连续次梁

$$g' = g + \frac{q}{4}, \quad q' = \frac{3q}{4} \tag{4-2}$$

式中 g'，q'——单位长度上折算恒荷载、折算活荷载设计值；

g，q——单位长度上恒荷载、活荷载设计值。

折算荷载的作用如图 4-28 所示。

图 4-28 中，(a) 是假定的情况，(b) 是真实的情况，(c) 是处理后的情况。

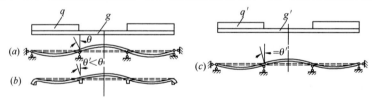

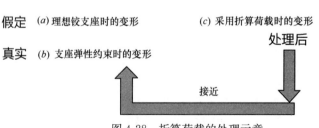

假定 (a) 理想铰支座时的变形　　(c) 采用折算荷载时的变形

真实 (b) 支座弹性约束时的变形

处理后

接近

图 4-28 折算荷载的处理示意

3. 楼盖内力计算的前提概念

有了楼盖的计算简图和荷载，就可通过力学方法来得到各处的内力了。但在进行具体计算之前需要先说明四点前提概念：

（1）前提概念1（图4-29）

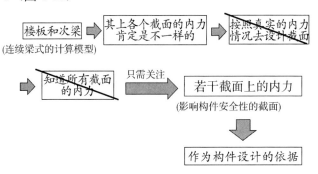

图 4-29　前提概念1

说　明

无论是楼板、次梁还是横梁，其上各个截面的内力肯定是不一样的。我们不可能按照真实的内力情况去设计截面，因为会导致很复杂的构件形式。因此，我们其实不需要关注所有截面的内力，只需关注影响构件安全性的若干截面上的内力即可，以这些截面上的内力作为构件设计的依据。

（2）前提概念2（图4-30）

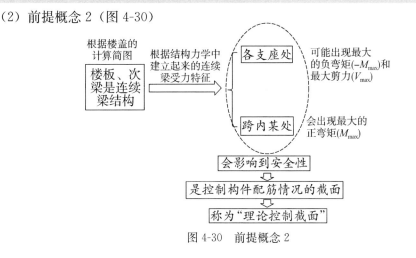

图 4-30　前提概念2

（3）前提概念 3（图 4-31）

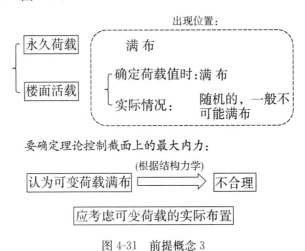

图 4-31　前提概念 3

为了方便，可假定活荷载作用的最小范围是连续梁的一跨，如图 4-32 所示。

图 4-32　假定活荷载作用的最小范围是连续梁的一跨

显然，活荷载出现在不同跨间时，板（次梁、横梁）的弯矩和剪力的计算结果是不同的。进一步可以发现图 4-33 所示内容。

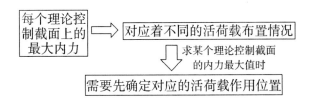

图 4-33　控制截面上的最大内力与活荷载作用位置

理论上说，其分析应当如图 4-34 所示。

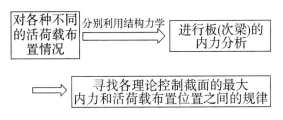

图 4-34　活荷载布置情况的分析

前人利用这种方法，可得活荷载的布置规律如下：

① 求某跨跨内最大正弯矩 M_{max} 或端支座 V_{max} 时，应在本跨和隔跨布置活荷载，如图 4-35 所示。

② 求某跨跨内最大负弯矩（$-M_{max}$）时，应在本跨不布置，而在其左右邻跨布置，然后隔跨布置，如图 4-36 所示。

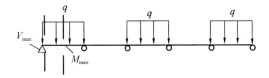

图 4-35　求某跨跨内最大正弯矩 M_{max} 或
端支座 V_{max} 时的活荷载布置规律

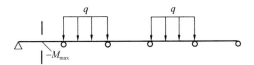

图 4-36　求某跨跨内最大负弯矩（$-M_{max}$）
时的活荷载布置规律

③ 求某支座最大负弯矩（$-M_{max}$）时，或求内支座左、右截面 V_{max} 时，在该支座左右两跨和隔跨布置，如图 4-37 所示。

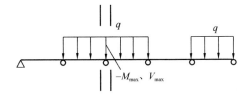

图 4-37　求某支座最大负弯矩（$-M_{max}$）时的活荷载布置规律

（4）前提概念 4——力学理论的选取问题

为什么需要考虑力学理论的选取问题？

因为理论力学、材料力学、结构力学都属于弹性理论（适用对象都是线弹性材料），而混凝土和钢材都不是线弹性材料。如图 4-38 所示。

```
┌─────────────────────────────────┐   这种称为
│ 将混凝土和钢材视为线弹性材料，    │   弹性理论
│ 用结构力学方法计算板、次梁的内力  │     方法
└─────────────────────────────────┘
              ⬇ 然后
┌─────────────────────────────────┐
│ 考虑混凝土和钢材的塑性特征，建立  │
│ 一种计算板、次梁内力的塑性理论方法│
└─────────────────────────────────┘
              ⬇ 最后
┌─────────────────────────────────┐
│   再探讨如何合理地选用这两类方法  │
└─────────────────────────────────┘
```

图 4-38　力学理论的选取问题

4. 按弹性理论方法的内力计算

（1）各理论控制截面的内力计算

如图 4-39 所示。为了应用方便，对于等跨连续梁（或连续梁各跨跨度相差≤10%），已将计算结果进行了整理列表，以供直接查用（详见参考文献［3］的附录6）。

```
┌───────────────────┐
│   明确活荷载不利布置│
└───────────────────┘
        ⬇ 按结构力学的方法(力矩分配法)
┌──────────────────────────────────┐
│ 求出板、次梁上各理论控制截面的最大弯矩或剪力│
└──────────────────────────────────┘
```

图 4-39　各理论控制截面的内力计算

注意

前面三条活荷载最不利布置的规律体现在参考文献［3］的附录6中查表的不同（不同的活荷载布置对应不同的内力系数 $k_1 \sim k_8$）。

（2）各实际控制截面的内力计算

以上计算的支座弯矩和剪力都是对应于支座中心线，而实际上，正截面受弯承载力和斜截面受剪承载力的控制截面应在支座边缘，内力设计值以支座边缘截面为准。所以，还需要将支座中心线处的弯矩、剪力值向实际控制截面（支座边缘）进行换算。

① 弯矩设计值：

$$M = M_c - V_0 \frac{b}{2} \tag{4-3}$$

② 剪力设计值：

均布荷载

$$V = V_c - (g' + q') \frac{b}{2} \tag{4-4}$$

集中荷载

$$V = V_c \tag{4-5}$$

式中　M_c、V_c——支撑中心处的弯矩、剪力设计值；

　　　　V_0——按简支梁计算的支座剪力设计值（取绝对值）；

b——支座宽度。

5. 内力包络图

已知楼盖上可能出现多种活荷载的布置方式，要全面把握楼盖实际的受力情况，还需要考虑这些不同的布置情况和恒载合在一起后，对楼盖所产生的总的内力效应。为此，提出了"内力包络图"的概念，如图 4-40 所示。

图 4-40　"内力包络图"的概念

更具体一点，如图 4-41 所示。类似可得到剪力包络图。

内力包络图是由内力叠合图形的外包线构成的。

以受均布线荷载的五跨连续梁为例：

可知共有 6 种活荷载最不利布置情况

每种都和恒载组合起来，先求出各支座处的弯矩

以支座弯矩的连线为基线，按简支梁的弯矩情况连线作出各跨的弯矩图　（根据前文 4.3.2 节第 2 条简化假定）

把每跨的若干个弯矩图叠画在一起，取其外包线，即为弯矩包络图

图 4-41　弯矩包络图的获取

6. 按塑性理论方法的内力计算

详见二维码链接 4-2。

7. 计算理论的选取

（1）对于板和次梁：按塑性理论分析内力；

（2）对于主梁：按弹性理论分析内力。

原因是：主梁（横梁）为楼盖的主要构件，要保证使用中有较大的安全储备和较好的使用性能。

但现在往往都是选择弹性理论方法进行分析。为什么？原因在于是从控制裂缝的角度出发的。

8. 次梁的设计要点

（1）混凝土强度等级：不宜低于 C20；

（2）保护层厚度：≥25mm；

（3）跨度：一般为 4～6m；

（4）高跨比：一般为 1/18～1/12；

（5）宽高比：一般为 1/3～1/2；

（6）进行正截面计算时，跨中截面按 T 形截面计算（此处受正弯矩，应考虑梁顶周边楼板的协同受压效应），支座截面按矩形截面计算（此处受负弯矩，可不考虑梁顶周边楼板的协同受拉效应）；

（7）内力计算方法：可采用塑性方法（弯矩系数法）。

单向板肋梁楼盖施工如图 4-42 所示。

图 4-42　某单向板肋梁楼盖的施工（供图：何清耀）

✷ 4.3.3　双向板肋梁楼盖

分两种形式：单跨双向板肋梁楼盖；多跨双向板肋梁楼盖。

1. 单跨双向板的受力特点

单跨双向板（图 4-43）与单向连续板一样，其内力分析方法如图 4-44 所示。

板的四周被框架梁支撑，不能限制转动

⬇ 可视为

一个四边简支的双向板

图 4-43　单跨双向板

2. 单跨双向板内力的弹性理论分析方法

内力可按弹性薄板理论计算。条件如图 4-45 所示。

➤ 按弹性理论计算法

➤ 板厚《板短边边长的1/30；

➤ 板的挠度《板的厚度。

(不是完全符合，所以只是近似计算)

➤ 按塑性理论计算法

考虑钢筋混凝土塑性变形的影响

图 4-44　单跨双向板的内力分析方法　　　　图 4-45　弹性薄板的条件

为了工程应用，对六种支承情况的矩形板根据弹性薄板理论，制成表格见参考文献 [3] 的附录 7。六种支承情况如图 4-46 所示。

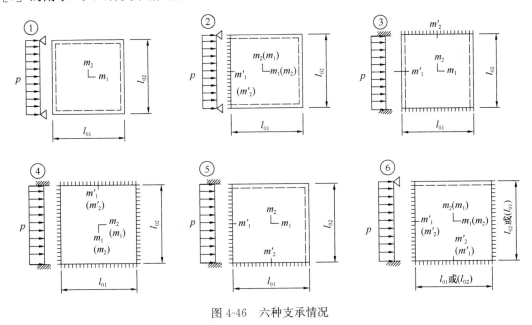

图 4-46　六种支承情况

计算时，只需根据实际支承情况、荷载情况及短长跨的比值，查出弯矩系数，便可按下式算得有关弯矩：

$$m = 表中系数 \times p l_{01}^2 \tag{4-6}$$

式中　　m——跨中和支座单位板宽内的弯矩设计值（kN·m/m）；

p——均布荷载设计值（kN/m²）；

l_{01}——短跨方向的计算跨度，计算方法同单向板。

3. 单跨双向板内力的塑性理论分析方法

为什么要有塑性理论方法？原因如图 4-47 所示。

但双向板是一种分析比较复杂的结构。一般情况下，按塑性理论计算其极限荷载的精确值很不容易。目前常用的计算方法有塑性铰线法、板带法，以及用电子计算机进行分析的最优配筋法等。这里主要介绍塑性铰线法的计算原理及要点。塑性铰线与塑性铰的概念是一致的，如图 4-48 所示。

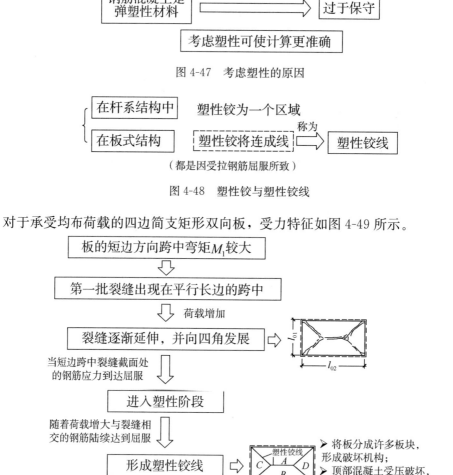

图 4-47　考虑塑性的原因

图 4-48　塑性铰与塑性铰线

对于承受均布荷载的四边简支矩形双向板，受力特征如图 4-49 所示。

图 4-49　承受均布荷载的四边简支矩形双向板的受力特征

（1）塑性铰线法的基本假定

如图 4-50 所示。

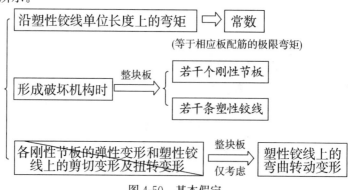

图 4-50　基本假定

（2）塑性铰线法的计算步骤

如图 4-51 所示。

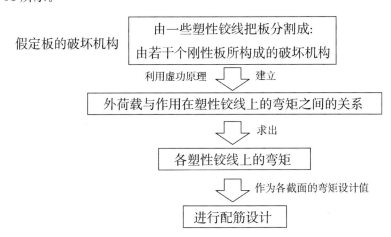

图 4-51　塑性铰线法的计算步骤

理论上来说，该方法得到的是一个上限解（即大于板的实际承载力），但实际上并不是。因为由于内拱作用等有利因素，实验得到的板的承载力都大于方法的计算结果。说明实际上是下限解，可用。

（3）基本原理——用虚功原理建立极限荷载与弯矩的关系

根据虚功原理，外力所做的功等于内力所做的功。

设任意一条塑性铰线上的长度为 l，单位长度塑性铰线承受的弯矩为 m，塑性铰线的转角为 θ。

内功 U，即各条塑性铰线上的弯矩向量与转角向量相乘的总和：

$$U = \sum l\vec{m} \cdot \vec{\theta} \tag{4-7}$$

外力功 W，等于微元 ds 上的外力大小与该处竖向位移乘积的积分，设板内各点的竖向位移为 w，各点的荷载集度为 p，则：

$$W = \iint wp\,ds \tag{4-8}$$

对均布荷载：

$$W = \iint wp\,ds = p\iint w\,ds \tag{4-9}$$

得

$$W = pV \tag{4-10}$$

即

$$\sum l\vec{m} \cdot \vec{\theta} = pV \tag{4-11}$$

根据式（4-11），只要已知板上所受的均布荷载 p，即可算出板内的弯矩。

以上参见《混规》5.6.3 条

4. 多跨双向板内力的弹性理论分析方法

多跨连续双向板（图 4-52）按弹性理论计算是很复杂的。为了简化计算，在设计中都是采用简化的实用计算法，要点如图 4-53 所示。此外，与前述同理，对活荷载也应考虑不利位置布置。

图 4-52　某写字楼内部的多跨连续双向板

```
基本思想 ── 以单跨板内力计算为基础。
             尽量利用单跨板的内力计算表格

假定 ──── ➤ 支承梁的抗弯刚度很大，其竖向变形；
             ➤ 抗扭刚度很小，可以转动

使用条件 ── 同一方向相邻最小跨度与最大跨度之比
             ＞0.75的多跨连续双向板
```

以免误差太大

图 4-53　实用计算法的要点

（1）跨中最大正弯矩

当求某区格跨中最大弯矩时，其活荷载应棋盘式布置，即在该区格及其左右前后每隔一区格布置活荷载，如图 4-54 所示。

为了能利用单跨板的内力计算表格，将棋盘形布置的活荷载分解成满布（对称）与间隔（反对称）荷载相叠加的情况，如图 4-55 所示。

① 在满布荷载作用下各区格板的分析如图 4-56 所示。

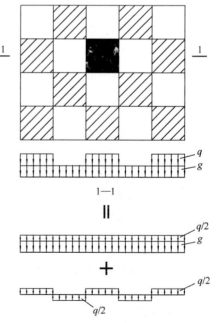

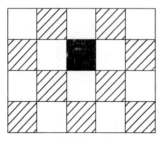

图 4-54　活荷载棋盘式布置示意

图 4-55　棋盘形布置的活荷载分解示意

➤ 中间区格板：

支座两侧荷载均相同，可近似认为支座截面的
转角为零

可将所有支座均视为固定支座，这种板就视为

四边固定的双向板

➤ 边区格板：

靠边的一侧虽然是与框架梁现浇的，但只有一侧
受荷载，不能避免发生转角

应视为简支

其余三边：视为被固定

➤ 角区格板：

有两个相邻边是与框架梁现浇的，应视为简支，
其余两边视为被固定

图 4-56　满布荷载作用下各区格板的分析

说　明

（1）对中间区格板：支座两侧荷载均相同，可近似认为支座截面的转角为零，因此可将所有支座均视为固定支座，这种板就视为四边固定的双向板。

（2）对边区格板：靠边的一侧虽然是与框架梁现浇的，但只有一侧受荷载，不能避免发生转角，所以应视为简支。其余三边视为被固定。

（3）对角区格板：有两个相邻边是与框架梁现浇的，应视为简支。其余两边视为被固定。

② 在反对称荷载作用下各区格板的分析如图 4-57 所示。

➤ 对中间区格板：

由于荷载的反对称性

支座两侧的板在支座处有相同的转动趋势，
相互之间基本没有约束作用

可将所有支座都视为铰支座，这种板视为
四边简支的双向板

➤ 对边区格板：

靠边的一侧同样应视为简支：

还是四边简支的双向板

➤ 对角区格板：

同理

也是四边简支的双向板

图 4-57　反对称荷载作用下各区格板的分析

说　明

（1）对中间区格板：由于荷载的反对称性，支座两侧的板在支座处有相同的转动趋势，相互之间基本没有约束作用，因此可将所有支座都视为铰支座，这种板视为四边简支的双向板。

（2）对边区格板：靠边的一侧同样应视为简支，这样还是四边简支的双向板。

（3）对角区格板：同理，也是四边简支的双向板。

上述方法的具体应用步骤为：

1）利用参考文献［3］的附录 7 求得满布荷载和反对称荷载下，当泊松比 $\nu=0$ 时的各区格板的最大弯矩值；

2）对钢筋混凝土板，泊松比 $\nu=0.2$。

按下式分别计算出两种荷载情况（满布和间隔）下的实际弯矩：

$$m_1^\nu = m_1 + \nu m_2$$

$$m_2^\nu = m_2 + \nu m_1$$

(4-21)

式（4-21）的意义是将双向作用按线性处理。

3）对两种情况进行叠加，即可得各区格板的跨中最大正弯矩。

（2）支座最大负弯矩

求支座最大负弯矩时，按理活荷载也应做最不利布置，但对连续双向板来说计算将十分复杂。为简化计算，支座最大负弯矩近似按满布活荷载来求。

计算支座负弯矩时：

① 内区格：按四边固定的单跨板计算；

② 边区格和角区格：内支座按固定边，边支座按铰支。

> **注意**
>
> 当由相邻区格板分别求得的同一支座负弯矩不相等时，取绝对值的较大值作为采用值。

5. 多跨双向板内力的塑性理论分析方法

中间部分的双向板：视为四边固定板；

楼盖周边部分的双向板：将其对应于楼盖边缘（框架梁）的板边视为简支。

对这几种类型的板进行的分析详见二维码链接 4-3。

> **注意**
>
> 根据经验，按塑性理论计算双向连续板，一般可比按弹性理论计算节约钢材 20%左右。

6. 双向板的设计要点

（1）采用弹性理论计算时的弯矩折减问题（图 4-58）

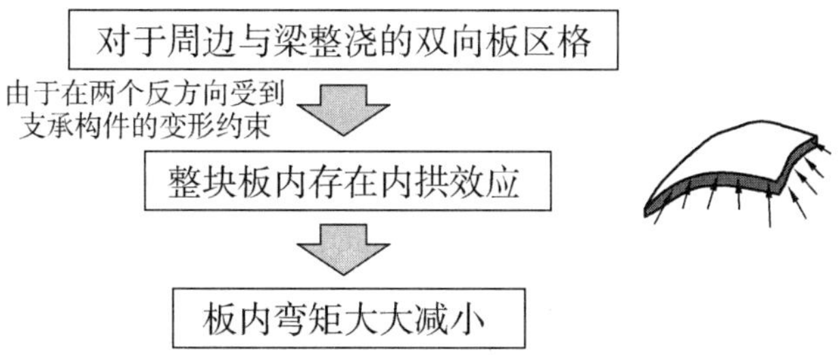

$$\boxed{\text{对于周边与梁整浇的双向板区格}}$$

由于在两个反方向受到
支承构件的变形约束 ⬇

$$\boxed{\text{整块板内存在内拱效应}}$$

⬇

$$\boxed{\text{板内弯矩大大减小}}$$

图 4-58　弯矩折减问题

故对弯矩值可分情况进行折减：

① 中间跨的跨中截面和中间支座截面：减小 20%。

② 边跨的跨中截面及楼板边缘算起的第二支座截面：

当 $l_b/l_0 < 1.5$ 时：减小 20%；

当 $1.5 \leq l_b/l_0 \leq 2.0$ 时：减小 10%；

当 $l_b/l_0 > 2.0$ 时：不折减。

其中，l_b 为沿楼板边缘方向的计算跨度；l_0 为垂直于楼板边缘方向的计算跨度。

③ 楼板的角区格不折减。

（2）构造要求

① 双向板的厚度：≥80mm。

② 由于挠度不另作验算，板厚与短跨跨长的比值满足以下刚度要求：

简支板：$h/l_{01} \geqslant 1/45$；

连续板：$h/l_{01} \geqslant 1/50$。

7. 双向板支撑梁的设计

对双向板的支承梁，由塑性铰线划分的板块范围就是各个梁的负荷范围。分以下两种情况：

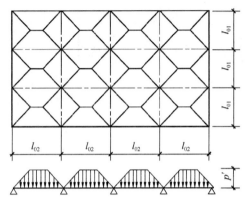

图 4-59　支承梁的计算简图

（1）如果是单跨双向板，则该板的支撑梁就是框架梁。确定每个梁的负荷范围之后，再考虑梁被柱子支撑，节点处一般情况下应视为固接，此时应同时考虑梁和柱子的受力。具体按照下面 4.4 节和 4.5 节的方法进行。

（2）如果是多跨双向板，则板的支撑梁都不是框架梁（可称为次梁），各支撑梁互相支撑，边界条件视为铰接。支承梁的计算简图如图 4-59 所示。

支承梁的内力计算方法有两种：弹性法、塑性法。

（1）弹性法计算时，荷载等效转化为矩形均布荷载，原则是支座弯矩相等。

三角形荷载作用时

$$p_{\mathrm{e}} = \frac{5}{8} p' \tag{4-13}$$

梯形荷载作用时

$$p_{\mathrm{e}} = (1 - 2a_1^2 + a_1^3) p' \tag{4-14}$$

其中

$$p' = p \frac{l_{01}}{2} = (g + q) \cdot \frac{l_{01}}{2} \qquad a_1 = \frac{l_{01}}{2l_{02}} \tag{4-15}$$

（2）塑性法计算时要点如图 4-60 所示。

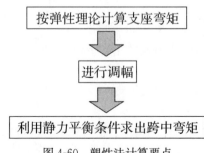

图 4-60　塑性法计算要点

8. 小专题——井字楼盖

次梁和横梁一样的楼盖，称为井字楼盖。如图 4-61 所示。

图 4-61　某处的井字楼盖

对于井字楼盖：

（1）楼板：为双向板，按前述的连续双向板计算。

（2）支撑梁：内力按结构力学的交叉梁系进行计算或查有关设计手册。

✳ 4.3.4　无梁楼盖

1. 结构组成、特征与应用

（1）结构组成

将钢筋混凝土板直接支承于柱上，不设置横梁和次梁（图 4-62）。常见的为双向板无梁楼盖，其楼面荷载直接由板传给柱及柱下基础。无梁楼盖分为无柱帽轻型楼盖（图 4-63）和有柱帽（或托板）楼盖。

图 4-62　加拿大某处的无梁楼盖（供图：刘明玥）　　图 4-63　无柱帽轻型楼盖（供图：刘晓阳）

以上参见《混规》9.1.12 条

柱帽（或托板）可以提高柱顶处平板的受冲切承载力，并减小板的计算跨度。荷载不太大时，也可不用柱帽（或托板）。

柱帽形式包括无帽顶板、有折线顶板（图4-64）、有矩形顶板（图4-65）。

图4-64　有折线顶板

图4-65　有矩形顶板（供图：贾治龙）

无梁楼盖下面一般采用正方形柱网，也可采用矩形柱网，以正方形最为经济。柱网尺寸通常采用5～7m。

（2）特征

无梁楼盖的结构高度小，净空大，通风采光条件好，支模简单，但用钢量较大。

（3）应用

常用于厂房、仓库、商场等建筑，以及矩形水池的池顶和池底等结构。

注意

由于没有梁，因此抗侧刚度比较差，主要适用于楼层数不多的情况。

根据经验，无梁楼盖和以上两种肋梁楼盖相比，在以下条件下更为经济：

① 楼面活荷载标准值在 $5kN/m^2$ 以上；

② 柱网尺寸为 6m ×6m。

（4）分类

无梁楼盖按施工程序分为：现浇整体式无梁楼盖；装配整体式无梁楼盖。

本书着重介绍现浇整体式无梁楼盖。

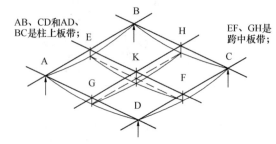

AB、CD和AD、BC是柱上板带；

EF、GH是跨中板带；

图 4-66　无梁楼板的弹性变形曲线

2．受力特点

无梁楼盖可按柱网划分成若干区格，然后划分成以下两部分：

（1）支承在柱上的"柱上板带"；

（2）弹性支承于柱上板带的"跨中板带"。

具体到一个区格（称为无梁楼板）上，可视为四点支撑的双向板，如图4-66所示。

柱上板带的跨中挠度为 f_1，跨中板带弹性支撑于其上，在跨中有相对挠度 f_2，总挠度为 $f_1 + f_2$。

> **注意**
>
> 上述挠度比同样柱网尺寸的肋梁楼盖为大，所以无梁楼板的厚度要大一些。

考虑到钢筋混凝土板具有内力重分布的能力，可以假定在同一种板带宽度内：

① 内力的数值是均匀的；

② 钢筋可均匀地布置。

由加载试验发现，第一批裂缝出现在柱帽顶面上。

3. 柱帽边缘处平板的抗冲切验算

详见二维码链接4-4。

4. 无梁楼盖的内力分析

有弹性理论和塑性铰线法两大类计算方法。

其中弹性理论的方法有多种，比较常用的是：经验系数法、等代框架法。可查阅相关资料，在此不再详述。

5. 节点处的设计

（1）节点形式：为加强板柱结构节点处的受冲切承载力，可采用带柱帽或托板的形式。其形状、尺寸应包容 45° 的冲切破坏锥体，并应满足受冲切承载力的要求。且

① 柱帽的高度：≥板的厚度 h；

② 托板的厚度：≥$h/4$；

③ 柱帽或托板在平面两个方向上的尺寸：均不宜小于同方向上柱截面宽度 b 和 $4h$ 的和（参见《混规》图 9.1.12）。

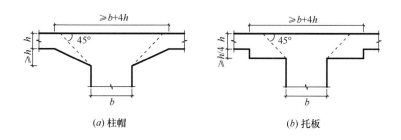

(a) 柱帽　　　　　　　　*(b)* 托板

《混规》图 9.1.12　带柱帽或托板的板柱结构

（2）在 8 度设防烈度时，宜采用有托板或柱帽的板柱节点。

柱帽及托板的外形尺寸不宜过小。为什么？

因为根据国外的试验和分析研究，如果柱帽较小，在地震作用下，较大的不平衡弯矩将在柱帽附近产生反向的冲切裂缝。

具体来说，柱帽及托板的尺寸应符合本条（1）中的规定（参见《混规》9.1.12 条）。同时，为了保证节点的抗弯刚度：

① 托梁或柱帽根部的厚度（包括板厚）：≥柱纵筋直径的 16 倍；

② 托板或柱帽的边长：≥4 倍板厚与柱截面相应边长之和。

以上参见《混规》9.1.12 条和 11.9.2 条

6. 截面设计与构造要求

（1）截面的弯矩设计值（图 4-67）

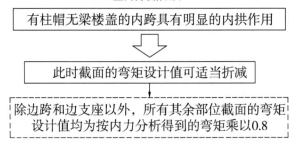

图 4-67　弯矩设计值的折减问题

（2）板厚

要同时考虑承载力和刚度的要求。

① 当采用无帽顶板时：板厚≥区格长边的 1/32；

② 当采用有帽顶板时：板厚≥区格长边的 1/35，此时可不验算板的挠度。

> **注意**
> 无梁楼盖的板通常是等厚的，但当无柱帽时，对柱上板带也可适当加厚，加厚部分的宽度可取相应板跨的 0.3 倍左右。

（3）板的截面有效高度

板的截面有效高度取值与双向板类同，即：

① 同一区格在两个方向同号弯矩作用下，由于两个方向的钢筋又叠置在一起，因此应分别采用不同的截面有效高度；

② 当为正方形区格时，为简化计算，可取两个方向有效高度和平均值。

（4）边梁

① 应设置在无梁楼盖的周边；

② 截面高度≥板厚的 2.5 倍，与板形成倒 L 形截面；

③ 边梁除了与边柱上的板带一起承受弯矩外，还要承受垂直于边梁轴线方向的扭矩，所以应配置两部分钢筋：

➤ 抗弯钢筋；

➤ 必要的抗扭构造钢筋。

（5）暗梁

对无柱帽的平板，为了更有效地传递不平衡弯矩，宜在柱上板带内设置构造暗梁。

① 暗梁的宽度：可取柱宽加柱两侧各不大于 1.5 倍板厚；

② 暗梁支座上部纵筋应不小于柱上板带纵筋截面面的 1/2，暗梁下部纵筋不宜少于上

部纵筋截面面积的 1/2；

③ 暗梁箍筋：直径≥8mm，间距不宜大于 3/4 倍板厚，肢距不宜大于 2 倍板厚；

④ 支座处暗梁箍筋加密区：长度≥3 倍板厚，其箍筋间距不宜大于 100mm，肢距不宜大于 250mm。

以上参见《混规》11.9.5 条

（6）贯通柱截面钢筋

沿两个主轴方向贯通节点柱截面的连续预应力筋及板底纵向普通钢筋，应符合下列要求：

① 为防止极限状态下楼板塑性变形充分发育时从柱上脱落，要求两个方向贯通柱截面的后张预应力筋及板底普通钢筋受拉承载力之和不小于该层柱承担的楼板重力荷载代表值作用下的柱轴压力设计值。即：

$$f_{py}A_p + f_yA_s \geqslant N_G \qquad 《混规》式(11.9.6)$$

> **注意**
>
> 对于边柱和角柱，贯通钢筋在柱截面对边弯折锚固时，在计算中应只取其截面面积的一半。

② 连续预应力筋应布置在板柱节点上部，呈下凹进入板跨中。

③ 板底纵向普通钢筋的连接位置，宜在距柱面 l_{aE} 与 2 倍板厚的较大值之外，且应避开板底受拉区范围。

以上参见《混规》11.9.6 条

7. 无梁楼盖的两种扩展体系

为提高普通无梁楼盖体系的经济性，发展出了两种扩展体系：空心楼盖；双向密肋楼盖。

（1）空心楼盖

也叫现浇无梁空心楼盖，即安装埋入式芯模后现浇而成（图 4-68）。

随着实践经验的积累，芯模从材质到体形已经演变出多种形式。

① 从材质分：有玻璃纤维水泥、聚苯塑料、泡沫混凝土和橡胶气囊（图 4-69)等；

② 从体形分：有薄壁圆管（或方管）、薄壁方箱、椭圆形柱体等。

图 4-68　现浇无梁空心楼盖（供图：毛爱通）

但其实质均为对混凝土楼盖形成空腔，通过"工"字形截面，充分利用钢筋与混凝土两种材料的力学性能。

空心楼盖对柱网长宽比没有严格要求，采用一定的内模形式时还可应用于单向楼板。

图 4-69 某橡胶气囊芯模（供图：毛爱通）

目前空心楼盖的聚苯填充箱体芯模的造价大概为 400 元/m³。

图 4-70 某项目用的 GRC 定型模板

根据工程经验和国内有关标准，《混规》提出了空心楼板体积空心率限值的建议，并对箱形内孔及管形内孔楼板的基本构造尺寸作出了规定。当箱体内模兼做楼盖板底的饰面时，可按密肋楼盖计算。详见《混规》9.1.5 条。

此外还需参考：《现浇混凝土空心楼盖结构技术规程》CECS 175：2004。

（2）正交双向密肋楼盖

通过定型模板（目前常用 GRC 定型模板，为五面体，如图 4-70 所示）的布置，实现双向密肋形式的现浇混凝土楼盖（图 4-71）。适用于中等或较大跨度的公共建筑和人防建筑。

当开间为方形时，双向密肋体系的受力最为有利。随着开间的长宽比增大，这种效益就迅速消失。

数据分析表明：**当柱网开间的长宽比≥1.5 时，双向作用的意义已很小了，此时采用单向密肋、单向板梁更为合理。**

图 4-71 某正交双向密肋楼盖

小结

以上两种楼盖体系与无梁楼盖体系相比，均具有良好的经济性，可较大地降低钢筋及混凝土用量。

（1）在柱网比较规则和常用跨度范围内的地下和较大荷载工程中，双向密肋楼盖体系比空心楼盖体系更为适宜；

（2）而在较小荷载的地上工程中，空心楼盖体系更为适宜。

4.4 框架结构分析

✳ 4.4.1 结构分析模型

（1）采用的计算简图、几何尺寸、计算参数、边界条件、结构材料性能指标以及构造措施等，应符合实际工作状况。

（2）结构上可能的作用及其组合、初始应力和变形状况等，应符合实际工作状况。

（3）结构分析中所采用的各种近似假定和简化，应有理论、试验依据或经工程实践验证；计算结果的精度应符合工程设计的要求。

> **以上参见《混规》5.1.3 条**

✳ 4.4.2 结构简化分析的相关要求

（1）体形规则的空间结构，可沿柱列或墙轴线分解为不同方向的平面结构，分别进行分析，但应考虑平面结构的空间协同工作。

（2）杆件的轴向、剪切和扭转变形对结构内力分析影响不大时，可不予考虑。

（3）结构的弹性分析方法可用于正常使用极限状态和承载能力极限状态作用效应的分析。

> **以上参见《混规》5.2.1 条和 5.3.1 条**

✳ 4.4.3 计算假定

计算假定如图 4-72 所示。另一项假定是：按弹性理论（即材料力学、结构力学）进行近似计算。

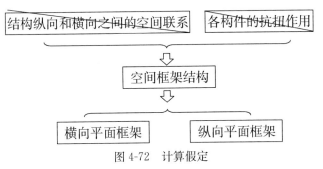

图 4-72 计算假定

说 明

忽略结构纵向和横向之间的空间联系，忽略各构件的抗扭作用，将空间框架结构分成两个方向的平面框架进行分析计算。

✳ 4.4.4 框架结构的荷载

（1）水平荷载（图4-73）

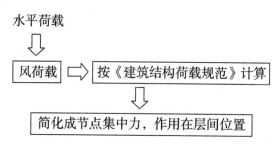

图 4-73 水平荷载的处理

（2）竖向荷载（图4-74）

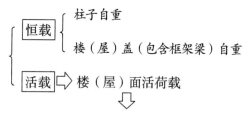

图 4-74 竖向荷载的处理

✳ 4.4.5 计算简图

详见二维码链接 4-5。

计算简图如图 4-75 所示。

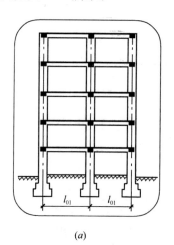

（a）

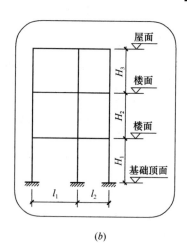

（b）

图 4-75 计算简图

（a）实际结构；（b）计算简图

对双向板楼盖的情况，竖向和水平荷载作用下，横向与纵向框架的计算简图如图4-76所示。可根据固端弯矩相等的原则，将梯形荷载和三角形荷载等效为均布荷载。

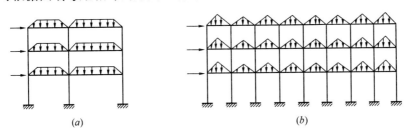

图 4-76　横向与纵向框架的计算简图
(a) 横向框架；(b) 纵向框架

4.5　框架结构的内力分析

结构内力分析应符合哪些要求？

(1) 满足力学平衡条件；

(2) 在不同程度上符合变形协调条件，包括节点和边界的约束条件；

(3) 采用合理的材料本构关系或杆件单元的受力—变形关系。

以上参见《混规》5.1.4条

对框架结构的内力，可直接用结构力学方法求解，实用中一般都是电算。下面介绍框架结构内力的近似手算方法。

✳ 4.5.1　需要预先确定的参数

由框架结构的计算简图（图4-75）可见，属于结构力学中的"刚架结构"，计算荷载作用下的内力时，可用的方法是力法、位移法及衍生方法（弯矩分配法等）。这些方法都需要结构的两大类参数：一是各梁、柱的长度尺寸（可由建筑设计确定）；二是各梁、柱的截面刚度参数（线刚度），需要各梁、柱的弹性模量和截面尺寸，才能得到刚度参数。

因此，框架结构设计的第一步是：**初定各梁、柱的弹性模量和截面尺寸。**

1. 各梁、柱弹性模量的初步确定

弹性模量的确定原则如图4-77所示。

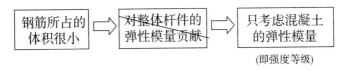

(即强度等级)

图 4-77　弹性模量的确定原则

与楼盖一样，梁、柱的混凝土强度等级常用 C25、C30。为了防止混凝土收缩过大，一般不超过 C40。

如果考虑抗震，混凝土强度对保证构件塑性铰区发挥延性能力具有较重要的作用，因此对重要性较高的结构，混凝土最大强度等级比非抗震情况下有更高的要求：

（1）一级抗震等级的框架梁、柱：混凝土强度等级≥C30；

（2）其他情况下（包含楼盖内的梁板构件）：≥C20。

但注意到，试验和工程应用表明，高强混凝土具有明显的脆性，而且侧向变形系数偏小使得箍筋对它的约束效果受到一定的削弱，因此对高烈度情况下的混凝土强度等级还应设定上限：设防烈度为9度时，C60；设防烈度为8度时，C70。

以上参见《混规》11.2.1条

2. 各杆件截面尺寸的初步确定

（1）梁

梁的截面尺寸，应从整个框架结构中梁与柱的相互关系、对梁变形能力的要求等方面出发来考虑。

最常用的梁截面形式为矩形，截面尺寸宜按下述采用：

① 梁的高度一般由高跨比控制，高跨比一般控制在 1/8～1/12。

但对于高层框架结构，考虑到层高的要求，根据国内工程经验并参考国外规范，主梁截面高度可按计算跨度的 1/10～1/18 确定。上限 1/10 适用于荷载较大的情况；当设计确有可靠依据且工程上有需要时，高跨比也可小于 1/18。同时，梁净跨与截面高度之比不宜小于 4（考虑抗震时也有此要求）。

梁高 h 一般采用尺寸为：250mm、300mm、350mm、750mm、800mm、900mm、1000mm 等；800mm 以下的级差为 50mm，以上的为 100mm。

② 矩形梁的高宽比 h/b 一般取 2.0～3.5，T 形截面梁的 h/b 一般取 2.0～3.5（此处 b 为梁肋宽）。

对于高层和考虑抗震的框架结构，梁的截面宽度不宜小于梁截面高度的 1/4。

③ 矩形截面的宽度或 T 形截面的肋宽 b 一般取为 100mm、120mm、150mm、200mm、250mm、300mm 等。

对于高层和考虑抗震的框架结构，梁的截面宽度不宜小于 200mm。

（2）柱

① 先确定所需的柱截面面积 A_c：

$$N/A_c f_c \leqslant 1 \qquad (4-16)$$

式中　A_c——框架柱的截面面积；

　　　f_c——柱混凝土抗压强度设计值；

　　　N——柱轴向压力设计值。可初步按下式估算：

$$N = \gamma_g \cdot Q \cdot S \cdot n \cdot \alpha_1 \cdot \alpha_2 \qquad (4-17)$$

式中　γ_g——竖向荷载分项系数；

　　　Q——每个楼层上单位面积的竖向荷载，可取 12～14kN/m²；

　　　S——柱一层的荷载面积；

　　　n——柱荷载楼层数；

　　　α_1——考虑水平力产生的附加系数，一般取为 1.05；

　　　α_2——边角柱轴向力增大系数：边柱取 1.1，角柱取 1.2；

② 再选择截面形式和尺寸

为便于制作模板，轴心受压构件截面一般采用方形或矩形，有时也采用圆形或多边形；偏心受压构件一般采用矩形截面。

> **注意**
>
> 有时为了节约混凝土和减轻柱的自重，特别是在装配式柱中，较大尺寸的柱常常采用Ⅰ形截面；拱结构的肋常做成Ｔ形截面；采用离心法制造的柱、桩、电杆以及烟囱、水塔支筒等常采用环形截面。

矩形截面的长和宽一般可取（$1/10 \sim 1/15$）层高；方形柱的截面尺寸不宜小于 $250mm \times 250mm$。

为避免矩形截面轴心受压构件长细比过大，承载力降低过多，常取 $l_0/b \leqslant 30$，$l_0/h \leqslant 25$。此处 l_0 为柱的计算长度（取值见后面 7.1.1 节），b 为矩形截面短边边长，h 为长边边长。

此外，为了施工支模方便，柱截面尺寸宜采用整数：800mm 及以下的，宜取 50mm 的倍数；800mm 以上的，可取 100mm 的倍数。Ⅰ形截面尺寸要求如图 4-78 所示。

翼缘厚度 不宜小于120mm

因为翼缘太薄，会使构件过早出现裂缝，同时在靠近柱底处的混凝土容易在车间生产过程中碰坏，影响柱的承载力和使用年限

腹板厚度

➢ 不宜小于100mm；

➢ 地震区采用Ⅰ形截面柱时，其腹板宜再加厚些

图 4-78　Ⅰ形截面的尺寸要求

另外，考虑地震时，根据 2008 年汶川地震的震害经验，柱截面尺寸偏小的话由于多种偶然因素的影响，很可能震害偏重。因此，偏安全地，框架柱的截面尺寸应符合以下要求：

A. 矩形柱

➢ 抗震等级为四级或层数不超过 2 层时，最小截面尺寸不宜小于 300mm；

➢ 抗震等级为一、二、三级且层数超过 2 层时，根据汶川地震的经验，最小截面尺寸不宜小于 400mm。

B. 圆柱

➢ 抗震等级为四级或层数不超过 2 层时，最小截面尺寸不宜小于 350mm；

➢ 抗震等级为一、二、三级且层数超过 2 层时，最小截面尺寸不宜小于 450mm。

C. 柱截面长边与短边的边长比：$\leqslant 3$。

D. 柱的剪跨比：> 2。

以上参见《混规》11.4.11 条、
《高规》6.3.1 条和 6.4.1 条、《抗震规范》6.3.5 条

① 现浇楼盖：

中框架取 $I=2I_0$
边框架取 $I=1.5I_0$

② 装配整体式楼盖：

中框架取 $I=1.5I_0$
边框架取 $I=1.2I_0$

③ 装配式楼盖：

取 $I=I_0$

图 4-79　梁的惯性矩的确定

3. 框架梁、柱的截面惯性矩计算

（1）柱

直接按《材料力学》的方法计算截面惯性矩即可。

对矩形截面柱：$I_0 = \dfrac{1}{12}bh^3$

（2）梁

应考虑楼板的影响。按矩形截面计算的截面惯性矩记为 I_0（表达式同上），如图 4-79 所示。

下面将分竖向荷载作用、水平荷载作用两种情况分别介绍框架结构的内力计算方法。

✳ 4.5.2　竖向荷载作用下的内力近似计算

1. 分层法

分层法的细节见参考文献［3］。按照分层法，可得某框架在竖向荷载作用下的内力形式如图 4-80 所示。由图可见：

➢ 对梁：需同时考虑弯矩和剪力；

➢ 对柱：需同时考虑弯矩和轴力。

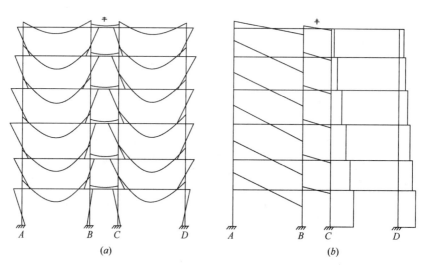

图 4-80　某框架在竖向荷载作用下的内力图

（a）弯矩图；（b）梁剪力、柱轴力图

2. 竖向荷载下的梁端弯矩调幅

详见二维码链接 4-6。

✳ 4.5.3　水平荷载作用下的内力近似计算

采用"D 值法"进行计算。细节详见参考文献［3］。

由此可得某框架在风载作用下的弯矩图、剪力图及轴力图，如图 4-81 所示。由图可见：

> 对梁：需同时考虑弯矩和剪力；
> 对柱：需同时考虑弯矩、剪力和轴力。

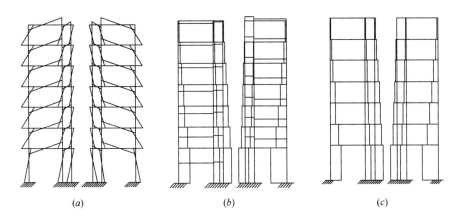

图 4-81　某风载作用下的弯矩图、剪力图、轴力图

(a) 弯矩图；(b) 剪力图；(c) 轴力图

✳ 4.5.4　小结

（1）综合竖向与水平荷载后的梁、柱内力情况小结（图 4-82）

（2）框架结构的内力计算方法小结（图 4-83）

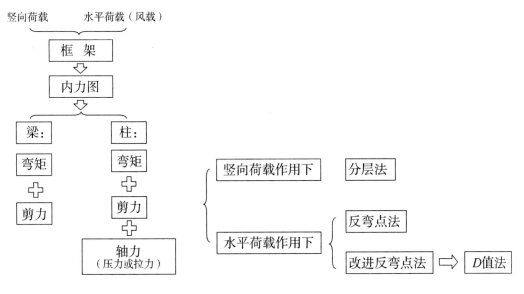

图 4-82　综合竖向与水平
荷载后的梁、柱内力情况

图 4-83　框架结构的内力计算方法

4.6 框架结构考虑 $P\text{-}\Delta$ 效应的增大系数法

框架结构在水平力（主要是风荷载）作用下产生的侧向水平位移和重力荷载共同作用会在结构内产生附加内力，即所谓的 $P\text{-}\Delta$ 效应（又称重力二阶效应或侧移二阶效应）。

一般采用增大系数法进行 $P\text{-}\Delta$ 效应的简化计算。

首先，按一阶弹性分析得到框架的柱端弯矩、梁端弯矩、层间水平位移；

然后，考虑二阶效应，直接对这些结果按下式进行增大：

$$M = M_{ns} + \eta_s M_s \qquad\qquad 《混规》式(B.0.1\text{-}1)$$

式中　M_{ns}——在竖向荷载作用下，按分层法计算得到的柱端、梁端弯矩设计值；

　　　M_s——在水平荷载作用下，按 D 值法得到的柱端、梁端弯矩设计值；

　　　η_s——考虑 $P\text{-}\Delta$ 效应的增大系数。取值如下所述。

（1）计算柱端弯矩时的 η_s 取值

η_s 以楼层为单位考虑，即同一计算楼层中的所有柱上、下端都采用同一个 η_s 值。楼层 j 的 η_s 按下式计算：

$$\eta_{s,j} = \cfrac{1}{1 - \cfrac{\sum\limits_{k=1}^{m} N_{jk}}{\sum\limits_{k=1}^{m} D_{jk} h_j}} \qquad\qquad 《混规》式(B.0.2)$$

式中　$\displaystyle\sum_{k=1}^{m} D_{jk}$——楼层 j 中所有 m 个柱子的侧向刚度之和，但需对柱的截面弹性抗弯刚度 $E_c I$ 乘以 0.6 的折减系数；

　　　$\displaystyle\sum_{k=1}^{m} N_{jk}$——楼层 j 中所有 m 个柱子的轴向力设计值之和；

　　　h_j——楼层 j 的层高。

（2）计算梁端弯矩时的 η_s 取值

η_s 取相应节点处上、下柱端 η_s 值的平均值。对楼层 j 上方的框架梁端，η_s 按下式计算：

$$\eta_s = \frac{1}{2}(\eta_{s,j} + \eta_{s,j+1}) \qquad\qquad (4\text{-}18)$$

以上参见《混规》B.0.1 条和 B.0.5 条

注意

按以上方法可以算出某一种荷载作用下，框架结构上的内力。

为了能真正进行各个梁和柱子的设计，后面还需要考虑客观存在的多种荷载的合理组合问题，才能找出各个梁和柱子上可能出现的最不利内力情况。详见第 6 章。

4.7 梁和柱的控制截面

所谓控制截面，是指对构件配筋起控制作用的截面。

✳ 4.7.1　框架梁

根据分析出的内力变化规律，梁上的剪力沿轴线是线性变化的，弯矩是呈抛物线变化的。因此，控制截面可取：

（1）两端的柱端截面（最大剪力处）；

（2）跨中截面（最大正弯矩处）。

✳ 4.7.2　框架柱

根据分析出的内力变化规律，弯矩、轴力和剪力是沿柱高线性变化的，因此控制截面可取：各层柱的上、下端截面。

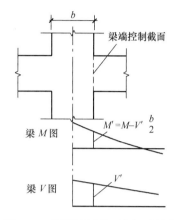

图 4-84　梁端控制截面弯矩及剪力

前面计算时能不能直接得到这些控制截面的内力？答案是：梁端柱边截面不能，其他截面可以。

因为根据框架的计算简图，取的是柱子和梁的中轴线，因此梁端处得到的是柱子中轴线截面的梁内力，和柱边的控制截面相差半个柱宽，需要考察这两个截面的内力是否一样：

（1）当梁受水平荷载或竖向集中荷载时，一样，不需要处理；

（2）当梁受均布荷载（自重和均布活荷载）作用时，不一样，需要进行处理。梁端柱边缘弯矩和剪力的计算如图 4-84 所示。

$$V' = V - (g + p)\frac{b}{2} \tag{4-19}$$

$$M' = M - V'\frac{b}{2} \tag{4-20}$$

式中　V'，M'——梁端柱边截面的剪力和弯矩；

　　　V，M——内力计算得到的梁端柱轴线截面的剪力和弯矩；

　　　g，p——作用在梁上的竖向分布恒载和活载。

> **注意**
>
> 　　　根据以上得到的各控制截面的内力情况
>
> 可在截面上进行分析和计算
>
> 　　　得到构件的尺寸和配筋情况

详细的计算方法在后面第 6 章介绍，这里先介绍一些构造上的要求。

4.8 本 章 小 结

本章主要介绍了框架结构的组成、分类、布置、楼盖设计、整体内力分析、梁和柱的控制截面等。

另外再说明两点：

（1）对于直接承受动力荷载的构件，以及要求不出现裂缝或处于三 a、三 b 类环境情况下的结构，不应采用考虑塑形内力重分布的分析方法。也就是说，此时对单向板楼盖不应采用弯矩系数法，对双向板楼盖不应采用塑性铰线法，对框架结构也不考虑梁端弯矩调幅等。

以上参见《混规》5.4.2 条

（2）有关扁梁（梁宽大于柱宽）：

① 采用扁梁的楼，为了避免或减小扭转的不利影响，宽扁梁框架的梁柱中线宜重合，并应采用整体现浇楼盖。为了使宽扁梁端部在柱外的纵向钢筋有足够的锚固，应在两个主轴方向都设置宽扁梁。扁梁的截面尺寸应符合下列要求，并应满足现行有关规范对挠度和裂缝宽度的规定：

$$b_b \leqslant 2b_c \qquad 《抗震规范》式(6.3.2\text{-}1)$$
$$b_b \leqslant b_c + h_b \qquad 《抗震规范》式(6.3.2\text{-}2)$$
$$h_b \geqslant 16d \qquad 《抗震规范》式(6.3.2\text{-}3)$$

式中　b_c——柱截面宽度，圆形截面取柱直径的 0.8 倍；

　　b_b、h_b——分别为梁截面宽度和高度；

　　　d——柱纵筋直径。

② 扁梁不宜用于一级框架结构。

以上参见《抗震规范》6.3.2 条

第5章 混凝土结构厂房

5.1 （装配式）单层钢筋混凝土柱厂房

✳ 5.1.1 结构组成

概括地来说，（装配式）单层钢筋混凝土柱厂房（图5-1）可分为五大部分，如图5-2所示。相关实例见图5-3～图5-5。

图5-1 某单层钢筋混凝土柱厂房

屋盖结构
    无檩体系：大型屋面板、屋架或屋面梁、屋盖支撑等
    有檩体系：小型屋面板、檩条、屋架

横向排架
    屋架或屋面梁
    横向柱列
    基础

纵向排架
    纵向柱列
    连系梁
    吊车梁
    柱间支撑
    基础及基础梁

支撑体系 包括多种支撑

围护结构 包括纵墙、山墙(横墙，内含抗风柱)、圈梁等

图5-2 厂房结构的组成

1. 抗风柱

抗风柱的作用是：分割山墙、传递风荷载。

可以是砖壁柱或钢筋混凝土柱，如图5-6所示。

图 5-3　纵向柱列及纵墙

图 5-4　某厂房的屋面梁和吊车梁

图 5-5　某厂房的围护纵墙

图 5-6　钢筋混凝土抗风柱

2. 圈梁、连系梁、过梁和基础梁

（1）圈梁

圈梁：设置于墙体内并与柱子连接的现浇钢筋混凝土构件。

图 5-7　圈梁与山墙抗风柱

圈梁的作用是：将墙体与排架柱、抗风柱等箍在一起，以增强厂房的整体刚度，防止由于地基的不均匀沉降或较大的振动荷载对厂房产生不利影响（图 5-7）。

（2）连系梁和过梁

连系梁：承受墙体荷载；连系纵向柱列；增强厂房的纵向刚度；传递纵向水平荷载。

过梁：当墙体开有门窗洞口时，需设置钢筋混凝土过梁，以支承洞口上部墙体的重量。

注意

在进行围护结构布置时，应尽可能地将圈梁、连系梁和过梁结合起来，使一种梁能兼作两种或三种梁，以简化构造，节约材料。

（3）基础梁

在单层厂房中，一般采用基础梁来承托围护墙体的重量，并将其传至柱基础顶面。不需另做墙基础，以使墙体和柱的沉降变形一致。

3. 考虑抗震时对厂房屋盖的要求

（1）轻型大型屋面板无檩屋盖和钢筋混凝土有檩屋盖的抗震性能好，经过 8～10 度强烈地震考验，有条件时可采用。

（2）厂房宜采用的屋架形式：

① 钢屋架；

② 重心较低的预应力混凝土、钢筋混凝土屋架（图 5-8）。

根据唐山地震的震害统计分析，厂房宜采用低重心的屋盖承重结构。

图 5-8　某厂房的钢筋混凝土屋架

（3）跨度≤15m 时，可采用钢筋混凝土屋面梁（图 5-9，图 5-10）。

图 5-9　某厂房的钢筋混凝土屋面梁（一）

（4）跨度大于 24m，或 8 度Ⅲ、Ⅳ类场地和 9 度时，应优先采用钢屋架。

（5）柱距为 12m 时：可采用预应力混凝土托架（梁）；当采用钢屋架时，亦可采用钢托架（梁）。

（6）有突出屋面天窗架的屋盖：不宜采用预应力混凝土或钢筋混凝土空腹屋架（图 5-11）。

图 5-10　某厂房的钢筋混凝土屋面梁（二）

（7）拼块式的预应力混凝土和钢筋混凝土屋架（屋面梁），其结构整体性差，在唐山地震中，其破坏率和破坏程度都比整榀式严重得多。因此，在地震区不宜采用。

（8）8 度（0.30g）和 9 度时，跨度大于 24m 的厂房：不宜采用重量大的大型屋面板。

震害调查表明，大型屋面板如果与屋架或屋面梁焊接不牢，地震时往往会发生错动滑落，甚至引起屋架的失稳倒塌。

（9）预应力混凝土和钢筋混凝土空腹桁架的腹杆及其上弦节点均较薄弱，在天窗两侧竖

图 5-11 某有突出屋面天窗架的屋盖

向支撑的附加地震作用下，容易产生节点破坏、腹杆折断的严重破坏，因此，不宜采用有突出屋面天窗架的空腹桁架屋盖。

以上参见《抗震规范》9.1.3 条

4. 考虑抗震时对厂房柱设置的要求

8 度和 9 度时，宜采用矩形尤其是图 5-12 中的情况、工字形截面柱（图 5-13）或斜腹杆双肢柱；不宜采用薄壁工字形柱、腹板开孔工字形柱、预制腹板的工字形柱和管柱，原因是都存在抗震薄弱环节。

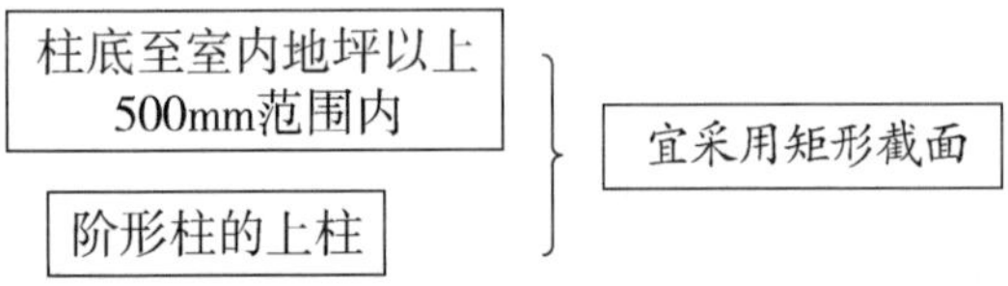

柱底至室内地坪以上
500mm 范围内

阶形柱的上柱

宜采用矩形截面

图 5-12 宜采用矩形截面的情况

图 5-13 某厂房的工字形截面柱

以上参见《抗震规范》9.1.4 条

5. 考虑抗震时对厂房天窗架设置的要求

（1）天窗

天窗是屋盖的薄弱环节，它对屋盖的整体刚度有削弱效应。因此，天窗在纵向的起始部位应尽可能远离伸缩缝区段的端部。在 8 度和 9 度时，天窗宜从厂房单元端部第三柱间开始设置。

① 突出屋面的天窗架对厂房的抗震性能会有显著的不利影响，因此宜采用突出屋面较小的避风型天窗；

② 有条件或 9 度时，宜采用下沉式天窗。采用下沉式天窗的屋盖有良好的抗震性能，唐山地震中甚至经受了 10 度地震的考验。因此，有条件时均可采用。

（2）天窗架的选用

① 突出屋面的天窗：宜采用钢天窗架；

② 6～8度时：可采用矩形截面杆件的钢筋混凝土天窗架。

（3）天窗架的设置位置

① 不宜从厂房结构单元第一开间开始设置；

② 8度和9度时，天窗架宜从厂房单元端部第三柱间开始设置。如果从第二开间起就开设天窗，将使端开间每块屋面板与屋架无法焊接或焊连的可靠性大大降低，可能导致地震时掉落，同时也大大降低了屋面纵向的水平刚度。因此，如果山墙能够开窗，或者采光要求不太高时，天窗宜从第三开间起设置，以增强屋面纵向水平刚度。

但天窗架从第三柱间开始设置，对建筑的通风和采光有不利影响，考虑到6度和7度区的地震作用效应较小，且很少有屋盖破坏的震例，因此对6度和7度区不作此要求。

（4）天窗屋盖、端壁板和侧板

根据历次地震的经验，宜采用轻型板材。不应采用端壁板代替端天窗架。

以上参见《抗震规范》9.1.2条

✳ 5.1.2　结构布置

1. 柱网与定位轴线

柱网是柱的纵向和横向定位轴线在平面上所形成的网格。其中，纵轴之间的距离称为柱距，横轴之间的距离称为跨度。

在进行柱网布置时，要考虑生产工艺、正常使用、经济合理、建筑统一化等因素。尤其要注意符合模数的要求，以100mm为基本单位（用M表示）。《厂房建筑模数协调标准》规定：

（1）对于跨度

① 如果跨度≤18m，按3m的倍数进级（30M）；

② 如果跨度＞18m，按6m的倍数进级（60M）。

③ 另外，允许21m/27m/33m等30M进级。

（2）对于柱距

采用扩大模数6m的倍数进级（60M），也可采用9m的柱距，或利用托架扩大柱距。

2. 结构缝

如图5-14所示。结构缝包括以下三类：

（1）伸缩缝：作用是减少温度应力，保证厂房正常使用。设置时应从基础顶面至上部结构完全断开设缝。对伸缩缝最大间距的要求同样见《混规》表8.1.1。

（2）沉降缝：作用是防止厂房发生不均匀沉降。设置时应从基础至屋顶完全断开设缝。

（3）防震缝：作用是减少厂房震害。设置时应从基础顶面至上部结构完全断开

图5-14　某厂房的结构缝

设缝。缝宽一般为50～70mm。设置部位一般是平面、立面复杂，结构高度及刚度变化较大，厂房侧边贴建生活间、变电所等坡屋。

3. 考虑抗震时对结构布置的要求

（1）多跨厂房：宜等高和等长。历次地震的震害表明，不等高的多跨厂房有高振型反应；不等长的多跨厂房有扭转效应，破坏较重。因此，多跨厂房宜采用等高和等长。

（2）高低跨厂房：不宜采用一端开口的结构布置。

（3）厂房的贴建房屋和构筑物：不宜布置在厂房角部和紧邻防震缝处（图5-15）。已有的地震震害表明，单层厂房的毗邻建筑如果布置在厂房纵墙与山墙交汇的角部，对抗震很不利。另外，在地震作用下，防震缝处排架柱的侧移量大，当有毗邻建筑时，相互碰撞或变位受约束的情况比较严重，易导致倒塌、严重破坏等后果，因此在防震缝附近不宜布置毗邻建筑。

图5-15　厂房的贴建房屋

（4）厂房体型复杂或有贴建的房屋和构筑物时，宜设防震缝（图5-16）。防震缝宽度的要求如图5-17所示。

图5-16　厂房有贴建房屋时设置的防震缝

厂房纵横跨交接处、大柱网厂房或不设柱间支撑的厂房　100～150mm

其他情况　50～90mm

图5-17　防震缝宽度

说　明

大柱网厂房和其他不设柱间支撑的厂房，在地震作用下侧移量较设置柱间支撑的厂房大，防震缝的宽度需适当加大。

（5）两个主厂房之间的过渡跨至少应有一侧采用防震缝与主厂房脱开。

原因：地震作用下，相邻两个独立的主厂房的振动变形可能不同步协调，与之相连接的过渡跨的屋盖常倒塌破坏。

（6）厂房内上起重机的铁梯不应靠近防震缝设置；多跨厂房各跨上起重机的铁梯不宜设置在同一横向轴线附近（图 5-18）。

原因：上吊车的铁梯，当晚间停放吊车时，会增大该处排架的侧移刚度，导致地震反应加大，特别是多跨厂房各跨上吊车的铁梯集中在同一横向轴线时，易导致震害破坏，因此应避免。

图 5-18　某厂房内上起重机的铁梯

（7）厂房内的工作平台、刚性工作间，宜与厂房主体结构脱开。

原因：工作平台或刚性内隔墙与厂房主体结构连接，将改变主体结构的工作性状，加大地震反应，导致应力集中，可能造成短柱效应，不仅影响排架柱，还可能涉及柱顶的连接和相邻的屋盖结构，相关的计算和加强措施都比较困难。

（8）有关结构形式：

① 厂房的同一结构单元内，不应采用不同的结构形式。不同形式的结构，具有不同的振动特性、材料强度、侧移刚度。在地震作用下，往往由于荷载、位移、强度的不均衡导致结构破坏。

已有的震害调查表明：山墙承重和中间有横墙承重的单层钢筋混凝土柱厂房和端砖壁承重的天窗架，在地震中均有较重破坏。因此，厂房的一个结构单元内，不宜采用不同的结构形式。

② 厂房端部应设屋架（图 5-19），不应采用山墙承重。

③ 厂房单元内不应采用横墙和排架混合承重。

（9）有关柱子的布置：

① 厂房柱距宜相等。

② 各柱列的侧移刚度宜均匀。

反例如下：

➤ 两侧为嵌砌墙，中柱列设柱间支撑的厂房；

➤ 一侧为外贴墙或嵌砌墙，另一侧为开敞的厂房；

➤ 一侧为嵌砌墙，另一侧为外贴墙等各柱列纵向刚度严重不均匀的厂房。

对于上述情况，由于各柱列的地震作用分配不均匀、变形不协调，

图 5-19　某厂房端部的屋架

常导致柱列和屋盖的纵向破坏。根据已有的震害调查：在7度区就有这种震害，在8度和大于8度区，破坏更加普遍且严重，可能导致柱倒屋塌，因此在设计中应予以避免，各柱列的侧移刚度宜均匀（图5-20）。

③ 当有抽柱时，应采取抗震加强措施。

图5-20　某厂房的柱子布置

以上参见《抗震规范》9.1.1条

✳ 5.1.3　不考虑抗震时的结构计算

详见二维码链接5-1。

✳ 5.1.4　厂房的横向抗震计算

1. 混凝土无檩和有檩屋盖厂房

（1）一般情况下，宜计及屋盖的横向弹性变形，按多质点空间结构分析；

（2）也可按平面排架计算，同时考虑空间工作和扭转影响，对排架柱的地震剪力和弯矩进行调整，即：排架柱的剪力和弯矩应分别乘以相应的调整系数。调整系数按以下要求取值：

① 除高低跨度交接处上柱以外的钢筋混凝土柱

其值可按《抗震规范》表J.2.3-1采用。

《抗震规范》表J.2.3-1　钢筋混凝土柱（除高低跨交接处上柱外）
考虑空间工作和扭转影响的效应调整系数

屋盖	山墙		屋盖长度（m）											
			≤30	36	42	48	54	60	66	72	78	84	90	96
钢筋混凝土无檩屋盖	两端山墙	等高厂房	—	—	0.75	0.75	0.75	0.80	0.80	0.80	0.85	0.85	0.85	0.90
		不等高厂房	—	—	0.85	0.85	0.85	0.90	0.90	0.90	0.95	0.95	0.95	1.00
	一端山墙		1.05	1.15	1.20	1.25	1.30	1.30	1.30	1.30	1.35	1.35	1.35	1.35
钢筋混凝土有檩屋盖	两端山墙	等高厂房	—	—	0.80	0.85	0.90	0.95	0.95	1.00	1.00	1.05	1.05	1.10
		不等高厂房	—	—	0.85	0.90	0.95	1.00	1.00	1.05	1.05	1.10	1.10	1.15
	一端山墙		1.00	1.05	1.10	1.10	1.15	1.15	1.20	1.20	1.20	1.25	1.25	

表中的调整系数是如何得到的？

答：对厂房采用考虑屋盖平面内剪切刚度、扭转和砖墙开裂后刚度下降影响的空间模型，用振型分解法进行分析，取不同屋盖类型、各种山墙间距、各种厂房跨度、高度和单元长度，得出了统计规律，然后给出了较为合理的调整系数。

> **注意**
>
> （1）因排架计算周期偏长，地震作用偏小，当山墙间距较大或仅一端有山墙时，按排架分析的地震内力需要增大而不是减小（对应于表中数值大于 1 的情况）；
>
> （2）对一端山墙的厂房，所考虑的排架一般指无山墙端的第二榀，而不是端榀。

② 高低跨交接处的钢筋混凝土柱的支承低跨屋盖牛腿以上各截面

按底部剪力法求得的地震剪力和弯矩应乘以增大系数 η，η 值可按下式采用：

$$\eta = \zeta\left(1 + 1.7\frac{n_h}{n_0} \cdot \frac{G_{EL}}{G_{Eh}}\right) \qquad \text{《抗震规范》式(J.2.4)}$$

式中　η——地震剪力和弯矩的增大系数；

　　　ζ——不等高厂房低跨交接处的空间工作影响系数，可按《抗震规范》表 J.2.4 采用；

　　　n_h——高跨的跨数；

　　　n_0——计算跨数，仅一侧有低跨时应取总跨数，两侧均有低跨时应取总跨数与高跨跨数之和；

　　　G_{EL}——集中于交接处一侧各低跨屋盖标高处的总重力荷载代表值；

　　　G_{Eh}——集中于高跨柱顶标高处的总重力荷载代表值。

《抗震规范》表 J.2.4　高低跨交接处钢筋混凝土上柱空间工作影响系数 ζ

屋　盖	山　墙	屋 盖 长 度（m）										
		≤36	42	48	54	60	66	72	78	84	90	96
钢筋混凝土 无檩屋盖	两端山墙	—	0.70	0.76	0.82	0.88	0.94	1.00	1.06	1.06	1.06	1.06
	一端山墙	1.25										
钢筋混凝土 有檩屋盖	两端山墙	—	0.90	1.00	1.05	1.10	1.10	1.15	1.15	1.15	1.20	1.20
	一端山墙	1.05										

说　明

研究发现，对不等高厂房高低跨交接处支承低跨屋盖牛腿以上的中柱截面，其地震作用效应的调整系数是随高、低跨屋盖重力的比值而线性下降的，应由《抗震规范》式（J.2.4）计算。

③ 钢筋混凝土柱单层厂房的吊车梁顶标高处的上柱截面

地震中，吊车桥架容易造成厂房局部的严重破坏。为此，由起重机桥架引起的地震剪力和弯矩应乘以增大系数。当按底部剪力法等简化计算方法计算时，增大系数的值可按《抗震规范》表J.2.5采用。

《抗震规范》表J.2.5　桥架引起的地震剪力和弯矩增大系数

屋盖类型	山　墙	边　柱	高低跨柱	其他中柱
钢筋混凝土无檩屋盖	两端山墙	2.0	2.5	3.0
	一端山墙	1.5	2.0	2.5
钢筋混凝土有檩屋盖	两端山墙	1.5	2.0	2.5
	一端山墙	1.5	2.0	2.0

《抗震规范》表J.2.5中的增大系数值是如何得到的？

答：把吊车桥架作为移动质点，进行了大量的多质点空间结构分析，并与平面排架简化分析比较，得到了增大系数。

> **注意**
> 使用增大系数时，只乘以吊车桥架重力荷载在吊车梁顶标高处产生的地震作用，而不乘以截面的总地震作用。

2. 轻型屋盖厂房

当柱距相等时，可按平面排架计算。（注：本节轻型屋盖指屋面为压型钢板、瓦楞铁等有檩屋盖。）

以上参见《抗震规范》9.1.7条、附录J

3. 基本自振周期的确定

按平面排架计算厂房的横向地震作用时，排架的基本自振周期应考虑纵墙及屋架与柱连接的固结作用。由钢筋混凝土屋架或钢屋架与钢筋混凝土柱组成的排架，可进行如下调整：

（1）有纵墙时：取周期计算值的80%；

（2）无纵墙时：取周期计算值的90%。

以上参见《抗震规范》附录J

4. 突出屋面天窗架的横向抗震计算方法（图5-21）

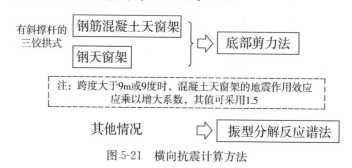

图5-21　横向抗震计算方法

说 明

（1）地震震害表明，对于没有考虑抗震设防的一般钢筋混凝土天窗架，其横向受损并不明显，而纵向破坏却相当普遍。

计算分析表明，常用的钢筋混凝土带斜腹杆的天窗架，横向刚度很大，基本上随屋盖平移，可以直接采用底部剪力法的计算结果，但纵向则要按跨数和位置调整。

（2）对于有斜撑杆的三铰拱式钢天窗架，横向刚度也比厂房屋盖的横向刚度大很多，也是基本上随屋盖平移，因此其横向抗震计算方法可与混凝土天窗架一样，采用底部剪力法。

> **注意**
>
> 由于钢天窗架的强度和延性优于混凝土天窗架，且可靠性强，因此当跨度大于9m或9度时，钢天窗架的地震作用效应不必乘以增大系数1.5。

以上参见《抗震规范》9.1.9条

✴ 5.1.5　厂房的纵向抗震计算

多次地震（特别是海城、唐山地震）的震害调查表明：厂房受纵向水平地震作用时的破坏程度要比横向水平地震作用时严重，而且中柱列的破坏普遍比边柱列严重得多。主要破坏形式有：

➢ 天窗两侧竖向支撑斜杆拉断，节点破坏，天窗架沿厂房纵向倾斜，甚至倒下砸塌屋盖。

➢ 屋盖的受剪破坏：屋盖所受的纵向地震力需要通过屋面板的焊缝从屋架中部向屋架的两端传递，屋架两端的剪力最大。导致屋架端头混凝土酥裂掉角，端节间上弦剪断；支撑大型屋面板的支墩折断或与屋面板的连接焊缝剪断（屋面板滑脱坠地）。

➢ 纵向围护砖墙出现斜裂缝。

➢ 若柱间支撑数量不足或设置不当，会出现自身失稳，引起屋盖破坏或者柱根处沿纵向的水平断裂。

➢ 设置柱间支撑的跨间刚度大，屋架端头与屋面板边肋连接点处的剪力最为集中，很容易被剪坏，进而使得纵向地震力转移到内肋，导致屋架上弦受到过大的纵向地震力而破坏。

目前在计算分析和震害总结的基础上，提出了厂房纵向抗震计算原则和简化方法。

1. 纵向地震力的具体计算

可采用图5-22所示方法。修正刚度法介绍详见二维码链接5-2。

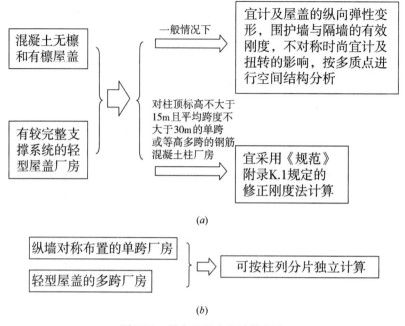

(a)

可按柱列分片独立计算

(b)

图 5-22 纵向地震力的计算方法

(a) 计算方法一；(b) 计算方法二

说　明

（1）钢筋混凝土屋盖厂房的纵向抗震计算，要考虑围护墙的有效刚度、强度和屋盖的变形，采用空间分析模型。

其中，考虑到随着烈度的提高，厂房纵向侧移加大、围护墙开裂加重、刚度降低明显，故一般情况，围护墙的有效刚度折减系数，在 7、8、9 度时可近似取 0.6、0.4 和 0.2。

（2）不等高和纵向不对称厂房：还需考虑厂房扭转的影响，目前尚无合适的简化方法。

以上参见《抗震规范》9.1.8 条、附录 K

2. 突出屋面天窗架的纵向抗震计算方法（图 5-23）

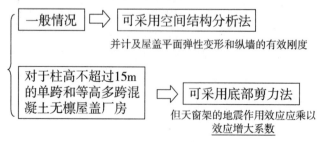

图 5-23 突出屋面天窗架的纵向抗震计算方法

图 5-23 中，效应增大系数的取值：

（1）单跨、边跨屋盖或有纵向内隔墙的中跨屋盖

$$\eta = 1 + 0.5n \qquad 《抗震规范》式(9.1.10-1)$$

（2）其他中跨屋盖

$$\eta = 0.5n \qquad 《抗震规范》式(9.1.10-2)$$

式中　η——效应增大系数；

　　　　n——厂房跨数，超过 4 跨时取 4 跨。

> **注意**
>
> 这种采用效应增大系数的简化方法，适用范围为有斜杆的三铰拱式天窗架，不要与其他桁架式天窗架混淆。

以上参见《抗震规范》9.1.10 条

✳ 5.1.6　柱间支撑的抗震设计

震害和试验研究表明：柱间支撑中交叉杆件的最大长细比≤200 时，斜拉杆和斜压杆在支撑桁架中是共同工作的。

支撑中的最大作用相当于单压杆的临界状态值。据此，规定了柱间支撑的抗震设计原则和简化方法，详见二维码链接 5-3。

✳ 5.1.7　厂房的抗风柱、屋架小立柱和计及工作平台影响的抗震计算

（1）高大山墙的抗风柱

在 8 度和 9 度时应进行平面外的截面抗震承载力验算。抗风柱虽然不算单层厂房的主要承重构件，但却是厂房纵向抗震中的重要构件，对保证厂房的纵向抗震安全具有不可忽视的作用（图 5-24）。

地震震害表明，在 8 度和 9 度区，出现不少抗风柱的上柱和下柱根部开裂、折断，导致山尖墙倒塌，严重时抗风柱连同山墙全部向外倾倒。因此规定：8、9 度时需进行平面外的截面抗震验算。

图 5-24　某高大山墙的抗风柱

图 5-25 某山墙抗风柱

（2）当抗风柱（图 5-25）与屋架下弦相连接时

① 连接点应设在下弦横向支撑节点处；

② 下弦横向支撑杆件的截面和连接节点应进行抗震承载力验算。

原因：震害调查表明，当抗风柱与屋架下弦相连接时，即使厂房在厂房两端第一开间设置了下弦横向支撑，但遭遇地震作用时，高大山墙引起的纵向水平地震作用具有较大的数值，由于阶形抗风柱的下柱刚度远大于上柱刚度，大部分水平地震作用将通过下柱的上端连接传至屋架下弦，而屋架下弦支撑的强度和刚度往往不能满足要求，从而导致屋架下弦支撑杆件压曲。1966 年邢台地震 6 度区、1975 年海城地震 8 度区均出现过这种震害。因此要求进行相应的抗震验算。

（3）当工作平台、刚性内隔墙与厂房主体结构连接时

将提高排架的侧移刚度，改变其动力特性，加大地震作用，还可能造成应力和变形集中，加重厂房的震害。因此要求在进行抗震计算时：

① 应采用与厂房实际受力相符合的计算简图；

② 计入工作平台和刚性内隔墙对厂房的附加地震作用影响。

（4）变位受约束且剪跨比≤2 的排架柱的斜截面抗剪

① 其斜截面受剪承载力应按现行国家标准《混凝土结构设计规范》GB 50010 的规定计算；

② 按《抗震规范》第 9.1.20 条采取相应的抗震构造措施。

（5）8 度Ⅲ、Ⅳ类场地和 9 度时

震害表明，上弦有小立柱的拱形和折线形屋架，以及上弦节间长和节间矢高较大的屋架，在地震作用下屋架上弦将产生附加扭矩，导致屋架上弦破坏。因此宜进行抗扭验算。

以上参见《抗震规范》9.1.14 条

✳ 5.1.8　抗震构造措施

1. 有檩屋盖构件的连接及支撑布置要求

有檩屋盖，主要指的是波形瓦（包括石棉瓦及槽瓦）屋盖。这类屋盖只要设置保证整体刚度的支撑体系，屋面瓦与檩条间以及檩条与屋架间有牢固的拉结，一般均具有一定的抗震能力，甚至在唐山 10 度地震区也基本完好地保存下来。但是，如果屋面瓦与檩条或檩条与屋架拉结不牢，在 7 度地震区也会出现严重震害，海城地震和唐山地震中均有这种例子。因此具体要求：

（1）檩条：应与混凝土屋架（屋面梁）焊牢，并应有足够的支承长度。

（2）双脊檩：应在跨度 1/3 处相互拉结。

（3）压型钢板应与檩条可靠连接，瓦楞铁、石棉瓦等应与檩条拉结。

（4）支撑布置：宜符合《抗震规范》表 9.1.15 的要求。

《抗震规范》表 9.1.15　有檩屋盖的支撑布置

支撑名称		烈　　度		
		6、7	8	9
屋架支撑	上弦横向支撑	单元端开间各设一道	单元端开间及单元长度大于66m的柱间支撑开间各设一道；天窗开洞范围的两端各增设局部的支撑一道	单元端开间及单元长度大于42m的柱间支撑开间各设一道；天窗开洞范围的两端各增设局部的上弦横向支撑一道
	下弦横向支撑	同非抗震设计		
	跨中竖向支撑			
	端部竖向支撑	屋架端部高度大于900mm时，单元端开间及柱间支撑开间各设一道		
天窗架支撑	上弦横向支撑	单元天窗端开间各设一道	单元天窗端开间及每隔30m各设一道	单元天窗端开间及每隔18m各设一道
	两侧竖向支撑	单元天窗端开间及每隔36m各设一道		

以上参见《抗震规范》9.1.15条

2. 无檩屋盖构件的连接及支撑布置要求

无檩屋盖指的是各类不用檩条的钢筋混凝土屋面板与屋架（梁）组成的屋盖。

屋盖的各构件相互间连成整体是厂房抗震的重要保证。根据唐山、海城的震害经验，提出以下总要求：

（1）大型屋面板

鉴于我国目前仍大量采用钢筋混凝土大型屋面板，故重点对大型屋面板与屋架（梁）焊连的屋盖体系具体规定如下：

① 应与屋架（屋面梁）焊牢；

② 靠柱列的屋面板与屋架（屋面梁）的连接焊缝长度≥80mm；

③ 如图 5-26 所示。

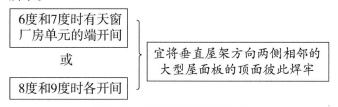

图 5-26　大型屋面板连接要求

④ 8 度和 9 度时，大型屋面板端头底面的预埋件：宜采用角钢，并与主筋焊牢。

（2）非标准屋面板

① 宜采用装配整体式接头；

② 或将板四角切掉后与屋架（屋面梁）焊牢。

（3）屋架（屋面梁）端部顶面预埋件的锚筋

① 8 度时：不宜少于 4φ10；

② 9 度时：不宜少于 4φ12。

说　明

　　以上这些规定中，屋面板和屋架（梁）可靠焊连是第一道防线，为保证焊连强度，要求屋面板端头底面预埋板和屋架端部顶面预埋件均应加强锚固；相邻屋面板吊钩或四角顶面预埋铁件间的焊连是第二道防线。当制作非标准屋面板时，也应采取相应的措施。

　　（4）支撑的布置

　　设置屋盖支撑是保证屋盖整体性的重要抗震措施。具体要求如下：

　　① 一般宜符合《抗震规范》表 9.1.16-1 的要求；

　　② 有中间井式天窗时，宜符合《抗震规范》表 9.1.16-2 的要求；

　　③ 8 度和 9 度跨度≤15m 的厂房屋盖，采用屋面梁时，可仅在厂房单元两端各设竖向支撑一道；

　　④ 根据震害经验，8 度区天窗跨度≥9m 和 9 度区天窗架宜设置上弦横向支撑；

　　⑤ 单坡屋面梁的屋盖支撑布置，宜按屋架端部高度大于 900mm 的屋盖支撑布置执行。

《抗震规范》表 9.1.16-1　无檩屋盖的支撑布置

支撑名称		烈　度		
		6、7	8	9
屋架支撑	上弦横向支撑	屋架跨度小于 18m 时同非抗震设计，跨度不小于 18m 时在厂房单元端开间各设一道	单元端开间及柱间支撑开间各设一道，天窗开洞范围的两端各增设局部的支撑一道（参见本书图 5-27）	
	上弦通长水平系杆	同非抗震设计	沿屋架跨度不大于15m 设一道，但装配整体式屋面可仅在天窗开洞范围内设置；围护墙在屋架上弦高度有现浇圈梁时，其端部处可不另设	沿屋架跨度不大于 12m设一道，但装配整体式屋面可仅在天窗开洞范围内设置；围护墙在屋架上弦高度有现浇圈梁时，其端部处可不另设
	下弦横向支撑		同非抗震设计	同上弦横向支撑
	跨中竖向支撑			
	两端竖向支撑 屋架端部高度 ≤900mm		单元端开间各设一道	单元端开间及每隔 48m各设一道
	两端竖向支撑 屋架端部高度 >900mm	单元端开间各设一道	单元端开间及柱间支撑开间各设一道	单元端开间、柱间支撑开间及每隔 30m 各设一道

支撑名称		烈　度		
		6、7	8	9
天窗架支撑	天窗两侧竖向支撑	厂房单元天窗端开间及每隔30m各设一道	厂房单元天窗端开间及每隔24m各设一道	厂房单元天窗端开间及每隔18m各设一道
	上弦横向支撑	同非抗震设计	天窗跨度≥9m时，单元天窗端开间及柱间支撑开间各设一道	单元端开间及柱间支撑开间各设一道

《抗震规范》表 9.1.16-2　中间井式天窗无檩屋盖支撑布置

支撑名称		6、7度	8度	9度
上弦横向支撑下弦横向支撑		厂房单元端开间各设一道	厂房单元端开间及柱间支撑开间各设一道	
上弦通长水平系杆		天窗范围内屋架跨中上弦节点处设置		
下弦通长水平系杆		天窗两侧及天窗范围内屋架下弦节点处设置		
跨中竖向支撑		有上弦横向支撑开间设置，位置与下弦通长系杆相对应		
两端竖向支撑	屋架端部高度≤900mm	同非抗震设计		有上弦横向支撑开间，且间距不大于48m
	屋架端部高度>900mm	厂房单元端开间各设一道	有上弦横向支撑开间，且间距不大于48m	有上弦横向支撑开间，且间距不大于30m

图 5-27　端开间的上弦横向支撑布置

以上参见《抗震规范》9.1.16条

3. 屋盖支撑的构造要求

根据进一步的地震经验总结，屋盖支撑尚应符合下列要求：

（1）通长水平压杆的设置：

① 天窗开洞范围内，在屋架脊点处应设上弦通长水平压杆；

② 8度Ⅲ、Ⅳ类场地和9度时，梯形屋架端部上节点应沿厂房纵向设置通长水平压杆。

（2）屋架跨中竖向支撑的设置：

① 在跨度方向的间距：6～8度时≤15m，9度时≤12m；

② 当仅在跨中设一道时，应设在跨中屋架屋脊处；

③ 当设两道时，应在跨度方向均匀布置。

（3）屋架上、下弦通长水平系杆与竖向支撑宜配合设置。

（4）柱距≥12m且屋架间距6m的厂房，托架（梁）区段及其相邻开间应设下弦纵向水平支撑。

（5）屋盖支撑杆件宜用型钢。

以上参见《抗震规范》9.1.17条

4. 突出屋面的混凝土天窗架的两侧墙板

唐山地震震害表明，采用刚性焊连构造时，天窗立柱普遍在下档和侧板连接处出现开裂和破坏，甚至倒塌。刚性连接仅在支撑很强的情况下才是可行的措施，故对于一般单层厂房，决定：突出屋面的混凝土天窗架的两侧墙板，与天窗立柱宜采用螺栓连接。

以上参见《抗震规范》9.1.18条

5. 混凝土屋架的截面和配筋

（1）屋架上弦第一节间和梯形屋架端竖杆

以往在静力分析中常作为非受力杆件而采用构造配筋，但后来发现截面受弯、受剪承载力并不足，因此需适当加强配筋。具体要求如下：

① 6度和7度时：≥4ϕ12；

② 8度和9度时：≥4ϕ14。

（2）梯形屋架的端竖杆截面宽度：

宜与上弦宽度相同。

（3）拱形和折线形屋架上弦端部支撑屋面板的小立柱：

① 截面：≥200mm×200mm；

② 高度：≤500mm；

③ 主筋：宜采用Π形，6度和7度时≥4ϕ12，8度和9度时≥4ϕ14；

④ 箍筋：可采用ϕ6，间距≤100mm。

注意

对折线形屋架（图5-28）为调整屋面坡度而在端节间上弦顶面设置的小立柱，也要适当增大配筋和加密箍筋，以提高其拉弯剪能力。具体要求同上。

图 5-28　檩条与折线形屋架

以上参见《抗震规范》9.1.19 条

6. 厂房柱子的箍筋

震害调查表明，厂房柱的局部震害经常表现为：

➤ 柱顶与屋面梁的连接处由于受力复杂易发生剪裂、压酥、拉裂或锚筋拔出、钢筋弯折等；

➤ 上柱柱身变截面处酥裂或折断；

➤ 下柱下部出现横向裂缝或折断。

因此，对柱子箍筋提出如下具体要求：

（1）柱子在变位受约束的部位应增加箍筋。该部位一般是设有柱间支撑的部位、嵌砌内隔墙、侧边贴建披屋、靠山墙的角柱、平台连接处等，容易出现剪切破坏，应增加箍筋配置。

唐山地震震害表明：当排架柱的变位受平台、刚性横隔墙等约束，其影响的严重程度和部位，因约束条件而异，有的仅在约束部位的柱身出现裂缝；有的造成屋架上弦折断、屋盖坍落（如天津拖拉机厂冲压车间）；有的导致柱头和连接破坏屋盖倒塌（如天津第一机床厂铸工车间配砂间）。

因此，必须根据情况从设计计算和构造上采取相应的有效措施，不能统一采用局部加强排架柱的箍筋，如高低跨柱的上柱的剪跨比较小时就应全高加密箍筋，并加强柱头与屋架的连接。

具体来说：

➤ 柱头：取柱顶以下 500mm 并大于等于柱截面长边尺寸；

➤ 上柱：取阶形柱自牛腿面至起重机梁顶面以上 300mm 高度范围内；

➤ 牛腿（柱肩）：取全高；

➤ 柱根：取下柱柱底至室内地坪以上 500mm；

➤ 柱间支撑与柱连接节点和柱变位受平台等约束的部位：取节点上、下各 300mm。

（2）加密区箍筋：

➤ 间距：≤100mm；

➤ 箍筋肢距和最小直径应符合《抗震规范》表 9.1.20 的规定。

《抗震规范》表 9.1.20　柱加密区箍筋最大肢距和最小箍筋直径

烈度和场地类别		6度和7度 Ⅰ、Ⅱ类场地	7度Ⅲ、Ⅳ类场地和8度 Ⅰ、Ⅱ类场地	8度Ⅲ、Ⅳ类 场地和9度
箍筋最大肢距(mm)		300	250	200
箍筋最小 直径	一般柱头和柱根	φ6	φ8	φ8(φ10)
	角柱柱头	φ8	φ10	φ10
	上柱牛腿和有支撑的柱根	φ8	φ8	φ10
	有支撑的柱头和柱变位 受约束部位	φ8	φ10	φ12

说　明

关于《抗震规范》表 9.1.20：

① 表中括号内的数值用于柱根；

② 为了保证排架柱箍筋加密区的延性和抗剪强度，除箍筋的最小直径和最大间距外，增加了对箍筋最大肢距的要求。

③ 在地震作用下，排架柱的柱头由于构造上的原因，不是完全铰接；而是处于压弯剪的复杂受力状态，在高烈度地区，这种情况更为严重，排架柱头破坏较重，加密区的箍筋直径需适当加大。

④ 厂房角柱的柱头处于双向地震作用，侧向变形受约束和压弯剪的复杂受力状态，其抗震强度和延性较中间排架柱头弱得多，地震中，6度区就有角柱顶开裂的破坏；8度和大于8度时，震害就更多，严重的柱头折断，端屋架塌落，因此，厂房角柱的柱头加密箍筋宜提高一度配置。

(3) 厂房柱侧向受约束且剪跨比≤2的排架柱，柱顶预埋钢板和柱箍筋加密区的构造尚应符合下列要求：

① 柱顶预埋钢板沿排架平面方向的长度，宜取柱顶的截面高度，且≥截面高度的1/2及300mm。

② 屋架的安装位置，宜减小在柱顶的偏心，其柱顶轴向力的偏心距≤截面高度的1/4。

③ 柱顶轴向力排架平面内的偏心距在截面高度的1/6～1/4范围内时，柱顶箍筋加密区的箍筋体积配筋率：

➤ 9度≥1.2%；

➤ 8度≥1.0%；

➤ 6、7度≥0.8%。

④ 加密区箍筋宜配置四肢箍，肢距≤200mm。

以上参见《抗震规范》9.1.20条

7. 大柱网厂房柱

大柱网厂房的抗震性能是唐山地震中发现的新问题，其震害特征是：

➤ 柱根出现对角破坏，混凝土酥碎剥落，纵筋压曲。说明主要是纵、横两个方向或斜向地震作用的影响，柱根的强度和延性不足；

➢ 中柱的破坏率和破坏程度均大于边柱。说明与柱的轴压比有关。

因此从截面和配筋构造方面提出了如下具体要求：

（1）柱截面宜采用正方形或接近正方形的矩形：

边长≥柱全高的 1/18～1/16。

（2）重屋盖厂房地震组合的柱轴压比：

考虑到柱子承受双向压弯剪和 P-Δ 效应的影响，受力复杂，为了确保延性，参照钢筋混凝土框支柱的情况，对轴压比提出如下要求：

➢ 6、7 度时：≤0.8；

➢ 8 度时：≤0.7；

➢ 9 度时：≤0.6。

> **注意**
>
> 大柱网厂房柱仅承受屋盖（包括屋面、屋架、托架、悬挂吊车）和柱的自重，一般不致因控制轴压比而给设计带来困难。

（3）纵向钢筋宜沿柱截面周边对称配置，间距≤200mm，角部宜配置直径较大的钢筋。

（4）柱头和柱根的箍筋应加宽，并应符合下列要求：

① 加密范围。柱根，取基础顶面至室内地坪以上 1m，且不小于柱全高的 1/6；柱头，取柱顶以下 500mm，且不小于柱截面长边尺寸。

② 箍筋直径、间距和肢距。应符合前面《抗震规范》第 9.1.20 条的规定。

以上参见《抗震规范》9.1.21 条

8. 山墙抗风柱的配筋

（1）抗风柱柱顶以下 300mm 和牛腿（柱肩）面以上 300mm 范围内的箍筋：

➢ 直径：≥6mm；

➢ 间距：≤100mm；

➢ 肢距：≤250mm。

（2）抗风柱的变截面牛腿（柱肩）处，宜设置纵向受拉钢筋。

地震震害中包括抗风柱的柱头和上、下柱的根部都有产生裂缝，甚至折断的情况。另外，柱肩产生劈裂的情况也不少。因此，柱头和上、下柱根部需加强箍筋的配置，并在柱肩处设置纵向受拉钢筋，以提高其抗震能力。

以上参见《抗震规范》9.1.22 条

9. 厂房柱间支撑

柱间支撑是单层钢筋混凝土柱厂房的纵向主要抗侧力构件。支撑的设置和构造，应符合下列要求：

（1）厂房柱间支撑的布置：

① 一般情况下，应在厂房单元中部设置上、下柱间支撑，且下柱支撑应与上柱支撑配套设置；

② 有起重机或 8 度和 9 度时，宜在厂房单元两端增设上柱支撑；

③ 厂房单元较长或 8 度Ⅲ、Ⅳ类场地和 9 度时，纵向地震作用效应较大，设置一道

下柱支撑不能满足要求时，可设置两道下柱支撑。

> **注意**
>
> 　　两道下柱支撑宜设置在厂房单元中间三分之一区段内，不宜设置在厂房单元的两端，以避免温度应力过大；在满足工艺条件的前提下，两者靠近设置时，温度应力小；在厂房单元中部三分之一区段内，适当拉开设置则有利于缩短地震作用的传递路线。设计中可根据具体情况确定。

　　（2）柱间支撑应采用型钢，支撑形式宜采用交叉式，其斜杆与水平面的交角≤55°。交叉式柱间支撑的侧移刚度大，对保证单层钢筋混凝土柱厂房在纵向地震作用下的稳定性有良好的效果。

　　（3）支撑杆件的长细比，其限值随烈度和场地类别而变化。不宜超过《抗震规范》表9.1.23的规定。

《抗震规范》表9.1.23　交叉支撑斜杆的最大长细比

位　置	烈　　　度			
	6度和7度 Ⅰ、Ⅱ类场地	7度Ⅲ、Ⅳ类场地和 8度Ⅰ、Ⅱ类场地	8度Ⅲ、Ⅳ类场地和 9度Ⅰ、Ⅱ类场地	9度Ⅲ、 Ⅳ类场地
上柱支撑	250	250	200	150
下柱支撑	200	150	120	120

　　（4）下柱支撑的下节点位置和构造措施，应保证将地震作用直接传给基础；当6度和7度（0.10g）不能直接传给基础时，应计及支撑对柱和基础的不利影响并采取加强措施。

　　（5）交叉支撑在交叉点应设置节点板：

　　① 节点板的厚度≥10mm；

　　② 斜杆与交叉节点板应焊接，与端节点板宜焊接。

以上参见《抗震规范》9.1.23条

　　10. 水平压杆的设置（图5-29）

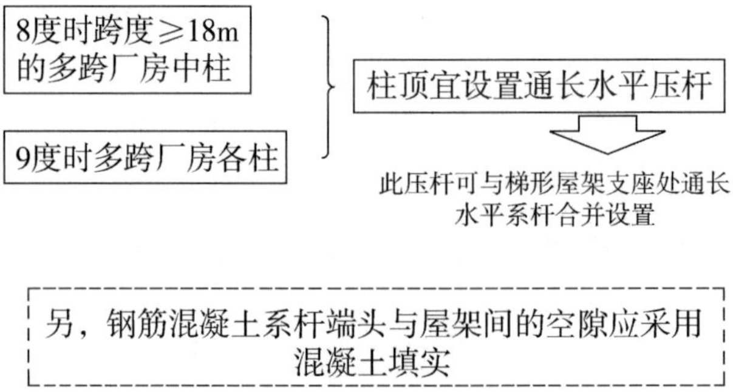

图5-29　水平压杆的设置

以上参见《抗震规范》9.1.24条

　　11. 厂房结构构件的连接节点

　　（1）屋架（屋面梁）与柱顶的连接

① 8 度时：宜采用螺栓。

② 9 度时：宜采用钢板铰，亦可采用螺栓。柱顶与屋架采用钢板铰，在苏联某地震中经受了考验，效果较好，因此建议在 9 度时采用。

③ 屋架（屋面梁）端部支承垫板的厚度≥16mm。

（2）柱顶预埋件的锚筋

① 8 度时：≥4φ14；

② 9 度时：≥4φ16；

③ 有柱间支撑的柱子，柱顶预埋件尚应增设抗剪钢板。

图 5-30　某山墙抗风柱的柱顶

（3）山墙抗风柱的柱顶（图 5-30）

① 连接方式：应设置预埋板，使柱顶与端屋架的上弦（屋面梁上翼缘）可靠连接。

原因：抗风柱的柱顶与屋架上弦的连接节点，要具有传递纵向水平地震力的承载力和延性。抗风柱顶与屋架（屋面梁）上弦可靠连接，不仅保证抗风柱的强度和稳定，同时也保证山墙产生的纵向地震作用的可靠传递。

② 连接的位置：连接点必须位于上弦横向支撑与屋架的连接处，否则将使屋架上弦产生附加的节间平面外弯矩。

> **注意**
>
> 现在的预应力混凝土和钢筋混凝土屋架，一般均不符合抗风柱布置间距的要求。怎么办？
>
> 当遇到这种情况时，可以在屋架横向支撑中加设次腹杆或型钢横梁，使抗风柱顶的水平力传递至上弦横向支撑的节点。

（4）支承低跨屋盖的中柱牛腿（柱肩）的预埋件

应与牛腿（柱肩）中按计算承受水平拉力部分的纵向钢筋焊接。

为加强柱牛腿（柱肩）预埋板的锚固，要把相当于承受水平拉力的纵向钢筋（即《抗震规范》9.1.12 式中的第 2 项）与预埋板焊连。焊接钢筋应符合：

① 6 度和 7 度时：≥2φ12；

② 8 度时：≥2φ14；

③ 9 度时：≥2φ16。

（5）柱间支撑与柱连接节点预埋件的锚件

① 8 度Ⅲ、Ⅳ类场地和 9 度时，宜采用角钢加端板。

说　明

在设置柱间支撑的截面处（包括柱顶、柱底等），为加强锚固，发挥支撑的作用，提出了节点预埋件采用角钢加端板锚固的要求。

埋板与锚件的焊接，通常用埋弧焊或开锥形孔塞焊。

② 其他情况可采用不低于 HRB335 级的热轧钢筋，但锚固长度≥30 倍锚筋直径或增设端板。

（6）其他连接（图 5-31）

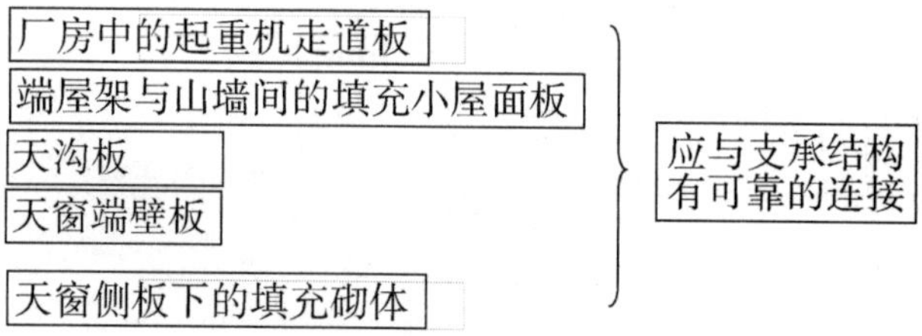

厂房中的起重机走道板	
端屋架与山墙间的填充小屋面板	
天沟板	应与支承结构
天窗端壁板	有可靠的连接
天窗侧板下的填充砌体	

图 5-31　构件与支承结构的连接

以上参见《抗震规范》9.1.25 条

✳ 5.1.9　说明

（1）本节中关于单层钢筋混凝土柱厂房抗震设计的规定，主要是根据 20 世纪 60 年代以来装配式单层工业厂房的震害和工程经验总结得到的。因此，对于现浇的单层钢筋混凝土柱厂房，需注意本节针对装配式结构的某些规定不适用。

（2）对两个主轴方向柱距均不小于 12m、无桥式起重机且无柱间支撑的大柱网厂房，其柱截面抗震验算应符合以下要求：

① 同时计算两个主轴方向的水平地震作用；

② 计入位移引起的附加弯矩（即 $P\text{-}\Delta$ 效应，按《抗震规范》3.6 节的规定计算）。

（3）震害调查表明，不等高厂房支承低跨屋盖的柱牛腿在地震作用下开裂较多，甚至牛腿面预埋板向外位移破坏。针对这种情况，根据研究，在重力荷载和水平地震作用下，纵向受拉钢筋截面面积应按下式确定：

$$A_{s} \geqslant \left(\frac{N_{G}a}{0.85h_{0}f_{y}} + 1.2\frac{N_{E}}{f_{y}} \right)\gamma_{RE} \qquad \text{《抗震规范》式}(9.1.12)$$

式中　A_s——纵向水平受拉钢筋的截面面积；

　　　N_G——柱牛腿面上重力荷载代表值产生的压力设计值；

　　　a——重力作用点至下柱近侧边缘的距离，当小于 $0.3h_0$ 时采用 $0.3h_0$；

　　　h_0——牛腿最大竖向截面的有效高度；

　　　N_E——柱牛腿面上地震组合的水平拉力设计值；

　　　f_y——钢筋抗拉强度设计值；

　　　γ_{RE}——承载力抗震调整系数，可采用 1.0。

说　明

《抗震规范》式（9.1.12）中第一项为承受重力荷载纵向钢筋的计算，第二项为承受水平拉力纵向钢筋的计算。

以上参见《抗震规范》9.1.11 条和 9.1.12 条

5.2 多层钢筋混凝土框排架厂房

框排架结构是多、高层工业厂房的一种特殊结构。多层钢筋混凝土框排架结构厂房的主要特点是：柱网尺寸为6~12m、跨度大；层高高（4~8m）；楼层荷载大（10~20kN/m²）；可能会有错层；有设备振动扰力；需考虑吊车荷载；隔墙少；竖向质量、刚度不均匀；可能出现平面扭转。

整体来说，多层钢筋混凝土框排架结构平面、竖向布置容易不规则、不对称，纵向、横向和竖向的质量分布不均匀，结构的薄弱环节较多。因此，地震反应特征和震害要比框架结构和排架结构复杂，表现出更显著的空间作用效应，抗震设计应有特殊要求。

本节适用于由钢筋混凝土框架与排架侧向连接组成的侧向框排架结构厂房、下部为钢筋混凝土框架上部顶层为排架的竖向框排架结构厂房的抗震设计。

本节未作介绍部分，其抗震设计应按《抗震规范》第6章和第9.1节的有关规定执行。

✳ 5.2.1 框排架结构厂房的框架部分

框排架结构厂房的框架部分应根据烈度、结构类型和高度，采用不同的抗震等级，并应符合相应的计算和构造措施要求。

（1）不设置贮仓时：抗震等级可按《抗震规范》第6章确定；

（2）设置贮仓时：震害表明，同等高度设有贮仓的比不设贮仓的框架在地震中破坏得严重。

侧向框排架的抗震等级可按现行国家标准《构筑物抗震设计规范》GB 50191的规定采用，竖向框排架的抗震等级应按《抗震规范》第6章框架的高度分界降低4m确定。

说 明

（1）钢筋混凝土贮仓竖壁与纵横向框架柱相连，以竖壁的跨高比来确定贮仓的影响，当竖壁的跨高比大于2.5时，竖壁为浅梁，可按不设贮仓的框架考虑。

（2）框架设置贮仓，但竖壁的跨高比大于2.5时，仍按不设置贮仓的框架确定抗震等级。

✳ 5.2.2 厂房结构布置的要求

（1）厂房平面宜为矩形，立面宜简单、对称。

（2）在结构单元平面内，框架、柱间支撑等抗侧力构件宜对称均匀布置，避免抗侧力结构的侧向刚度和承载力产生突变。

（3）质量大的设备不宜布置在结构单元的边缘楼层上，宜设置在距刚度中心较近的部位；当不可避免时宜将设备平台与主体结构分开，或在满足工艺要求的条件下尽量低位布置。

5.2.3　竖向框排架厂房的结构布置

借鉴单层厂房的规定，结合震害调查的结果，竖向框排架厂房的结构布置尚应符合下列要求：

（1）对于框排架结构厂房，如在排架跨采用有檩或其他轻屋盖体系，与结构的整体刚度不协调，会产生过大的位移和扭转。为了提高抗扭刚度，保证变形尽量趋于协调，使排架柱列与框架柱列能较好地共同工作，屋盖宜采用无檩屋盖体系；当采用其他屋盖体系时，应加强屋盖支撑设置和构件之间的连接，以保证屋盖具有足够的水平刚度。

（2）山墙承重单元内如果有不同的结构形式，则会造成刚度、荷载、材料强度不均衡。因此要求：纵向端部应设屋架、屋面梁或采用框架结构承重，不应采用山墙承重；排架跨内不应采用横墙和排架混合承重。

（3）顶层的排架跨，尚应满足下列要求：

① 排架重心宜与下部结构刚度中心接近或重合，多跨排架宜等高等长；

② 楼盖应现浇，顶层排架嵌固楼层应避免开设大洞口，其楼板厚度不宜小于150mm；

③ 排架柱应竖向连续延伸至底部；

④ 顶层排架设置纵向柱间支撑处，楼盖不应设有楼梯间或开洞；柱间支撑斜杆中心线应与连接处的梁柱中心线汇交于一点。

5.2.4　竖向框排架厂房的地震作用计算

（1）地震作用的计算宜采用空间结构模型，质点宜设置在梁柱轴线交点、牛腿、柱顶、柱变截面处和柱上集中荷载处。

（2）确定重力荷载代表值时，可变荷载应根据行业特点，对楼面活荷载取相应的组合值系数。

例如，在地震时，成品或原料堆积楼面荷载、设备和料斗及管道内的物料等可变荷载的遇合概率较大。因此，对贮料的荷载组合值系数可采用0.9。

（3）厂房除外墙外，一般内隔墙较少，结构自振周期调整系数建议取0.8～0.9。

（4）框排架结构的排架柱，属厂房的薄弱部位或薄弱层，应进行弹塑性变形验算。

（5）高大设备、料斗、贮仓的地震作用对结构构件和连接的影响不容忽视，其重力荷载除参与结构整体分析外，还应考虑水平地震作用下产生的附加弯矩。

设备水平地震作用的简化计算公式如下：

$$F_s = \alpha_{max}\ (1.0 + H_x/H_n)\ G_{eq} \qquad 《抗震规范》式（H.1.5）$$

式中　F_s——设备或料斗重心处的水平地震作用标准值；

α_{max}——水平地震影响系数最大值；

G_{eq}——设备或料斗的重力荷载代表值；

H_x——设备或料斗重心至室外地坪的距离；

H_n——厂房高度。

5.2.5　竖向框排架厂房的地震作用效应调整和抗震验算

（1）一、二、三、四级支承贮仓竖壁的框架柱的上端截面，在地震作用下如果过早屈服，将影响整体结构的变形能力。因此，要求按《抗震规范》第 6.2.2、6.2.3、6.2.5 条调整后的组合弯矩设计值、剪力设计值尚应乘以增大系数，增大系数≥1.1。

（2）竖向框排架结构与排架柱相连的顶层框架节点处，柱端组合的弯矩设计值应乘以增大系数，以提高节点承载力（具体按《抗震规范》第 6.2.2 条进行调整）；其他顶层框架节点处的梁端、柱端弯矩设计值可不调整。

（3）顶层排架设置纵向柱间支撑时，排架纵向地震作用将通过纵向柱间支撑传至下部框架柱，因此可参照框支柱要求调整构件内力。

具体来说，与柱间支撑相连排架柱的下部框架柱：

① 一、二级框架柱由地震引起的附加轴力应分别乘以调整系数 1.5、1.2；

② 计算轴压比时，附加轴力可不乘以调整系数。

（4）框排架厂房的抗震验算，尚应符合下列要求：

① 框排架结构的排架柱及伸出框架跨屋顶支承排架跨屋盖的单柱，是厂房的薄弱部位，需进行弹塑性验算。

具体来说，8 度Ⅲ、Ⅳ类场地和 9 度时，应进行弹塑性变形验算，弹塑性位移角限值可取 1/30。

② 针对框排架厂房节点两侧梁高通常不等的特点，为防止柱端和小核心区剪切破坏，提出了高差大于大梁 25% 或 500mm 时的承载力验算公式。

具体来说，当一、二级框架梁柱节点两侧梁截面高度差大于较高梁截面高度的 25% 或 500mm 时，尚应按下式验算节点下柱抗震受剪承载力：

$$\frac{\eta_{jb}M_{bl}}{h_{01}-a'_s}-V_{col} \leqslant V_{RE} \qquad \text{《抗震规范》式（H. 1.6-1）}$$

9 度及一级时可不符合上式，但应符合：

$$\frac{1.15M_{blua}}{h_{01}-a'_s}-V_{col} \leqslant V_{RE} \qquad \text{《抗震规范》式（H. 1.6-2）}$$

式中　η_{jb}——节点剪力增大系数，一级取 1.35，二级取 1.2；

　　　M_{bl}——较高梁端梁底组合弯矩设计值；

　　　M_{blua}——较高梁端实配梁底正截面抗震受弯承载力所对应的弯矩值，根据实配钢筋面积（计入受压钢筋）和材料强度标准值确定；

　　　h_{01}——较高梁截面的有效高度；

　　　a'_s——较高梁端梁底受拉时，受压钢筋合力点至受压边缘的距离；

　　　V_{col}——节点下柱计算剪力设计值；

　　　V_{RE}——节点下柱抗震受剪承载力设计值。

✳ 5.2.6　竖向框排架厂房的基本抗震构造措施

（1）支承贮仓的框架柱轴压比：

不宜超过《抗震规范》表 6.3.6 中框架结构的规定数值减少 0.05。

（2）支承贮仓的框架柱纵向钢筋最小总配筋率：

应不小于《抗震规范》表 6.3.7 中对角柱的要求。

（3）竖向框排架结构的顶层排架设置纵向柱间支撑时：

与柱间支撑相连排架柱的下部框架柱，纵向钢筋配筋率、箍筋的配置应满足《抗震规范》第6.3.7条中对于框支柱的要求；箍筋加密区取柱全高。

（4）框架柱的剪跨比≤1.5时：

为超短柱，破坏为剪切脆性型破坏。抗震设计应尽量避免采用超短柱，但由于工艺使用要求，有时不可避免（如有错层等情况），应采取特殊构造措施。例如，在短柱内配置斜钢筋，可以改善其延性，控制斜裂缝发展。

具体来说，应符合下列规定：

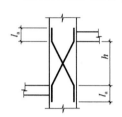

《抗震规范》图 H.1.7
注：h—短柱净高；
l_a—斜筋锚固长度

① 箍筋应按提高一级抗震等级配置，一级时应适当提高箍筋的要求。

② 框架柱每个方向应配置两根对角斜筋（《抗震规范》图 H.1.7）：

➢ 对角斜筋的直径：一、二级框架≥20mm 和 18mm，三、四级框架≥16mm；

➢ 对角斜筋的锚固长度：≥40 倍斜筋直径。

（5）框架柱段内设置牛腿时：

① 牛腿及上下各 500mm 范围内的框架柱箍筋应加密；

② 牛腿的上下柱段净高与柱截面高度之比大于 4 时，柱箍筋应全高加密。

说　明

侧向框排架结构的结构布置、地震作用效应调整和抗震验算，以及无檩屋盖和有檩屋盖的支撑布置，应分别符合现行国家标准《构筑物抗震设计规范》GB 50191 的有关规定。

以上参见《抗震规范》附录 H.1

第6章 梁、板的受力分析及设计方法

根据以上第4章和第5章的内容可知，结构中存在两大类构件，如图6-1所示，独立梁（图6-2）以及梁板一体（图6-3）。本章专门介绍这类构件的分析原理和设计方法。

独立的梁 ┄ 属于少数
比如吊车梁、雨篷梁、雨篷板、门窗洞口的过梁等

受力特征：
同时承受弯矩、剪力

梁和板一体
比如楼盖、楼梯等

图6-1 结构中的两大类构件

图6-2 某工程的独立梁

图6-3 某框架结构的梁和板一体

6.1 梁、板的受弯承载力分析及截面设计方法

注意到梁和楼板没有本质区别，如图 6-4 所示。

楼板
扁宽梁
对这类构件的基本性能研究可以围绕“梁”进行

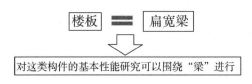

图 6-4 楼板和梁的关系

同时，根据第 4 章的分析可知，对于第二类构件也是人为先将梁、板独立后再进行分析的。因此，本章的研究从独立的梁开始。

6.1.1 抗弯钢筋的布置方式及配筋率

1. 布置方式

分单筋截面和双筋截面两种，如图 6-5 所示。

一般来说采用双筋截面是不经济的，但为什么工程中常用双筋截面？原因如图 6-6 所示。

b
x
h
h_0
A_s
a_s
(a)
(b)

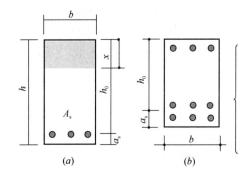

图 6-5 梁的抗弯钢筋布置方式

（a）单筋截面（只在受拉区布置钢筋）；

（b）双筋截面（在受拉和受压区都布置钢筋）

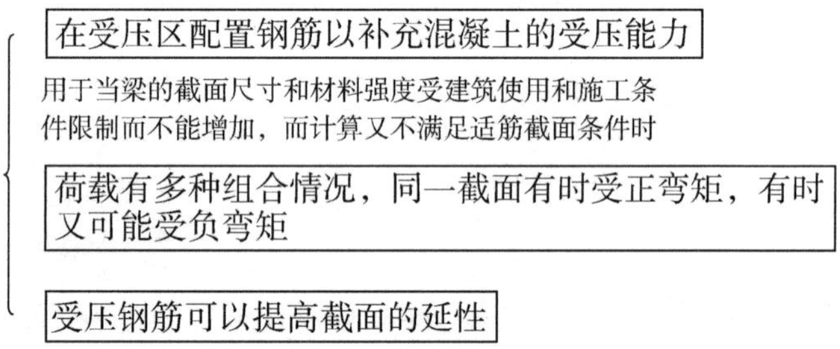

在受压区配置钢筋以补充混凝土的受压能力
用于当梁的截面尺寸和材料强度受建筑使用和施工条件限制而不能增加，而计算又不满足适筋截面条件时
荷载有多种组合情况，同一截面有时受正弯矩，有时又可能受负弯矩
受压钢筋可以提高截面的延性

图 6-6 采用双筋截面的原因

2. 配筋率

详见二维码链接 6-1。

6.1.2 单筋梁的受弯承载力分析及截面设计方法

详见二维码链接 6-2。

6.1.3 双筋矩形截面的受弯承载力分析及截面设计方法

1. 概述

双筋截面如图 6-7 所示。

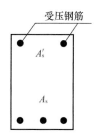

图 6-7　双筋截面

注意

（1）双筋截面在满足构造要求的条件下，截面达到 M_u 的标志仍然是受压边缘混凝土达到 ε_{cu}；

（2）在受压边缘混凝土应变达到 ε_{cu} 前，如受拉钢筋先屈服，则其破坏形态与适筋梁类似，具有较大延性；

（3）在截面受弯承载力计算时，受压区混凝土的应力仍可按等效矩形应力图方法考虑。

2. 弯矩设计值 M 作用下的截面配筋设计方法

此时纵向受压钢筋可能屈服，也可能不屈服。计算简图如图 6-8 所示。

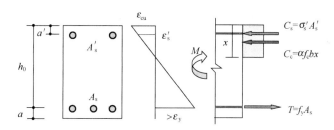

图 6-8　计算简图

进一步的分析如图 6-9 所示。

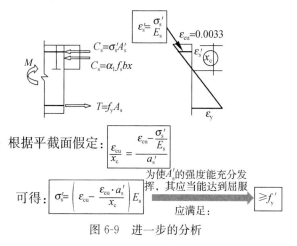

图 6-9　进一步的分析

这样可得：

$$x_c \geqslant \frac{\varepsilon_{cu}}{\varepsilon_{cu} - \dfrac{f'_y}{E_s}} \cdot a'_s$$

等效为矩形后的受压区高度：

$$x \geqslant \frac{\beta_1 \cdot \varepsilon_{cu}}{\varepsilon_{cu} - \dfrac{f'_y}{E_s}} \cdot a'_s$$

可近似取为：

$$x \geqslant 2a'_s \qquad\qquad\qquad 《混规》式(6.2.10\text{-}4)$$

也就是说，若要配置的受压区钢筋能充分发挥作用，达到屈服强度，需要满足条件：$x \geqslant 2a'_s$。其含义为：**受压钢筋位置不低于矩形受压应力图形的重心。**

然后可建立计算简图如图 6-10 所示。

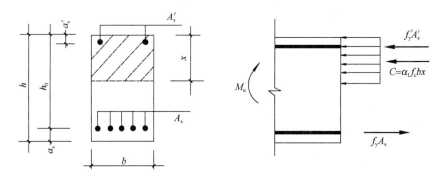

图 6-10 双筋矩形截面受弯构件正截面受弯承载力计算简图

可建立基本的平衡方程如下：

基本方程 1

$$\alpha_1 f_c bx + f'_y A'_s = f_y A_s \qquad\qquad (6\text{-}1)$$

基本方程 2

$$M = \alpha_1 f_c bx \left(h_0 - \frac{x}{2}\right) + f'_y A'_s (h_0 - a'_s) \qquad\qquad (6\text{-}2)$$

前者的依据是力的平衡，后者根据的是对受拉钢筋合力点取矩的力矩平衡条件。

通常，截面设计时，已知：**截面尺寸 $b \times h$，混凝土强度等级及钢筋等级，弯矩设计值 M。求：受压钢筋 A'_s 和受拉钢筋 A_s。此时的问题在于：有 3 个未知量（x、A'_s、A_s），但只有 2 个求解方程。怎么办？增加求解方程数目。**

从经济性考虑，引入（$A_s + A'_s$）之和最小的条件。

由基本方程 2 可得：

$$A'_s = \frac{M - \alpha_1 f_c bx \left(h_0 - \dfrac{x}{2}\right)}{f'_y (h_0 - a'_s)} \qquad\qquad (6\text{-}3)$$

代入基本方程 1 可得：

$$A_s = A'_s + \frac{\alpha_1 f_c bx}{f_y} \qquad\qquad (6\text{-}4)$$

两式相加后化简得：

$$A_s + A'_s = \frac{\alpha_1 f_c bx}{f_y} + 2\frac{M - \alpha_1 f_c bx\left(h_0 - \dfrac{x}{2}\right)}{f'_y(h_0 - a'_s)}$$ (6-5)

将其对 x 求导，并令 $\dfrac{\mathrm{d}(A_s + A'_s)}{\mathrm{d}x} = 0$，可得：

$$x = 0.5\left(1 + \frac{a'_s}{h_0}\right)h_0 \approx 0.55h_0$$ (6-6)

进而得：$\xi = \dfrac{x}{h_0} \approx 0.55$

注意

适用条件：

(1) 防止超筋脆性破坏：

$$x \leqslant \xi_b h_0 \text{ 或 } \xi \leqslant \xi_b \qquad \text{《混规》式 (6.2.10-3)}$$

(2) 保证受压钢筋强度充分利用（发生屈服）：

$$x \geqslant 2a'_s \qquad \text{《混规》式 (6.2.10-4)}$$

为满足不超筋的适用条件，当 $\xi > \xi_b$ 时应取 $\xi = \xi_b$。取 $\xi = \xi_b$ 的意义是充分利用混凝土受压区对正截面受弯承载力的贡献，把混凝土受压区用到了最大。

由 6.1.2 节可知，对于纵筋中常用的 335MPa 级、400MPa 级钢筋，无论混凝土强度采用什么强度等级，其 ξ_b 值都小于 0.55，故可直接取 $\xi = \xi_b$。

说　明

(1) 如果采用 300MPa 级钢筋作为纵筋，在混凝土强度等级小于等于 C50 及等于 C60 时，相应的 $\xi_b = 0.576$ 和 0.557，都大于 0.55，故宜取 $\xi = 0.55$ 计算，此时，若仍取 $\xi = \xi_b$，则钢筋用量略有增加。

(2) 如果考虑抗震，为了保证梁端塑性铰区具有较大的塑性转动能力，从而保证梁端截面具有足够的曲率延性，根据国内的试验结果并参考国外经验，当相对受压区高度控制在 0.25~0.35 时，梁的位移延性系数可达到 3.0~4.0。

据此，给出对混凝土受压区高度 x 的具体要求：

一级抗震等级

$$x \leqslant 0.25h_0$$

二、三级抗震等级

$$x \leqslant 0.35h_0$$

以上参见《混规》11.3.1 条、《高规》6.3.2 条、
《抗震规范》6.3.3 条

后续步骤如图 6-11 所示。

图 6-11 后续步骤

说 明

确定 ξ 之后，即知道了 x，代入基本公式 2 可求出 A'_s，然后根据基本公式 1 可求出 A_s。

例如，当取 $\xi = \xi_b$ 时：

$$A'_s = \frac{M - \alpha_1 f_c b x_b \left(h_0 - \frac{x_b}{2}\right)}{f'_y (h_0 - a'_s)} = \frac{M - \alpha_1 f_c b h_0^2 \xi_b (1 - 0.5\xi_b)}{f'_y (h_0 - a'_s)} \tag{6-7}$$

$$A_s = A'_s + \xi_b \frac{\alpha_1 f_c b h_0}{f_y} \tag{6-8}$$

> **注意**
> 双筋截面一般不会出现少筋破坏情况，故可不必验算最小配筋率。

以上介绍的都是独立梁，截面一般为矩形。已知和实际情况并不完全一样。考虑实际情况，还需要研究 T 形截面梁。

✳ 6.1.4 T 形截面的受弯承载力分析及截面设计方法

1. 现浇 T 形截面梁的工程背景

为什么框架结构中存在一些需要按 T 形截面考虑的梁？

本质原因：梁是和楼板浇筑在一起的（图 6-12），应考虑楼板作为翼缘对梁刚度和承载力的影响。对承受正弯矩的截面，如楼盖中连续梁的跨中截面应按 T 形梁计算。

图 6-12 梁和楼板的整体浇注

对 T 形截面，显然受压翼缘越大，对截面受弯越有利（x 减小，内力臂增大）。但试验和理论分析均表明，整个受压翼缘混凝土的压应力增长并不是同步的：① 翼缘处的压应力与腹板处受压区压应力相比，存在滞后现象；② 受压翼缘压应力的分布是不均匀的，距腹板距离越远，滞后程度越大。

在工程中，对于现浇 T 形截面梁，考虑楼板的作用，有时候翼缘会很宽，但考虑到远离梁肋处的压应力很小，因此在设计时可以把翼缘宽度限定在一定范围内，称为翼缘的计算宽度 b'_f，并假定在 b'_f 范围内压应力是均匀分布的。

b'_f 的取值见《混规》表 5.2.4，取表中 3 种情况所得结果的最小值。

《混规》表 5.2.4　受弯构件受压区有效翼缘计算宽度 b'_f

	情况		T 形、I 形截面		倒 L 形截面
			肋形梁（板）	独立梁	肋形梁（板）
1	按计算跨度 l_0 考虑		$l_0/3$	$l_0/3$	$l_0/6$
2	按梁（肋）净距 s_n 考虑		$b+s_n$	—	$b+s_n/2$
3	按翼缘高度 h'_f 考虑	$h'_f/h_0 \geqslant 0.1$	—	$b+12h'_f$	—
		$0.1 > h'_f/h_0 \geqslant 0.05$	$b+12h'_f$	$b+6h'_f$	$b+5h'_f$
		$h'_f/h_0 < 0.05$	$b+12h'_f$	b	$b+5h'_f$

注：1. 表中 b 为梁的腹板厚度；
　　2. 肋形梁在梁跨内设有间距小于纵肋间距的横肋时，可不考虑表中情况 3 的规定；
　　3. 加腋的 T 形、I 形和倒 L 形截面，当受压区加腋的高度 h_h 不小于 h'_f 且加腋的长度 b_h 不大于 $3h_h$ 时其翼缘计算宽度可按表中情况 3 的规定分别增加 $2b_h$（T 形、I 形截面）和 b_h（倒 L 形截面）；
　　4. 独立梁受压区的翼缘板在荷载作用下经验算沿纵肋方向可能产生裂缝时，其计算宽度应取腹板宽度 b。

2. 弯矩设计值 M 作用下的截面配筋设计方法

详见二维码链接 6-3。

✳ 6.1.5　受弯纵筋的截断或弯起

前面第 4 章介绍了弯矩包络图的概念，基于该图，可将梁上各截面在各种荷载作用下所产生的弯矩记为 M 图。

这里先介绍一个新概念——材料图。材料图表示由于钢筋和混凝土这两种材料共同工作而在各正截面产生的受弯承载力值，记为 M_u 图。

显然，为满足 $M_u \geqslant M$ 的要求，M_u 图应包住 M 图。图 6-13 为配通长直筋简支梁的配筋图、M 图和 M_u 图。

根据本节内容，可得到 M_u 的表达式：

$$M_u = A_s f_y \left(h_0 - \frac{f_y A_s}{2a_1 f_c b} \right) \quad (6-9)$$

即可确定 M_u 图外围水平线的位置。进一步的处理如图 6-14 所示。

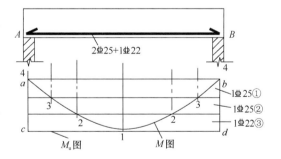

图 6-13　配通长直筋简支梁的
正截面受弯承载力图

可见，除跨中外，其他正截面处的 M_u 都比 M 大很多（尤其是临近支座处，正截面受弯承载力大大富裕）。

根据图 6-15，进一步看：

➤ ③ 号钢筋在截面 1 处被充分利用；

➤ ② 号钢筋在截面 2 处被充分利用；

任一根纵向受拉钢筋所提供的受弯承载力M_{ui}

↓

可近似按该钢筋的截面面积A_{si}与总的钢筋截面面积A_s的比值，乘以M_u求得

$$M_{ui}=M_u\cdot\frac{A_{si}}{A_s}$$

可得

↓

各钢筋所提供的弯矩

分别用水平线标示于图6-15上

图 6-14　进一步的处理

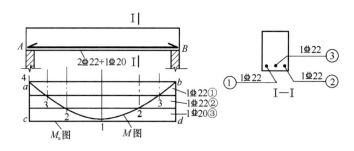

图 6-15　各钢筋所提供的弯矩

➤ ① 号钢筋在截面 3 处被充分利用。

因而，可以把截面 1、2、3 分别称为③、②、①号钢筋的充分利用截面。可知：

➤ 过了截面 2 以后，就不需要③号钢筋了；

➤ 过了截面 3 以后也不需要②号钢筋了；

➤ 过了截面 4 以后也不需要①号钢筋了。

所以可把截面 2、3、4 分别称为③、②、①号钢筋的不需要截面。

因此想到：

➤ 可将部分纵筋在过了其"不需要截面"之后进行截断，以节约材料；

➤ 可将部分纵筋在过了其"不需要截面"之后弯起，弯起部分不再帮助抵抗截面弯矩，但可以用来抵抗其他内力（剪力）。

以上两种处理方法都可以达到经济的效果。目前主要采用的是第一种处理方法。

1. 纵筋的截断（图 6-16）

纵筋截断的依据是弯矩包络图和材料图。但还有以下要求：

（1）从支座处往外截断上部纵筋时：

① 第一批截断的钢筋：面积不得超过总面积的 1/2，延伸长度从支座边缘算起不小于 $l_n/5+20d$；

② 第二批截断的钢筋：面积不得超过总面积的 1/4，延伸长度不小于 $l_n/3$；

③ 最终余下的纵筋面积不小于总面积的 1/4，且不少于 2 根，这 2 根用来承担部分负

图 6-16 纵筋的截断

弯矩并兼作架立钢筋，其伸入边支座的锚固长度不得小于 l_a [《混规》式 (8.3.1-2)]。

（2）对于下部纵筋：应全部伸入支座，不得在跨间截断。伸入边支座和中间支座的锚固长度应符合《混规》的规定。

2. 纵筋的弯起

详见二维码链接 6-4。

✳ 6.1.6　对梁内纵筋的构造要求

1. 钢筋的强度等级和直径

（1）常用等级：HRB400 级和 HRB500 级；

（2）常用直径：12mm、14mm、16mm、18mm、20mm、22mm 和 25mm。

➤ 梁高≥300mm 时：钢筋直径≥10mm；

➤ 梁高<300mm 时：钢筋直径≥8mm。

以上参见《混规》9.2.1 条第 2 款

（3）考虑抗震时：

① 梁端纵向受拉钢筋的直径要求：

➤ 对一、二级抗震等级：钢筋直径≥14mm，且分别不应少于梁两端顶面和底面纵向受力钢筋中较大截面面积的 1/4；

➤ 对三、四级抗震等级：钢筋直径≥12mm。

② 一、二、三级框架梁内贯通中柱的每根纵向钢筋直径要求：

➤ 对框架结构：不应大于矩形截面柱在该方向截面尺寸的 1/20，或纵向钢筋所在位置圆形截面柱弦长的 1/20；

➤ 对其他结构类型的框架：不宜大于矩形截面柱在该方向截面尺寸的 1/20，或纵向钢筋所在位置圆形截面柱弦长的 1/20。

以上参见《混规》11.3.7 条、《抗震规范》6.3.4 条

2. 钢筋的数量和间距

（1）如果考虑抗震：

① 梁端纵向受拉钢筋的配筋率不宜大于 2.5%，≤2.75%。

根据国内外试验研究，受弯构件的延性随其配筋率的提高而降低。但当配置不少于受拉钢筋 50% 的受压钢筋时，其延性可以等同于低配筋率构件。结合国外规范的规定，要求：当梁端

受拉钢筋的配筋率大于2.5%时，受压钢筋的配筋率不应小于受拉钢筋的一半。

② 考虑到框架梁在地震作用过程中，反弯点位置可能出现移动，沿梁全长顶面和底面至少应各配置两根通长的纵向钢筋：

> 对一、二级抗震等级：钢筋直径≥14mm，且分别不应少于梁两端顶面和底面纵向受力筋中较大截面面积的1/4；

> 对三、四级抗震等级：钢筋直径≥12mm。

以上参见《混规》11.3.7条、《高规》6.3.3条、《抗震规范》6.3.4条

（2）梁底部纵向受力钢筋一般不少于2根，钢筋数量较多时，可多排配置，也可以采用并筋配置方式。并筋的具体要求见第12章。

（3）为保证混凝土浇筑的密实性：

> 梁底部钢筋的净距：≥25mm及钢筋直径d；

> 梁上部钢筋的净距：≥30mm及1.5d；

> 当下部钢筋多于2层时：2层以上钢筋水平方向的中距应比下面2层的中距增大一倍；

> 各层钢筋之间的净间距：≥25mm和d，d为钢筋的最大直径。

以上参见《混规》9.2.1条

（4）在考虑抗震时，需要控制底部纵筋的最低用量。

原因：

图6-17 某钢筋混凝土梁的配筋

① 考虑地震作用的随机性，即使按计算结果，梁端不出现正弯矩或只有较小正弯矩，但在较强地震作用下，还是有可能出现偏大的正弯矩。因此需要在底部正弯矩抗拉钢筋的用量上有一定的储备，以免这些钢筋过早地屈服甚至拉断（图6-17）。

② 有助于改善梁端塑性铰区在负弯矩作用下的延性性能。

根据试验结果、工程经验，并参考国外规范，采用规定"梁端截面的底部和顶部纵筋截面面积的比值"的方式来控制底部纵筋的最低用量。具体来说，除按计算确定外：

> 一级抗震等级：≥0.5；

> 二、三级抗震等级：≥0.3。

以上参见《混规》11.3.6条、《高规》6.3.2条、《抗震规范》6.3.3条

3. 纵向构造钢筋

（1）上部纵向构造钢筋

当梁端按简支计算但实际受到部分约束时，应在支座区上部设置纵向构造钢筋。根据工程经验，具体要求如下：

① 截面面积不应小于梁跨中下部纵向受力钢筋计算所需截面面积的 $1/4$，且 $\geqslant 2$ 根。

② 该纵向构造钢筋自支座边缘向跨内伸出的长度 $\geqslant l_0/5$，l_0 为梁的计算跨度。

以上参见《混规》9.2.6 条第 1 款

（2）腰筋

为什么要配置腰筋？

答：为了抑制梁的腹板高度范围内由荷载作用或混凝土收缩引起的垂直裂缝的开展。（图 6-18～图 6-22）

图 6-18　某梁内的腰筋 1（供图：毛爱通）

图 6-19　某梁内的腰筋 2（供图：毛爱通）

图 6-20　某梁内的腰筋 3（供图：毛爱通）

图 6-21　某梁内的腰筋及相应的拉结筋（供图：毛爱通）　　　图 6-22　腰筋（供图：葛华坤）

腰筋的设置条件是什么？

答：当梁的腹板高度 $h_w \geqslant 450\text{mm}$，在梁的两个侧面应沿高度配置纵向构造钢筋。

根据工程经验，每侧纵向构造钢筋（不包括梁上、下部受力钢筋及架立钢筋）的截面面积不应小于腹板截面面积 bh_w 的 0.1%，且其间距不宜大于 200mm。

注意

对钢筋混凝土薄腹梁或需作疲劳验算的钢筋混凝土梁，根据工程经验：

（1）应在下部 1/2 梁高的腹板内沿两侧配置直径 $8\sim14\text{mm}$、间距为 $100\sim150\text{mm}$ 的纵向构造钢筋，并应按下密上疏的方式布置。

（2）同时，在上部二分之一梁高的腹板内，纵向构造钢筋按上述普通梁的规定放置。

以上参见《混规》9.2.13 条和 9.2.14 条

（3）架立钢筋

梁上部无受压钢筋时，需配置 2 根架立筋，以便与箍筋和梁底部纵筋形成钢筋骨架。根据工程经验，梁内架立钢筋的直径应满足：

当梁的跨度小于 4m 时：$\geqslant 8\text{mm}$；

当梁的跨度为 4～6m 时：$\geqslant$10mm；

当梁的跨度大于 6m 时：$\geqslant$12mm。

以上参见《混规》9.2.6 条第 2 款

4. 支座处纵筋的锚固要求

（1）简支梁和连续梁的简支端

纵筋在支座处的锚固必须得到保证。原因在于：如果出现了相对滑动，会使斜裂缝宽度显著增大，造成支座处的粘结锚固破坏。尤其是在靠近支座处作用有较大集中荷载时。

考虑到支座处同时存在着横向压应力的有利作用，这个锚固长度可比基本锚固长度略小。具体要求如下：

$V \leqslant 0.7 f_t b h_0$ 时：$l_{as} \geqslant 5d$；

$V > 0.7 f_t b h_0$ 时：光圆钢筋应满足 $l_{as} \geqslant 15d$，带肋钢筋应满足 $l_{as} \geqslant 12d$。

当实际锚固长度不能满足要求时，可采取弯钩或机械锚固措施。

以上参见《混规》9.2.2 条

（2）连续梁的中间支座

连续梁的中间支座，通常上部受拉、下部受压。因此上部的纵向受拉钢筋应贯穿支座；下部的纵向钢筋在斜裂缝出现和粘结裂缝发生时，也有可能承受拉力，所以也应保证有一定的锚固长度。

具体按以下的情况分别处理：

① 设计中不利用支座下部纵向钢筋强度时，其伸入的锚固长度可按简支支座中当 $V > 0.7 f_t b h_0$ 时的规定取用；

② 设计中充分利用支座下部纵向钢筋的抗拉强度时，其伸入的锚固长度不应小于锚固长度 l_a；

③ 设计中充分利用支座下部纵向钢筋的抗压强度时，其伸入的锚固长度不应小于 $0.7 l_a$。

这是考虑在实际结构中，压力主要靠混凝土传递，钢筋作用较小，对锚固长度要求不高的缘故。

注意

框架梁的纵向钢筋不应与箍筋、拉筋及预埋件等焊接。因为焊接容易使得钢筋变脆，对于抗震不利。

采用焊接封闭箍时，应特别注意避免出现箍筋与纵筋焊接在一起的情况。但钢筋与构件端部锚板可采用焊接。

以上参见《高规》6.3.6 条

✳ 6.1.7 钢筋的连接类型(也适用于柱内纵筋)

1. 绑扎搭接

采用 20 号、22 号铁丝（火烧丝）或镀锌铁丝（铅丝）来绑扎相连的钢筋。工地称其为"绑线"（图 6-23，图 6-24）。

图 6-23 绑扎搭接（一）

图 6-24 绑扎搭接（二）

2. 机械连接

通过连接件的机械咬合作用或钢筋端面的承压作用，将一根钢筋中的力传递至另一根钢筋的连接方法（图 6-25～图 6-27）。

图 6-25 某机械连接所用钢筋的端部处理（依靠机械咬合作用）

图 6-26　机械连接用的套筒

图 6-27　某机械连接（供图：葛华坤）

3. 焊接

常用的焊接方法包括闪光对焊、电阻点焊、电弧焊、电渣压力焊、埋弧压力焊、气压焊等（图 6-28～图 6-30）。

图 6-28　钢筋的焊接

图 6-29　点焊连接的钢筋

图 6-30　双向焊接的钢筋搭接

说 明

显然，各种类型钢筋接头的传力性能（强度、变形、恢复力、破坏状态等）都不如直接传力的整根钢筋，任何形式的钢筋连接均会削弱其传力性能，因此钢筋连接的基本原则为：

（1）连接接头宜设置在受力较小处；

（2）在同一根受力钢筋上宜少设接头；

（3）限制钢筋在构件同一跨度或同一层高内的接头数量；

（4）抗震设计时，宜避开结构的关键传力部位，如柱端、梁端的箍筋加密区（图 6-31），并限制接头面积百分率等。

图 6-31 梁端的箍筋加密区

以上参见《混规》8.4.1 条和 11.1.7 条、《高规》6.5.1 条

6.1.8 有关绑扎搭接的要求

（1）当受拉钢筋直径 $d>25$mm 及受压钢筋直径 $d>28$mm 时，不宜采用绑扎搭接接头（图 6-32）。

图 6-32 细钢筋的绑扎搭接

（2）在梁端、柱端箍筋加密区，是塑性铰容易出现的部位，不宜布置纵向受力钢筋的

连接位置。因为各类钢筋接头可能会干扰或削弱钢筋在该部位所应具有的较大的屈服后伸长率。

如果必须在此连接，不应使用绑扎搭接，应采用经试验确定的与母材等强度并具有足够伸长率的高质量机械连接结构或焊接接头，且接头面积百分率不宜超过50％（图6-33）。

图 6-33　钢筋的绑扎

以上参见《混规》8.4.2 条和 11.1.7 条、《高规》6.5.3 条

（3）同一构件中相邻纵向受力钢筋的绑扎搭接接头宜互相错开，且钢筋端面位置应保持一定间距。因为首尾相接形式的布置会在搭接端面引起应力集中和局部裂缝，所以要避免（图 6-34）。

图 6-34　相邻纵向受力钢筋的绑扎搭接接头互相错开

（4）纵向受拉钢筋绑扎搭接接头的搭接长度（图 6-35），应根据位于同一连接区段内的钢筋搭接接头面积百分率，按下式计算

$$l_l = \zeta_l l_a \quad 且 \geqslant 300mm$$

《混规》式(8.4.4)

式中　l_l——纵向受拉钢筋的搭接长度；

ζ_l——纵向受拉钢筋搭接长度修正系数，按《混规》表 8.4.4 取用。当纵向搭接钢筋接头面积百分率为表的中间值时，修正系数可按内插取值。

图 6-35　搭接长度

纵向搭接钢筋接头面积百分率（％）	≤25	50	100
ζ_l	1.2	1.4	1.6

在考虑抗震的情况下，纵向受拉钢筋的抗震搭接长度记为 l_{lE}，应按下式计算：

$$l_{lE} = \zeta_l l_{aE} \qquad 《混规》式(11.1.7\text{-}2)$$

式中　l_{aE}——纵向受拉钢筋的抗震锚固长度，按《混规》式（11.1.7-1）计算：

$$l_{aE} = \zeta_{aE} l_a \qquad 《混规》式(11.1.7\text{-}1)$$

　　ζ_{aE}——纵向受拉钢筋抗震锚固长度修正系数，对一、二级抗震等级取 1.15；对三级抗震等级取 1.05；对四级抗震等级取 1.00；

　　l_a——纵向受拉钢筋的锚固长度。

（5）纵向受压钢筋的搭接长度 $l_y = 0.7 l_l$，同时要满足：$l_y \geqslant 200mm$。

以上参见《混规》8.4.4 条和 11.1.7 条、
《高规》6.5.2 条和 6.5.3 条

（6）"钢筋绑扎搭接接头区段"的概念及应用

图 6-36　钢筋绑扎搭接（供图：于浩）

钢筋绑扎搭接接头区段的长度为 1.3 倍搭接长度（图 6-36）。凡搭接接头中点位于该连接区段长度内的搭接接头均属于同一连接区段。在同一连接区段内，有搭接接头的纵向受力钢筋与全部总向受力钢筋截面面积的比值称为"纵向受力钢筋搭接接头面积百分率"。

根据研究，位于同一连接区段内的受拉钢筋搭接接头面积百分率：

① 对梁类、板类及墙类构件：不宜大于 25％；

② 当工程中确实有必要增加时：对梁不宜大于 50％，对板及预制构件的拼接处，可根据实际情况确定。

> **注意**
>
> 　当直径不同的钢筋搭接时，按直径较小的钢筋计算接头面积百分率及搭接长度。这样可以让直径较大的钢筋在接头处具有较大的承载力余量，更加安全。

以上参见《混规》8.4.3 条和 11.1.7 条

（7）当锚固钢筋的保护层厚度 ≤5d 时，锚固长度范围内应配置横向构造钢筋，其直径 $\geqslant d/4$，对梁构件间距 ≤5d，对板构件间距 ≤10d，且间距均 ≤100mm。此处 d 为锚固钢筋的直径。

当受压钢筋直径>25mm时，尚应在搭接接头两个端面外100mm的范围内各设置两道箍筋。

以上参见《混规》8.3.1条、8.4.5条和8.4.6条

✳ 6.1.9 有关机械连接的要求

（1）纵向受力钢筋的机械连接接头宜相互错开（图6-37）。

（2）为避免机械连接接头处相对滑移变形的影响，定义钢筋机械连接区段的长度为$35d$，d为连接钢筋的较小直径。

（3）凡接头中点位于该连接区段长度内的机械连接接头均属于同一连接区段。位于同一连接区段内的钢筋接头面积百分率：

① 对纵向受拉钢筋，因为传力的重要性，不宜大于50%；

② 对纵向受压钢筋，无限制。

（4）机械连接套筒的保护层厚度：宜满足有关钢筋最小保护层厚度的规定。

（5）机械连接套筒的横向净间距不宜小于25mm；套筒处箍筋的间距仍应满足相应的构造要求（图6-38～图6-40）。

图6-37　相互错开的机械连接接头

（供图：葛华坤）

图6-38　同一连接区段内的钢筋
接头以及套筒的横向净间距1

（供图：毛爱通）

图6-39　同一连接区段内的钢筋
接头以及套筒的横向净间距2

（供图：葛华坤）

图6-40　同一连接区段内的钢筋
接头以及套筒的横向净间距3

（供图：毛爱通）

（6）直接承受动力荷载结构构件中的机械连接接头：

① 应满足设计要求的抗疲劳性能；

② 位于同一连接区段内的纵向受力钢筋接头面积百分率：≤50％。

以上参见《混规》8.4.7条

✳ 6.1.10 有关焊接的要求

（1）纵向受力钢筋的焊接接头应相互错开。

（2）钢筋焊接接头连接区段的长度为 $35d$（d 为纵向受力钢筋的较小直径），且 ≥500mm。

（3）凡接头中点位于该连接区段内的焊接接头均属于同一区段。位于同一连接区段纵向受力钢筋的焊接接头面积百分率：

➤ 对纵向受拉钢筋接头：≤50％；

➤ 对纵向受压钢筋：无限制。

（4）细晶粒热轧带肋钢筋以及直径＞28mm 的带肋钢筋焊接质量不易保证，应经试验确定，符合《钢筋焊接及验收规程》JGJ 18 的有关规定。

（5）对于余热处理钢筋，由于可焊性不佳，焊后力学性能下降较大，因此不宜焊接。

以上参见《混规》8.4.8条

（6）当直接承受吊车荷载的钢筋混凝土吊车梁、屋面梁及屋架下弦的纵向受拉钢筋采用焊接接头时，应符合：

① 采用闪光接触对焊（图 6-41），并去掉接头的毛刺和卷边；

图 6-41 钢筋的对焊（供图：吕滔滔）

② 同一连接区段内纵向受拉钢筋焊接接头面积百分率不应大于 25％，焊接接头连接

区段的长度应为 45d，d 为纵向受力钢筋的较大直径；

③ 疲劳验算时，焊接接头应符合《混规》4.2.6 条疲劳应力幅限值的规定。

以上参见《混规》8.4.9 条

✳ 6.1.11　连接方式的选择

现浇钢筋混凝土框架梁内纵筋的连接方法应符合下列规定：

（1）一级宜采用机械连接接头；

（2）二、三、四级可采用绑扎接头或焊接接头。

以上参见《高规》6.5.3 条第 4 款

✳ 6.1.12　需要进行疲劳验算的构件应符合的要求

（1）纵向受拉钢筋不得采用绑扎搭接接头，也不宜采用焊接接头，除端部锚固外不得在钢筋上焊有附件。

（2）当直接承受吊车荷载的钢筋混凝土吊车梁、屋面梁及屋架下弦的纵向受拉钢筋采用焊接接头时，应符合下列规定：

① 应采用闪光接触对焊，并去掉接头的毛刺及卷边；

② 同一连接区段内纵向受拉钢筋焊接接头面积百分率不应大于 25%，焊接接头连接区段的长度应取为 45d，d 为纵向受力钢筋的较大直径；

③ 疲劳验算时，焊接接头应符合疲劳应力幅限值（具体数值见《混规》表 4.2.6-1）的规定。

以上参见《混规》8.4.9 条

说　明

如果考虑正截面的抗震承载力，将以上 6.1.2～6.1.4 节中相关抗弯承载力计算公式的右端（对应于抵抗能力部分）除以一个承载力抗震调整系数 γ_{RE}。

γ_{RE} 的取值见《混规》表 11.1.6。

以上参见《混规》11.1.6 条

✳ 6.1.13　框架梁上开洞时应符合的要求

考虑到当梁承受均布荷载时，在梁跨度的中部 1/3 区段内，剪力较小，因此洞口的位置宜位于梁跨中 1/3 区段。洞口高度不应大于梁高的 40%，开洞较大时应进行承载力验算。

在梁两端靠近支座处，如必须开洞，洞口不宜过大，且必须经过核算，加强配筋构造。洞口周边应配置附加纵向钢筋和箍筋，如《高规》图 6.3.7 所示，并应符合计算及构造要求。

当梁跨中部有集中荷载时（图 6-42），应根据具体情况另行考虑。

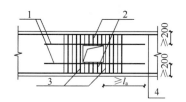

《高规》图 6.3.7　梁上洞口
周边配筋构造示意
1—洞口上、下附加纵向钢筋；2—洞口上、
下附加箍筋；3—洞口两侧附加箍筋；4—梁纵
向钢筋；l_a—受拉钢筋的锚固长度

图 6-42　梁跨中部有集中
荷载的情况（次梁传来）

以上参见《高规》6.3.7 条

6.2　梁、板受弯剪共同作用的承载力分析及设计

✳ 6.2.1　概述

此时，斜截面的承载力包括受弯承载力；受剪承载力。

1. 受弯承载力

受弯承载力是指斜截面上的纵向受拉钢筋、弯起钢筋、箍筋等在斜截面破坏时，它们各自所提供的拉力对剪压区 A 的内力矩之和。

目前对斜截面的受弯承载力通常是不进行计算的，而是用梁内纵向钢筋的弯起、截断、锚固及箍筋的间距等构造措施来保证，详见后文介绍。

以上参见《混规》6.3.9 条和 6.3.10 条

2. 受剪承载力

需要进行计算，同时也要有一定的构造措施。下面主要研究斜截面的受剪承载力问题，研究结合前面的独立梁试验进行。对于这种在三分点处受集中荷载的情况，根据结构力学可知，在支座附近区段内，存在弯矩和剪力的共同作用。

试验表明：这种弯剪作用会导致梁出现斜裂缝，进而发生斜截面破坏，如图 6-43 所

图 6-43　沿斜裂缝的破坏

示。这种发生在斜截面上的破坏，通常来得较为突然，具有脆性性质。

✳ 6.2.2　斜截面上的裂缝形态及受剪破坏形态

详见二维码链接 6-5。

✳ 6.2.3　配筋措施

1. 配筋形态

根据以上分析：对于配筋形态的要求如图 6-44 所示。

为了防止斜截面破坏 ➡ 应沿斜向配置必要的钢筋

　➤ 斜向的弯起钢筋
　➤ 额外配置的斜向箍筋

图 6-44　配筋形态

注意

斜箍筋不便绑扎，在施工中难以与纵向钢筋形成牢固的钢筋笼。所以，一般采用的都是竖向箍筋。

箍筋和弯起钢筋统称为腹筋，它们与纵筋一起可以构成钢筋笼，便于施工。图 6-45 ～图 6-48。

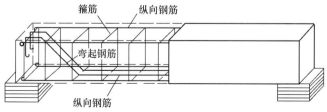

图 6-45　箍筋和弯起钢筋

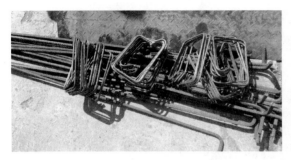

图 6-46　箍筋

图 6-47　某工程梁用的纵筋和箍筋
（供图：毛爱通）

图 6-48　梁内纵筋和箍筋

2. 钢筋弯起方式的进一步限定

详见二维码链接 6-6。

3. 箍筋与弯起钢筋的选用

箍筋与弯起钢筋，哪个效果好？

试验证明，箍筋的效果更好，更能抑制斜裂缝的开展。所以在工程设计中，应优先选用箍筋，然后再考虑采用弯起钢筋。

弯起钢筋容易引起弯起处混凝土的劈裂裂缝（图 6-49），因为它承受的拉力比较大，且集中。因此：

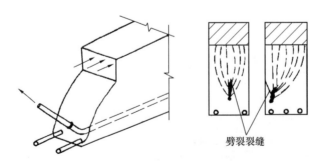

图 6-49　钢筋弯起处劈裂裂缝

（1）放置在梁侧边缘的钢筋不宜弯起；

（2）梁底层钢筋中的角部钢筋不应弯起；

（3）顶层钢筋中的角部钢筋不应弯下。

结论：混凝土梁宜采用箍筋作为承受剪力的钢筋（图 6-50）。

以上参见《混规》9.2.7 条

> **小结**
>
> 梁内箍筋的主要作用是：
>
> （1）提供斜截面受剪承载力和斜截面受弯承载力；
>
> （2）抑制斜裂缝的开展；
>
> （3）连系梁的受压区和受拉区，构成整体；
>
> （4）与纵向钢筋构成钢筋骨架。

图 6-50　梁内的纵筋与箍筋

✳ 6.2.4　配箍筋梁的斜截面受剪破坏形态

详见二维码链接 6-7。

✳ 6.2.5　影响斜截面受剪承载力 V_u 的主要因素

详见二维码链接 6-8。

✳ 6.2.6　对斜截面受剪机理的理论描述

由于客观存在的复杂性，要准确描述斜截面的受剪机理是很困难的。目前国内外的学者针对简支梁，建立了很多种简化的描述模型，如带拉杆的梳形拱模型、拱形桁架模型、桁架模型。建立这些模型的目的是为了给出钢筋混凝土梁受剪承载力的计算公式，但目前的研究还达不到这个程度，只是一种过渡状态。如图 6-51 所示。

基于以上模型建立起的计算公式还不能用于实际。接下来介绍实际中如何计算受剪承

进行试验 ➡ 观察现象 ➡ 归纳规律 试验研究

找出主要
影响因素 ➡ 建立理
论模型 ⟍➡ 推导计
算公式 理论研究

图 6-51 小结

载力。

✳ 6.2.7 斜截面受剪承载力的计算公式

以上基于机理分析给出的受剪承载力计算方法目前还不能实用。我国规范目前采用的是半理论半经验的实用计算公式。

根据前面已知：

➢ 对于斜压破坏，通常用控制截面的最小尺寸来防止；

➢ 对于斜拉破坏，则用满足箍筋的最小配筋率条件及构造要求来防止；

➢ 对于剪压破坏，才是需要计算的。

因此，《混规》中的计算公式就是根据剪压破坏形态而建立的。

1. 基本假定

基于前面试验分析的结果，建立方法时做了相应的假定，详见二维码链接 6-9。

2. 混凝土剪压区的受剪承载力取值

分两种情况进行研究：均布荷载作用下；集中荷载作用下。

根据试验结果给出：

均布荷载时

$$V_c = 0.7 f_t b h_0 \tag{6-10}$$

集中荷载时

$$V_c = \frac{1.75}{\lambda + 1} f_t b h_0 \tag{6-11}$$

式中　f_t——混凝土的抗拉强度设计值；

　　　h_0——构件截面的有效高度；

显然：

若截面所受的剪力$V < V_c$ ➡ 不需要按计算配腹筋

V_c加上箍筋、弯起钢筋的作用（V_s 和 V_{sb}），可得到总的受剪承载力设计值。

以上参见《混规》6.3.7 条

3. 梁的受剪承载力 V_u 计算公式

适用于矩形、T 形和 I 形截面构件的受剪承载力计算。

（1）仅配置箍筋时

斜截面受剪承载力设计值按如下公式计算：

$$V_u = V_{cs} = V_c + V_s = \alpha_{cv}f_t bh_0 + f_{yv}\frac{A_{sv}}{s}h_0 \qquad 《混规》式(6.3.4-2)$$

式中　a_{cv}——斜截面上受剪承载力系数；对集中荷载作用（或有其他荷载，但集中荷载产生的剪力值占总剪力值 75% 以上的情况），取 $\alpha_{cv} = \dfrac{1.75}{\lambda+1}$；对于其他一般受弯构件，直接取为 0.7；

　　　λ——计算截面的剪跨比，等于 a/h_0，小于 1.5 时取为 1.5，λ 大于 3 时取为 3；

　　　a——集中荷载作用点到支座截面或节点边缘的距离；

　　　A_{sv}——配置在同一截面内箍筋各肢的全部截面面积，取为 nA_{sv1}；

　　　n——同一截面内箍筋的肢数；

　　　A_{sv1}——单肢箍筋的截面积；

　　　s——沿构件长度方向的箍筋间距；

　　　f_{yv}——箍筋的抗拉强度设计值。

（2）当配置箍筋和弯起钢筋时

弯起钢筋承担的剪力如图 6-52 所示。

弯起钢筋承担的剪力设计值可按下式计算：

$$V_{sb} = 0.8 f_y A_{sb} \sin\alpha_s \qquad (6-12)$$

式中　A_{sb}——同一平面内弯起钢筋的截面面积；

　　　α_s——斜截面上弯起钢筋与构件纵轴线的夹角，一般为 45°。

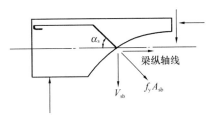

图 6-52　弯起钢筋承担的剪力

式（6-12）中为什么会有个 0.8 的系数？

原因：0.8 的折减系数是考虑到弯起钢筋与斜裂缝相交时，有可能已接近剪压区，在斜截面剪坏时可能达不到屈服强度。对应前述基本假定 2。

所以，总的斜截面承载力的计算公式如下：

$$V_u = \alpha_{cv}f_t bh_0 + f_{yv}\frac{A_{sv}}{s}h_0 + 0.8 f_y A_{sb}\sin\alpha_s \qquad 《混规》式(6.3.5)$$

式中　A_{sb}——同一平面内弯起钢筋的截面面积。

注意

当考虑地震时，国内外低周反复荷载作用下钢筋混凝土连续梁和悬臂梁受剪承载力试验表明，低周反复荷载作用会使梁的斜截面受剪承载力降低。

主要原因：（1）起控制作用的梁端下部混凝土剪压区因表层混凝土在上部纵筋屈服后的大变形状态下剥落而导致的剪压区抗剪强度降低；

（2）交叉斜裂缝的开展导致的沿斜裂缝混凝土咬合力及纵筋暗销力的降低。

进一步的试验表明，在抗震受剪承载力中：

① 箍筋所贡献的承载力部分：降低不明显，可不折减；

② 混凝土所贡献的承载力部分：以截面总受剪承载力试验值的下包线作为计算公式

的取值标准，将混凝土贡献的承载力取为非抗震情况下的 60%。

同时，偏安全地对各抗震等级均近似取用相同的抗震受剪承载力计算公式，即得到矩形、T形和I形截面的框架梁，其斜截面受剪承载力公式：

$$V_{b} \leqslant \frac{1}{\gamma_{RE}} \left(0.6\alpha_{cv}f_{t}bh_{0} + f_{yv}\frac{A_{sv}}{s}h_{0} \right) \qquad 《混规》式(11.3.4)$$

以上参见《混规》11.3.4条

4. 板的 V_{u} 计算公式

根据以往经验发现：对于一般的楼板来说，大多承受均布荷载，只要正截面的抗纯弯能力足够，斜截面的抗弯剪承载力往往是足够的。因此，一般的板类构件可不配置箍筋或弯起钢筋。其斜截面受剪承载力设计值只与混凝土有关。计算公式为：

$$V_{u} = 0.7\beta_{h}f_{t}bh_{0} \qquad 《混规》式(6.3.3-1)$$

$$\beta_{h} = \left(\frac{800}{h_{0}} \right)^{1/4} \qquad 《混规》式(6.3.3-2)$$

式中　β_{h}——截面高度影响系数。当 h_{0} 小于 800mm 时，取为 800mm；当 h_{0} 大于 2000mm 时，取为 2000mm。

显然，一般的楼板都属于 h_{0} 小于 800mm 的情况，此时应取 β_{h} 为 1，《混规》式(6.3.3-1) 就等同于前面混凝土剪压区受均布荷载情况下的计算公式。

5. 对计算公式的说明

(1) 箍筋承担的剪力 V_{s} 中，其实有小部分是混凝土贡献的。

因为配置箍筋后，箍筋将抑制斜裂缝的开展，从而提高了混凝土剪压区的受剪承载力。但是究竟提高了多少很难说。而且根据计算公式可见，没必要将里面混凝土的贡献部分区分开来，只需将 V_{cs} 理解为混凝土剪压区与箍筋共同承担的剪力。

(2) 注意斜截面上受剪承载力系数 α_{cv} 的取值：

➢ 对于受集中荷载的梁，与 $\lambda=1.5\sim3.0$ 相对应的 $\alpha_{cv}=0.7\sim0.44$；

➢ 对于受均布荷载的梁，$\alpha_{cv}=0.7$。

说　明

梁在承受集中荷载作用时，受剪承载力比承受均布荷载时的承载力要低。集中荷载工况下的 λ 愈大，则降低愈多。

(3) 以上抗剪计算公式都适用于矩形、T形和I形截面，并不说明截面形状对受剪承载力没有影响，只是影响不大，可以忽略。

注意

以上抗剪公式是基于对独立梁的研究而得来的。实际上，除吊车梁和试验梁以外，建筑工程中的独立梁是很少见的。

但认为以上公式仍然适用。

✳ **6.2.8　斜截面受剪承载力的设计计算**

1. 计算截面

（1）在进行配筋设计时，主要考虑两个计算截面：

➢ 支座边缘处的截面，即图 6-53（a）中的截面 1-1；

➢ 腹板宽度改变处的斜截面（对工字形梁）。（图 6-54）

例如，薄腹梁在支座附近的截面变化处，即图 6-53（b）中的截面 4-4，由于腹板宽度变小，必然使梁的受剪承载力受到影响。

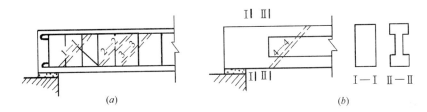

图 6-53　斜截面受剪承载力的计算截面位置

图 6-54　腹板宽度改变的工字形梁

（2）在进行承载力复核时，还需要考虑另外两个截面：

➢ 受拉区弯起钢筋弯起点处的斜截面，即图 6-53（a）中截面 2-2；

➢ 箍筋截面面积或间距改变处的斜截面，即图 6-53（a）中的截面 3-3。

> **以上参见《混规》6.3.2 条**

2. 设计计算步骤

对于一般的梁、板来说，计算顺序如图 6-55 所示。

主要步骤如图 6-56 所示。

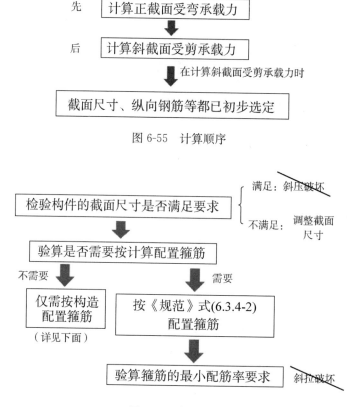

图 6-55 计算顺序

图 6-56 主要步骤

说　明

先检验构件的截面尺寸是否满足要求（用斜截面受剪承载力计算公式适用范围的上限值），以避免斜压破坏。

如不满足，需要调整截面尺寸；然后可按照前述公式进行受剪承载力计算，根据计算结果，配置合适的箍筋和弯起钢筋。

注意箍筋的配筋率应满足最小配筋率要求，以防止斜拉破坏。

补充 1：对于受拉边倾斜的矩形、T 形和 I 形截面梁、板等受弯构件，其斜截面受剪承载力应按《混规》6.3.8 条进行计算。

补充 2：对于圆形截面的梁、板等受弯构件，基于对国内外试验数据和有关规范的分析，可先按等效惯性矩的原则确定等效截面宽度和等效截面高度，然后按与矩形截面同样的方法考虑截面限制条件和斜截面受剪承载力（《混规》6.3.1～6.3.14 条）。

具体来说，根据等效原则，可算得：

➢ 等效截面宽度 b 为 $1.76r$（r 为圆形截面的半径）；

➤ 等效截面高度 h_0 为 $1.6r$（r 为圆形截面的半径）。

另外，计算所得的箍筋截面面积应作为圆形箍筋的截面面积。

以上参见《混规》6.3.15 条

✳ 6.2.9 对箍筋的构造要求

1. 等级和直径

（1）常用等级：箍筋（用来抵抗剪力）一般用 HRB400 级和 HRB335 级，少量使用 HPB300 级。

（2）常用直径：6mm、8mm 和 10mm。箍筋的最小直径有如下规定：

➤ 当梁高＞800mm 时，直径≥8mm；

➤ 当梁高≤800mm 时，直径≥6mm；

➤ 当梁中配有纵向受压钢筋时，直径≥$d/4$（d 为纵向受压钢筋的最大直径）；

➤ 在受力钢筋搭接长度范围内：直径≥搭接钢筋最大直径的 1/4。

以上参见《混规》9.2.9 条、《高规》6.3.4 条

2. 箍筋的设置

（1）梁内第一根箍筋可距支座边 50mm 处开始布置（图 6-57）。在简支端的支座范围内，一般宜布置一根箍筋。

图 6-57　梁内第一根箍筋的位置（供图：毛爱通）

（2）对于计算不需要箍筋的梁：

① 当梁高大于 300mm 时，仍应沿梁全长设置箍筋（图 6-58）；

② 当梁高为 150～300mm 时，可仅在构件端部各 $l_0/4$ 范围内设置箍筋，但当在构件中部 $l_0/2$ 范围内有集中荷载时，则应沿梁全长设置箍筋；

③ 当梁的高度在 150mm 以下时，可不设置箍筋。

以上参见《混规》9.2.9 条和 11.3.9 条、《高规》6.3.4 条

（3）对于计算需要配置箍筋的梁：

① 箍筋的间距除按计算要求确定之外，其最大的间距还应满足《混规》表 9.2.9 的规定。

图 6-58　某工程配置的箍筋与纵筋

《混规》表 9.2.9　梁中箍筋的最大间距（mm）

梁高 h	$V>0.7f_tbh_0+0.05N_{p0}$	$V\leqslant0.7f_tbh_0+0.05N_{p0}$
$150<h\leqslant300$	150	200
$300<h\leqslant500$	200	300
$500<h\leqslant800$	250	350
$h>800$	300	400

图 6-59　箍筋加密区与非加密区的间距

② 考虑抗震时：

➤ 梁端设置的第一个箍筋距框架节点边缘不应大于 50mm；

➤ 非加密区的箍筋间距不宜大于加密区箍筋间距的 2 倍（图 6-59）；

➤ 沿梁全长箍筋的面积配筋率应在非抗震设计要求的基础上适当增大，具体应符合《混规》式（11.3.9）的规定。即：

一级抗震等级

$$\rho_{sv}\geqslant0.30\frac{f_t}{f_{yv}}$$

《混规》式(11.3.9-1)

二级抗震等级

$$\rho_{sv}\geqslant0.28\frac{f_t}{f_{yv}}$$

《混规》式(11.3.9-2)

三、四级抗震等级

$$\rho_{sv}\geqslant0.26\frac{f_t}{f_{yv}}$$

《混规》式(11.3.9-3)

以上参见《混规》11.3.9 条、《高规》6.3.4 条到 6.3.5 条

③ 应满足最小配筋率的要求，即当 $V>0.7f_tbh_0$ 时，箍筋的配筋率应不小于

$0.24f_{\mathrm{t}}/f_{\mathrm{yv}}$。

（4）当梁中配有纵向受压钢筋时，箍筋应符合以下规定：

① 为了防止受压筋的压曲，箍筋需要做成封闭式，且弯钩直线段长度不应小于 $5d$（d 为箍筋直径）。

② 间距≤$15d$ 和 $400\mathrm{mm}$。其他特殊情况如图 6-60 所示。

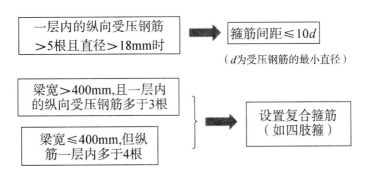

图 6-60　箍筋的特殊情况

③ 当受压钢筋直径＞$25\mathrm{mm}$ 时，应在搭接接头两个端面外 $100\mathrm{mm}$ 范围内，各设置两道箍筋。

④ 采用机械锚固措施时：

➤ 锚固长度范围内的箍筋≥3 个，其直径≥纵筋直径的 0.25 倍，间距≤纵筋直径的 5 倍；

➤ 纵筋的保护层厚度≥直径或等效直径的 5 倍时，可不配置上述箍筋。

以上参见《混规》9.2.9 条 4、《高规》6.3.4 条

（5）当考虑抗震时，应在梁端设置箍筋加密区。

原因：根据试验和震害经验，梁端的破坏主要集中于 1.5～2.0 倍梁高的长度范围内。当箍筋间距小于 $6d$～$8d$（d 为纵向钢筋直径）时，混凝土压溃前受压钢筋一般不致压屈，延性较好。因此为了保证梁端塑性铰区的延性能力，需要设置梁端箍筋加密区。具体来说：

① 从构造上对塑性铰区的受压混凝土提供约束；

② 约束纵向受压钢筋，防止其在保护层混凝土剥落后过早压屈，导致受压混凝土的随即压溃。

根据现有研究，加密区长度、箍筋最大间距和箍筋最小直径见《混规》表 11.3.6-2 的规定。（图 6-61，图 6-62）

《混规》表 11.3.6-2　框架梁梁端箍筋加密区的构造要求

抗震等级	加密区长度（mm）	箍筋最大间距（mm）	最小直径（mm）
一级	2 倍梁高和 500 中的较大值	纵向钢筋直径的 6 倍，梁高的 1/4 和 100 中的最小值	10

抗震等级	加密区长度 （mm）	箍筋最大间距 （mm）	最小直径 （mm）
二级		纵向钢筋直径的 8 倍，梁高的 1/4 和 100 中的最小值	8
三级	1.5 倍梁高和 500 中的 较大值	纵向钢筋直径的 8 倍，梁高的 1/4 和 150 中的最小值	8
四级		纵向钢筋直径的 8 倍，梁高的 1/4 和 150 中的最小值	6

注：1. 箍筋直径大于 12mm、数量不少于 4 肢且肢距不大于 150mm 时，一、二级的最大间距应允许适当放宽，但不得大于 150mm。因研究表明，适当放宽箍筋的最大间距仍然可以满足梁端的抗震性能，同时有利于混凝土的浇筑，能提高浇筑质量。

2. 当梁端纵向受拉钢筋配筋率＞2％时，表中箍筋最小直径数值应增大 2mm。

图 6-61　箍筋加密区与非加密区

图 6-62　梁端箍筋加密区（供图：宋本腾）

以上参见《混规》11.3.6 条、《高规》6.3.2 条、
《抗震规范》6.3.3 条

根据现有研究，并考虑到施工的方便，梁箍筋加密区长度内的箍筋肢距（图 6-63）应按：

① 一级抗震等级：≤200mm 和 20 倍箍筋直径的较大值；

② 二、三级抗震等级：≤250mm 和 20 倍箍筋直径的较大值；

③ 各抗震等级下，均≤300mm。

图 6-63 箍筋肢距（供图：宋本腾）

以上参见《混规》11.3.8 条、《高规》6.3.5 条、
《抗震规范》6.3.4 条

另外，考虑抗震时，箍筋宜采用焊接封闭箍筋、连续螺旋箍筋或连续复合螺旋箍筋，以有效提高对构件混凝土和纵筋的约束效果，改善构件的抗震延性。尤其是焊接封闭箍筋，是目前倡导的，因为可以满足工厂化加工配送钢筋的要求。

当采用非焊接封闭箍筋时，根据试验研究和震害经验，应采取以下构造措施：

① 其末端应做成 135°弯钩，弯钩端头平直段长度不应小于箍筋直径的 10 倍；

② 箍筋的间距应符合以下规定：

➤ 纵筋受拉时，箍筋间距≤5d，且≤100mm；

➤ 纵筋受压时，箍筋间距≤10d，且≤200mm。

d 为搭接钢筋中的最小直径。

以上参见《混规》11.1.8 条、《高规》6.3.5 条

此外，框架梁非加密区内箍筋的最大间距不宜大于加密区箍筋间距的 2 倍。

以上参见《高规》6.3.5 条

✳ 6.2.10　考虑剪力作用后的纵筋截断要求

前面介绍了梁内的纵筋可以在过其"不需要截面"之后截断，这只考虑了弯矩的作用。如果考虑弯矩和剪力共同作用的情况，则对纵筋的截断方式就有了新的要求。

第一，对于正弯矩区段配置的钢筋，要求是要伸入支座的，不能截断。

因此，截断问题主要针对的是在支座附近的负弯矩区段内梁顶的纵向受拉钢筋。

图 6-64 某纵筋的截断

第二，支座负弯矩钢筋不宜在受拉区截断。

原因：在支座负弯矩钢筋的延伸区段范围内，裂缝情况很复杂，既有负弯矩引起的垂直裂缝、斜裂缝（负弯矩和剪力共同引起），还可能在斜裂缝区前端沿该钢筋形成劈裂裂缝。前者可称为斜弯作用，后者可称为粘结退化效应，它们会共同导致纵筋内的拉应力增大，使得钢筋的受拉范围向跨中扩展。

第三，真要截断钢筋时，根据国内外的试验研究结果，为了保证负弯矩钢筋的截断不影响它在各截面内发挥所需的抗弯能力，截断点应满足以下两个控制条件：

➢ 从该钢筋充分利用的截面起到截断点的长度，满足"伸出长度"的要求。这是为了保证要截断的负弯矩钢筋有足够的锚固长度。

➢ 从不需要该钢筋的截面起到截断点的长度，满足"延伸长度"的要求。这是为了满足斜截面受弯承载力的要求。

根据这两个条件的要求，可具体分为以下三种情况：

1. 情况 1：$V \leqslant 0.7 f_t b h_0$

➢ 伸出长度 $\geqslant 1.2 l_a$ [l_a 为锚固长度，由《混规》式（8.3.1-3）计算]；

➢ 延伸长度 $\geqslant 20d$。

如图 6-65 所示。

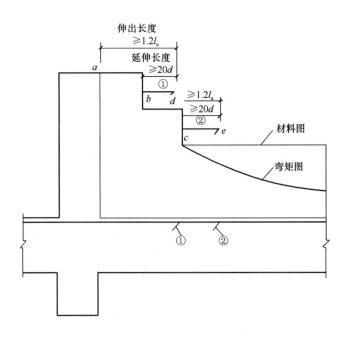

图 6-65　$V \leqslant 0.7 f_t b h_0$ 情况下的伸出长度和延伸长度要求

> **注意**
>
> 　　此时，由于在负弯矩区段内没有斜裂缝，所以伸出长度和延伸长度都只与正截面受弯承载力有关而与斜截面受弯承载力无关。

　　2. 情况 2：$V > 0.7 f_t b h_0$

　➤ 伸出长度：$\geqslant 1.2 l_a + h_0$；

　➤ 延伸长度：$\geqslant h_0$，且 $\geqslant 20d$。

　　此时在负弯矩区段内有了斜裂缝，所以，对延伸长度，不仅要满足 $20d$ 的要求，还应不小于斜裂缝的水平投影长度（为保险起见，取上限 h_0）；对伸出长度，同样增加了水平投影长度上限 h_0 的要求。

　　3. 情况 3：$V > 0.7 f_t b h_0$ 且按情况 2 截断时，截断点仍位于负弯矩受拉区内

　➤ 伸出长度：$\geqslant 1.2 l_a + 1.7 h_0$；

　➤ 延伸长度：$\geqslant 1.3 h_0$，且 $\geqslant 20d$。

　　如图 6-66 所示。这种情况下，对伸出长度和延伸长度的要求比情况 2 更高，所以适当提高了系数。支座处负弯矩钢筋的截断现场如图 6-67 所示。

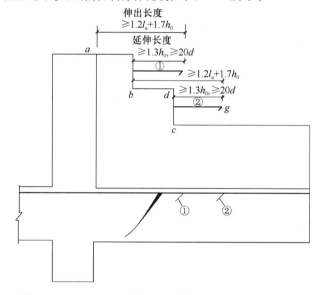

图 6-66　$V > 0.7 f_t b h_0$ 情况下的伸出长度和延伸长度要求

图 6-67　支座处负弯矩钢筋的截断（供图：毛爱通）（一）

图 6-67　支座处负弯矩钢筋的截断（供图：毛爱通）（二）

以上参见《混规》9.2.3 条

✳ 6.2.11　有关疲劳验算

对梁、板等受弯构件：
➢ 如果要进行正截面的疲劳验算，应按《混规》6.7.1～6.7.6 条进行计算；
➢ 如果要进行斜截面的疲劳验算，应按《混规》6.7.7～6.7.9 条进行计算。

6.3　框架梁的最不利内力确定

对于框架结构的梁，控制截面上的内力种类是弯矩 M 和剪力 V。

根据前面介绍的分层法或 D 值法，可以分别计算出每一种荷载作用下各梁各控制截面上的内力（M，V），包括恒载（自重）、楼面竖向均布活荷载、风荷载、雪荷载等。

进而根据前述方法可以得到对应于每一种荷载的截面配筋方案（包括抗弯纵筋和抗剪

箍筋），但还要考虑各荷载效应的组合问题（如图 6-68 所示）。

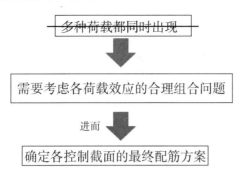

图 6-68　进一步的考虑

✳ 6.3.1　荷载效应的合理组合及截面最终配筋方案

结构或构件在使用期间，除受恒荷载之外，还可能同时承受两种或两种以上的活荷载，这就需要给出这些活荷载同时作用时产生的效应。

荷载效应组合需要考虑各种可能同时出现的荷载组合的最不利情况，但不能对所有参与组合的活荷载都取使用期间的最大值，因为：**几种活荷载都同时达到最大值的可能性不大。**

这时可以对其中的主导活荷载取标准值，对其他活荷载取小于其标准值的代表值，叠加起来得到组合值。具体来说，内力效应 S_1 应从由可变荷载效应控制的和由永久荷载效应控制的两个组合中取最不利值确定。

（1）对由可变荷载效应控制的组合

$$S_1 = \sum_{i \geqslant 1} \gamma_{Gi} \cdot S_{Gik} + \gamma_p \cdot S_p + \gamma_{Q1} \cdot \gamma_{L1} \cdot S_{Q1k} + \sum_{j > 1} \gamma_{Qj} \psi_{cj} \gamma_{Lj} S_{Qjk} \tag{6-13}$$

（2）对由永久荷载效应控制的组合

$$S_1 = \sum_{i \geqslant 1} \gamma_{Gi} \cdot S_{Gik} + \gamma_p \cdot S_p + \gamma_L \sum_{j \geqslant 1} \gamma_{Qj} \psi_{cj} S_{Qjk} \tag{6-14}$$

这种组合是进行结构安全性计算时要用到的基本形式，因此称为"基本组合"。

式中　γ_{Gi}——第 i 个永久作用的分项系数，当永久荷载效应对结构不利时，对由可变荷载效应控制的组合 $\gamma_G = 1.2$，对由永久荷载效应控制的组合 $\gamma_G = 1.35$；当永久荷载效应对结构有利时，取 $\gamma_G \leqslant 1.0$；

　　　γ_{Q1}——第 1 个可变作用（主导可变作用）的分项系数；

　　　γ_{Qi}——其余可变荷载的分项系数；

　　　γ_p——预应力作用的分项系数；

γ_{L1}、γ_{Lj}——第 1 个和第 j 个关于结构设计使用年限的荷载调整系数，按表 6-1取用。

　　　S_{Gik}——第 i 个永久荷载标准值的效应；

　　　S_p——预应力作用有关代表值的效应；

S_{Q1k}——最大的一个可变荷载的标准值；

S_{Qjk}——其余可变荷载的标准值；

ψ_{cj}——第 j 个可变荷载的组合值系数，取值见第 2 章。

设计使用年限和荷载调整系数 γ_L 表 6-1

年限（年）	结构类别	γ_L
5	临时性建筑结构	0.9
25	易于替换的结构构件	—
50	普通房屋和构筑物	1.0
100	标志性建筑和特别重要的建筑结构	1.1

以上看起来很复杂，其实还有更简化的表达式：

（1）由永久荷载效应控制的组合

恒载的分项系数取 1.35，活载的分项系数仍为 1.4；活荷载均乘以组合值系数 ψ_{ci}：

$$S_1 = 1.35 S_{Gk} + \sum_{i=1}^{n} \gamma_{Qi} \psi_{ci} S_{Qik} \tag{6-15}$$

对各种荷载的组合值系数，可直接查《建筑结构荷载规范》得到。例如：对风荷载取 0.6；对雪荷载和其他可变荷载取 0.7。

> **注意**
>
> 对普通的工业和民用框架结构，由于恒载并不明显大于活载，一般可不考虑这种永久荷载效应控制的组合。

（2）由可变荷载效应控制的组合

如果只有一个可变荷载，组合表达式可简化为"恒载＋任一可变荷载"：

$$S_1 = \gamma_G S_{Gk} + \gamma_{Q1} S_{Q1k} \tag{6-16}$$

如果有两个或两个以上可变荷载，根据式（6-13），则需要确定其中哪一个可变荷载的影响最大，并取之为 Q_{1k}，即第一个可变荷载，其余可变荷载记为 Q_{ik}。

> **注意**
>
> 实际设计中要判别可变荷载中哪一个的影响最大并不容易。为此，《建筑结构可靠度设计统一标准》规定：
>
> 对于一般常见的框架结构和排架结构，为了计算方便，对可变荷载的影响大小可不予区分，并采用相同的组合值系数 0.9。

因此，组合表达式可简化为"恒载＋0.9（任意两个或两个以上可变荷载的组合）"，即

$$S_1 = \gamma_G S_{Gk} + 0.9 \sum_{i=1}^{n} \gamma_{Qi} S_{Qik} \tag{6-17}$$

> **注意**
>
> 雪荷载不应与屋面均布活荷载同时组合。另外，积灰荷载应与雪荷载或不上人的屋面均布活荷载两者中的较大值同时考虑。

更具体地，对普通框架结构一般主要考虑以下三种组合情况：

➢ 恒载＋楼面竖向均布活荷载

➢ 恒载＋风荷载

➢ 恒载＋0.9（楼面竖向均布活荷载＋风荷载）

接下来的主要步骤如图 6-69 所示。

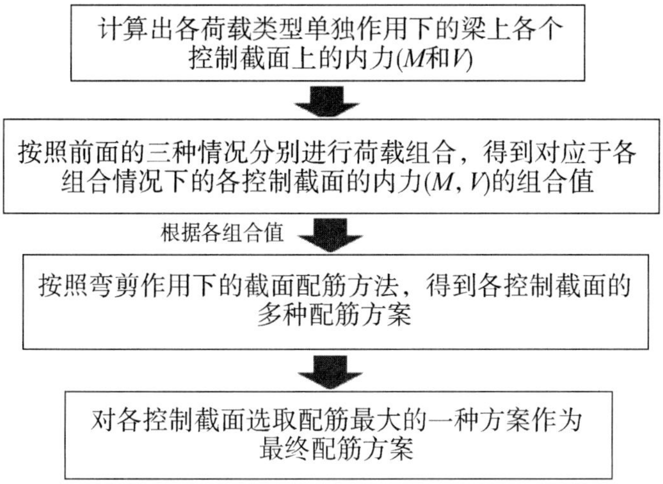

计算出各荷载类型单独作用下的梁上各个
控制截面上的内力(M和V)

按照前面的三种情况分别进行荷载组合，得到对应于各
组合情况下的各控制截面的内力(M、V)的组合值

根据各组合值

按照弯剪作用下的截面配筋方法，得到各控制截面的
多种配筋方案

对各控制截面选取配筋最大的一种方案作为
最终配筋方案

图 6-69　主要步骤

这个过程比较繁琐，适合于电算，手算时需要用简化方法。简化方法的基础是：在进行第 3 步时，有现成的分析规律可借鉴，用来筛选判断第 2 步得到的多组内力值，不需要完全用穷举的方式来找出最大配筋。这一规律是指：

➢ 对梁端截面：最不利的内力情况显然是 V_{max} 及相应的 M；

➢ 对梁跨中截面：最不利的内力情况显然是 $+M_{max}$。

基于这一规律，可对梁上各控制截面直接筛选出一组最不利的内力值，再进行配筋计算即可。

注意

还有一个重要问题——有关楼面均布活荷载。

在框架结构中，均布活荷载的作用范围是以某跨为一个单位的，不一定每一层每一跨上都有，因此有很多种情况。需要对这个现象进行专题考虑。

✳ 6.3.2　竖向活荷载的布置问题

根据分层法的计算可发现：如果结构上每一层、每一跨都布有活荷载时，即活荷载满布的情况，计算出的各控制截面上内力不一定是最不利的。比如：

（1）在梁支座处的控制截面，基本是最不利的；

（2）在梁跨中的控制截面，计算出的弯矩比真正的最不利弯矩偏小，大概需要乘以

1.1~1.2 的系数才是最不利弯矩。

因此，只有在活载的数值远小于恒载的数值时，才能将竖向活荷载按满布的情况来考虑。一般情况下显然不符合。

那在一般情况下应该怎么考虑竖向活荷载的布置？

标准的做法应该是——分跨计算组合法，这种方法的准确性高，但工作量很大，只能用于电算。为此，需要考虑对这个方法进行简化。因此出现了——分层组合法。该方法是以分层法为依据，对活荷载的布置做如下简化：对梁只考虑本层活荷载 m 种布置情况。这样可使得需要参与荷载组合的独立情况减少很多。因此可用于手算，是最为实用的一种方法。

说　明

还有一种考虑方法——最不利荷载位置法。即根据影响线方法，直接确定出产生各控制截面最不利内力的活荷载位置；然后再对框架进行内力分析，得到最不利的内力值。显然，这一方法的难点在于影响线的得到并不容易，使得不太容易直接确定活荷载的布置方式。

因此，这一方法只是一个备选的方法，应用并不多。

✳ 6.3.3　考虑抗震时的梁端剪力调整

为了力求框架结构在罕遇地震作用下形成延性和塑性耗能能力良好的机构（即塑性铰主要在梁端形成，柱端塑性铰出现数量相对较少），需要设法防止梁端塑性铰区在达到这种机构状态之前，发生脆性的剪切破坏。怎么防止？答案是：可适度提高梁端经弹性分析得到的截面组合剪力设计值。这种做法通常简称为"强剪弱弯"。具体方式如下：

（1）一级抗震等级的框架结构和 9 度设防烈度的一级抗震等级框架

同时考虑工程设计中梁端纵向受拉钢筋有超配的情况，要求梁左、右端取用考虑承载力抗震调整系数的设计抗震受弯承载力 M_{bua} 进行受剪承载力验算。

$$V_b = 1.1 \frac{(M_{bua}^l + M_{bua}^r)}{l_n} + V_{Gb} \qquad 《混规》式(11.3.2-1)$$

式中　M_{bua}^l、M_{bua}^r——框架梁左、右端按实配钢筋截面面积、材料强度标准值，且考虑承载力抗震调整系数的正截面抗震受弯承载力所对应的弯矩值。可按下式计算：

$$M_{bua} = f_{yk} A_s^a (h_0 - a_s') / \gamma_{RE}$$

　　　　f_{yk}——纵向钢筋的抗拉强度标准值；

　　　　A_s^a——梁纵向钢筋实际配筋面积。当楼板与梁整体现浇时，应计入有效翼缘宽度范围内的纵筋，有效翼缘宽度可取梁两侧各 6 倍板厚；

　　　　V_{Gb}——考虑地震组合时的重力荷载代表值产生的剪力设计值，可按简支梁计算确定；

l_n——梁的净跨。

（2）其他情况

一级抗震等级

$$V_b = 1.3 \frac{(M_b^l + M_b^r)}{l_n} + V_{Gb} \qquad 《混规》式(11.3.2-2)$$

二级抗震等级

$$V_b = 1.2 \frac{(M_b^l + M_b^r)}{l_n} + V_{Gb} \qquad 《混规》式(11.3.2-3)$$

三级抗震等级

$$V_b = 1.1 \frac{(M_b^l + M_b^r)}{l_n} + V_{Gb} \qquad 《混规》式(11.3.2-4)$$

四级抗震等级，取地震组合下的剪力设计值。

式中　M_b^l、M_b^r——考虑地震组合的框架梁左、右端弯矩设计值；

　　　　V_{Gb}——考虑地震组合时的重力荷载代表值产生的剪力设计值，可按简支梁计算确定；

　　　　l_n——梁的净跨。

以上参见《混规》11.3.2 条、《高规》6.2.5 条

6.4　受扭梁的分析

工程中的梁有些除了受弯矩、剪力之外，还受扭的作用。例如：

（1）雨篷梁、吊车梁：属于静定受扭构件，扭转形式称为平衡扭转；

（2）框架边梁、螺旋楼梯、曲梁、折梁：属于超静定受扭构件，扭转形式称为协调扭转。

对于超静定的情况，如图 6-70 所示。

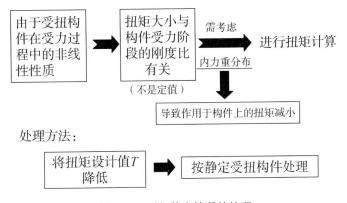

图 6-70　对超静情况的处理

以上参见《混规》5.4.4条和6.2.2条

与受扭有关的工况主要包括：纯扭作用；剪扭复合作用；弯扭复合作用；弯剪扭复合作用。

一般情况下，都属于弯剪扭复合作用的情况。但为了便于分析，下面根据从简单到复杂的原则，按以上顺序分别进行研究。

✳ 6.4.1　纯扭作用下的情况

详见二维码链接 6-10。

✳ 6.4.2　剪扭作用下的情况

详见二维码链接 6-11。

✳ 6.4.3　弯扭作用下的情况

详见二维码链接 6-12。

✳ 6.4.4　弯剪扭作用下的情况

截面设计方法的由来如图 6-71 所示。

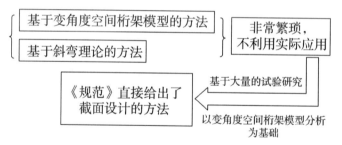

图 6-71　弯剪扭作用下的截面设计方法由来

1. 截面尺寸的要求

为了使弯剪扭构件不发生在钢筋屈服前混凝土先压碎的超筋破坏，根据试验研究，规定：h_w/b 不大于 6 的矩形、T 形、I 形截面和 h_w/t_w 不大于 6 的箱形截面构件（图 6-72），其截面尺寸应符合下列条件：

（1）当 h_w/b（或 $h_w//t_w$）$\leqslant 4$ 时

$$\frac{V}{bh_0} + \frac{T}{0.8\overline{w}_t} \leqslant 0.25\beta_c f_c \qquad 《混规》式(6.4.1-1)$$

（2）当 h_w/b（或 $h_w//t_w$）$= 6$ 时

$$\frac{V}{bh_0} + \frac{T}{0.8\overline{w}_t} \leqslant 0.2\beta_c f_c \qquad 《混规》式(6.4.1-2)$$

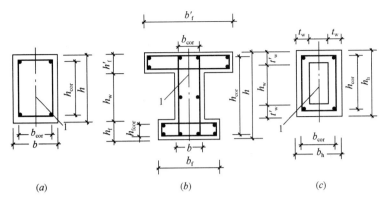

图 6-72　构件的截面尺寸示意

（3）当 h_w/b（或 $h_w//t_w$）大于 4 但小于 6 时，按线性内插法确定。

以上参见《混规》6.4.1 条

2. 配筋方式

如图 6-73、图 6-74 所示。

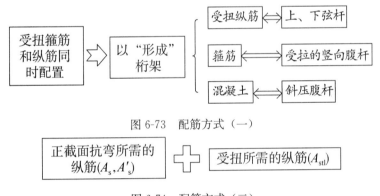

图 6-73　配筋方式（一）

图 6-74　配筋方式（二）

以上参见《混规》6.4.13 条

另外，为了防止发生少筋破坏，受扭纵筋的配筋率 ρ_{tl} 应不小于其最小配筋率 $\rho_{stl,min}$。最小配筋率的确定：参照纯扭构件受扭承载力和剪扭条件下不需进行承载力计算而仅按构造配筋的控制条件，以此为基础，结合大量的试验数据拟合后得到：

$$\rho_{tl} = \frac{A_{stl}}{bh} \geqslant \rho_{tl,min} = 0.6\sqrt{\frac{T}{Vb}}\frac{f_t}{f_y} \qquad 《混规》式（9.2.5）$$

其中 $\dfrac{T}{Vb} \leqslant 2$。

纵筋的布置方式如下：

➢ 在截面四角必须设置受扭纵筋，并沿截面周边对称布置；

➢ 受扭纵筋的间距不应大于 200mm 和梁的截面宽度；

➢ 当支座边作用有较大扭矩时，受扭纵向钢筋应按充分受拉锚固在支座内；

➤ 在弯剪扭构件中的布置如图 6-75 所示。

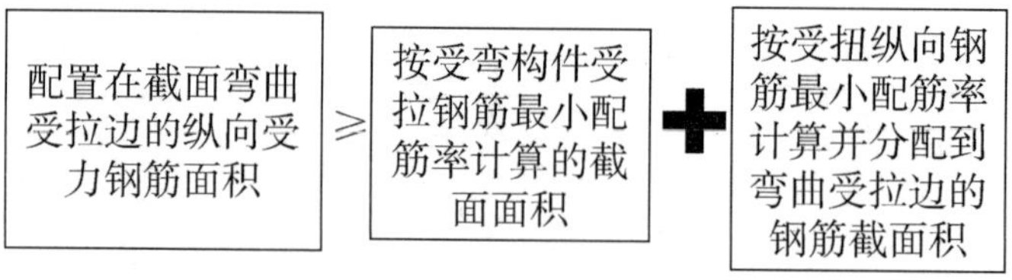

| 配置在截面弯曲受拉边的纵向受力钢筋面积 | ≥ | 按受弯构件受拉钢筋最小配筋率计算的截面面积 | **＋** | 按受扭纵向钢筋最小配筋率计算并分配到弯曲受拉边的钢筋截面积 |

图 6-75　纵筋在弯剪扭构件中的布置

以上参见《混规》9.2.5 条、《高规》6.3.4 条

箍筋包括两部分，如图 6-76 所示。

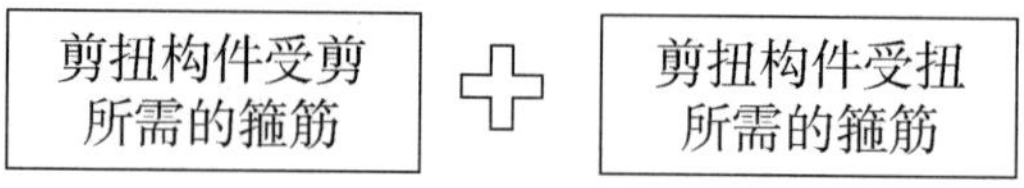

| 剪扭构件受剪所需的箍筋 | ＋ | 剪扭构件受扭所需的箍筋 |

图 6-76　箍筋

为了防止发生少筋破坏，箍筋的配筋率 ρ_{sv} 不应小于 $0.28 f_t / f_{yv}$，即

$$\rho_{sv} = \frac{nA_{sv1}}{bs} \geqslant 0.28 \frac{f_t}{f_{yv}} \qquad 《高规》式(6.3.4\text{-}2)$$

对于箱形截面，《混规》式（9.2.5）和《高规》式（6.3.4-2）中的 b 均应以 b_h 代替。

以上参见《混规》6.4.13 条和 9.2.10 条、《高规》6.3.4 条

箍筋的布置方式如下：

➤ 受扭所需的箍筋应做成封闭式，且应沿截面周边布置；

➤ 当采用复合箍时，位于截面内部的箍筋不应计入受扭所需的截面面积；

➤ 受扭所需箍筋的末端应做成 135°弯钩，弯钩平直段长度不应小于 $10d$，d 为箍筋直径。

以上弯剪扭构件的配筋计算步骤，小结如图 6-77 所示。

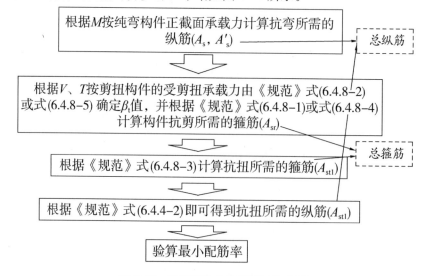

图 6-77　弯剪扭构件的配筋计算步骤

注意

有三个特殊情况需要特殊处理：

（1）当 $V \leqslant 0.35 f_t bh_0$ 或 $V \leqslant 0.875 f_t bh_0 / （\lambda + 1）$ 时

可忽略剪力的作用，仅按受弯构件的正截面受弯承载力和纯扭构件的受扭承载力分别进行计算。

（2）当 $T \leqslant 0.175 f_t W_t$ 或对于箱形截面 $T \leqslant 0.175 a_h f_t W_t$ 时

可忽略扭矩的作用，仅按受弯构件的正截面受弯承载力和斜截面受剪承载力分别进行计算。

（3）当符合下列条件时，可不进行构件受剪扭承载力的计算，只按以上最小配筋量的要求配置纵向受扭钢筋和受扭箍筋即可：

$$\frac{V}{bh_0} + \frac{T}{w_t} \leqslant 0.7 f_t \qquad 《混规》式(6.4.2-1)$$

或

$$\frac{V}{bh_0} + \frac{T}{w_t} \leqslant 0.7 f_t + 0.07 \frac{N}{bh_0} \qquad 《混规》式(6.4.2-2)$$

其中，$N \leqslant 0.3 f_c A$。

6.5 多类构件的钢筋构造要求

✳ 6.5.1 单向板肋梁楼盖部分

1. 框架梁与次梁交接部分的两个注意点

（1）框架梁与次梁交接处的截面有效高度（图 6-78）

梁截面的有效高度 $h_0 = h - a_s$，其中 a_s 为受拉钢筋合力点到混凝土外边缘的距离。

考虑支座处主梁和次梁的上部纵筋交叉重叠，会使主梁的负弯矩纵筋位置下移，梁的有效高度减小。如图 6-79 和图 6-80 所示。

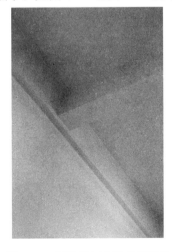

图 6-78 框架梁与次梁交接部分

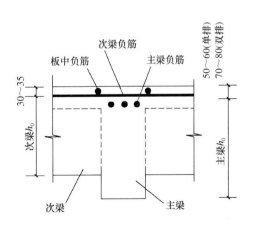

图 6-79 横梁和次梁的上部纵筋交叉重叠

图 6-80 板、次梁、主梁内负筋的位置（从上到下）（供图：毛爱通）

截面有效刚度 h_0 应取：

➤ 一层钢筋时：$h-$（50～60）mm；

➤ 二层钢筋时：$h-$（70～80）mm。

（2）附加横向钢筋

在框架横梁和次梁交接处，要布置附加横向钢筋，原因如图 6-81 所示。

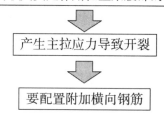

把集中荷载传递到顶部的受压区

图 6-81 附加横向钢筋的布置原因

横向附加钢筋形式为箍筋（优先采用）或附加吊筋，如图 6-82、图 6-83 所示。

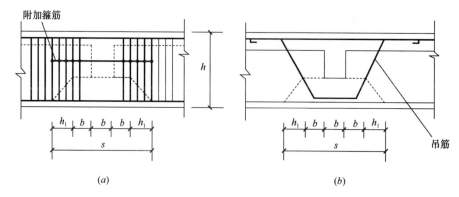

图 6-82 附加横向钢筋布置

（a）附加箍筋；（b）吊筋

根据已有的试验研究，箍筋所需的总截面面积按下式计算：

$$A_{sv} \geq \frac{F}{f_{yv}\sin a}$$

《混规》式(9.2.11)

式中　F——作用在梁的下部或梁截面高度范围内的集中荷载设计值；

　　　a——箍筋与梁轴线之间的夹角。布置范围：在长度 $s=2h_1+3b$ 的范围内；

　　　h_1——横梁高度减去次梁高度；

　　　b——次梁宽度。

图 6-83　附加箍筋（供图：葛华坤）

注意

（1）不允许用布置在集中荷载影响区内的受剪箍筋代替附加横向钢筋。

（2）当传入集中力的次梁宽度 b 过大时，宜适当减小由 $2h_1+3b$ 所确定的附加横向钢筋布置宽度。

（3）当两个次梁距离较近时，相当于有两个沿梁长度方向相互距离较小的集中荷载作用于梁高范围内，此时可能形成一个总的撕裂效应和撕裂破坏面。为此，可偏安全地在不减少两个集中荷载之间应配附加钢筋的同时，分别适当增大两个集中荷载作用点以外附加横向钢筋的数量。

以上参见《混规》9.2.11条

图 6-84　某板面负筋（供图：毛爱通）

2. 单向板的配筋有哪些构造要求？

（1）受力钢筋

包括板面负筋（图 6-84）和板底正筋两种。

板中受力钢筋的配筋构造如表 6-2 及图 6-85、图 6-86 所示。

板中受力钢筋配筋构造　　　　　　　　　　　　　表 6-2

钢筋种类	一般采用 HRB400 级和 HRB500 级
常用直径	6mm、8mm、10mm、12mm，负钢筋不少于 8mm
间距（过大的话对板的受力以及裂缝控制不利）	一般在 70~200mm 之间 板厚 $h \leq 150$mm 时，≤200mm 板厚 $h > 150$mm 时，≤1.5h，且不宜大于 250mm
钢筋弯钩	板底钢筋：半圆弯钩；上部负弯矩钢筋：直钩

图 6-85 受力钢筋的间距（供图：毛爱通）

图 6-86 注意板顶钢筋的直钩

以上参见《混规》9.1.3 条

配筋方式有两种：弯起式与分离式。后者目前最常用。但当板厚超过 120mm 且承受的动荷载较大时，不宜采用分离式配筋。

① 分离式配筋中的板底钢筋：

➢ 宜全部伸入支座，锚固长度≥钢筋直径的 5 倍，且宜伸过支座中心线（图 6-87）；

➢ 当连续板内温度、收缩应力较大时，伸入支座的长度宜适当增加。

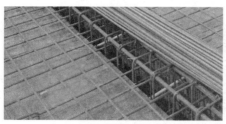

图 6-87 全部伸入支座的板底钢筋（供图：毛爱通）

以上参见《混规》9.1.4 条

② 分离式配筋中的支座负弯矩钢筋：

向跨内延伸的长度应根据负弯矩图来确定，并满足钢筋锚固的要求（图 6-88）。

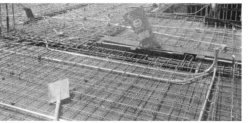

图 6-88   支座负弯矩钢筋（供图：毛爱通）

以上参见《混规》9.1.4 条

> **注意**
>
> 为方便施工，选择板内正、负钢筋时，一般宜使它们间距相同（图 6-89）而直径不同。但直径不宜多于两种。

（2）构造钢筋

包括三种：分布钢筋，板面构造钢筋，防裂构造钢筋。

1）分布钢筋

① 作用

➢ 浇筑混凝土时固定受力钢筋的位置；

➢ 承受混凝土收缩和温度变化所产生的内力；

图 6-89   间距相同的板内正、负钢筋

➢ 承受并分布板上局部荷载产生的内力；

➢ 对四边支撑板，可承受在计算时忽略的长跨方向弯矩。

② 构造要求

图 6-90   分布筋（竖向）的直径与间距

➢ 位置：与受力钢筋垂直，均匀布置于受力钢筋的内侧（图 6-90，图 6-91）。为什么要布置于内侧？

原因：为了让短跨方向的受力筋处于外侧（指的是更靠近混凝土的外边缘），以具有较大的截面有效高度。

➢ 常用 HRB335 和 HRB400 级钢筋，常用直径为 6mm、8mm。

➢ 间距：≤ 250mm。

➢ 单向板中单位长度上的分布钢筋，截面面积不宜小于单位宽度上受力钢筋截面面积的 15％，且不宜小于该方向板截面面积的 0.15％。

图 6-91　分布筋布置于受力钢筋的内侧

以上参见《混规》9.1.7 条

2）板面构造钢筋

与混凝土梁、墙整体浇筑或嵌固在砌体墙内的板，一般是按简支边或非受力边设计，但这只是理论上的简化，实际上会有一定的负弯矩，因此需要在板面上布置一些抵抗负弯矩的构造钢筋，称为板面构造钢筋。

① 构造要求

➢ 直径：≥8mm；

➢ 间距：≤200mm；

➢ 单位宽度内的配筋面积：≥跨中相应方向板底钢筋截面面积的 1/3；

➢ 钢筋从混凝土梁边、柱边伸入板内的长度不宜小于 $l_0/4$，其中 l_0 为计算跨度，对单向板按受力方向考虑；

➢ 钢筋应在梁内、墙内或柱内可靠锚固。

② 具体位置

➢ 板的长边方向靠近框架主梁的区域。连续单向板的短边方向是主要受力方向，长边方向受力很小，但在靠近框架主梁的区域仍存在一定的负弯矩。因此需要布置板面构造筋，如图 6-92、图 6-93 所示。

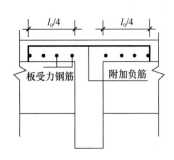

图 6-92　与框架主梁垂直的附加负弯矩钢筋

图 6-93　与横梁垂直的附加负筋实例（供图：毛爱通）

➤ 在楼盖的端部，理论上一般也认为是铰接的，但实际上存在一定的负弯矩，需要布置板面构造筋（图 6-94，图 6-95）。

图 6-94　某工程的板面构造钢筋（供图：毛爱通）

➤ 钢筋截面面积不宜小于受力方向跨中板底钢筋截面面积的 1/3（对应于单向板的非受力方向）。

➤ 在楼板角部，同理，宜沿两个方向正交、斜向平行或放射状布置附加钢筋（图6-96）。

图 6-95　锚固（供图：毛爱通）　　　　图 6-96　楼板角部的放射状
附加钢筋（供图：吕滔滔）

以上参见《混规》9.1.6条

注意

以上两种构造筋都是为了处理计算假定与现实的差异。充分说明了不能"重计算、轻构造"。

3）防裂构造钢筋（局部布置）

➤ 布置在温度、收缩应力较大，且未配钢筋或配筋不足的区域。因为受力钢筋和分布钢筋也可以起到一定的抵抗温度、收缩应力的作用。

➤ 防裂构造钢筋以钢筋网的形式在板上、下表面双向布置。

> 根据工程经验，单向配筋率均不宜小于 0.1％，间距不宜大于 200mm。

> 可利用原有钢筋贯通布置，也可以单独布置，此时按受拉钢筋的要求进行搭接或锚固。

> 在板的洞边、凹角、蜂腰等部位容易产生应力集中，宜加配防裂构造钢筋，并采取可靠的锚固措施。

以上参见《混规》9.1.8 条

单向板的构造钢筋如图 6-97 所示。

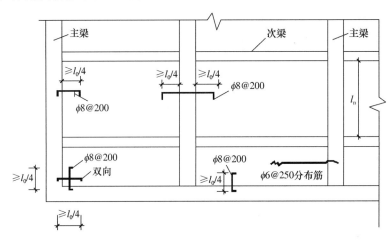

图 6-97　板的构造钢筋示例

注意

当板厚不小于 150mm 时，为保证柱支撑板或悬臂楼板自由边端部的受力性能，参考国外标准的做法，对板的无支撑边的端部：

（1）应设置 U 形构造钢筋并与板顶、板底的钢筋搭接，搭接长度不宜小于 U 形构造钢筋直径的 1.5 倍且不宜小于 200mm；

（2）也可采用板面、板底钢筋分别向下、上弯折搭接的形式，对楼板的端面加以封闭。

以上参见《混规》9.1.10 条

注：本小节的配筋构造要求，除（2）条 1）款之外，都适用于下面的双向板。

说　明

板内的钢筋在施工时是如何实现竖向定位的？

通过模板上的小垫块来确保板底钢筋的保护层厚度，然后通过马镫筋的布置来确定板顶钢筋的竖向高度。（图 6-98，图 6-99）

图 6-98　小垫块和马镫筋（供图：毛爱通）　　　　　　　　　图 6-99　小垫块

✳ 6.5.2　双向板肋梁楼盖部分

1. 钢筋布置及截面有效高度

考虑到短跨方向的弯矩较大，应将短跨方向的跨中钢筋放在长跨方向跨中钢筋的外侧（指的是更靠近混凝土的外边缘），以具有较大的截面有效高度（图 6-100）。

截面有效高度：

- ➤ 短跨方向：$h_{01} = h - 20\text{mm}$；
- ➤ 长跨方向：$h_{02} = h - 30\text{mm}$。

图 6-100　短跨方向的跨中钢筋放在长跨方向跨中钢筋的外侧（供图：毛爱通）

2. 配筋形式

配筋形式与单向板类似，有弯起式和分离式。目前主要采用的是分离式配筋。

（1）按弹性理论方法设计时

① 抵抗正弯矩的钢筋，可按下述方法配置：

① 对中间板带：按跨中最大正弯矩求得单位板宽内的钢筋数量均匀布置；

② 对边缘板带：按中间板带单位板宽内的钢筋数量一半均匀布置。

支座上的负弯矩钢筋，按计算值沿支座均匀布置，不减少。

受力钢筋的直径、间距、弯起和切断位置等，与单向板的规定相同。

对负弯矩钢筋在支座处伸入长度的要求：

实践发现，如果负弯矩钢筋在支座处的伸入长度不够，同时双向板承受的活荷载相对比较大，那么当棋盘形间隔布置活荷载时，没有活荷载的区格有可能会发生图101所示的破坏，这种破坏称为"向上的幂式破坏"。

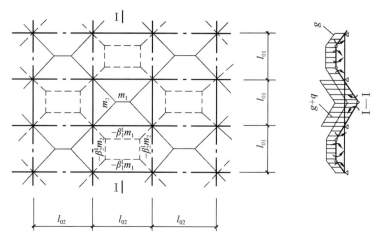

图6-101 双向板向上的幂式破坏机构

图6-101中斜向虚线代表负的塑性铰线，而矩形框线仅为破裂线，并非负塑性铰线，因为此处已无负钢筋承受弯矩。为了避免这种破坏，要求：支座负弯矩钢筋伸入长度$\geqslant l_{01}/4$（短边方向）。（图6-102）

图6-102 某双向板楼盖支座上的负弯矩钢筋（注意伸入长度）

（2）按塑性铰线法设计时

① 配筋应符合关于塑性铰线位置的计算假定；

② 跨中正弯矩钢筋可以全板均匀布置，也可以同上分中间板带和边缘板带，分别配筋；

支座负弯矩钢筋沿支座均匀布置（图6-103）。

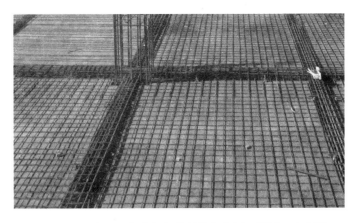

图6-103　正弯矩和负弯矩钢筋的均匀布置（供图：宋本腾）

✳ 6.5.3　不与框架柱相连的次梁

无论是单向板肋梁楼盖，还是双向板肋梁楼盖，其中不与框架柱相连的次梁（图6-104），都可认为不参与抗震，所以可按非抗震设计。

图6-104　不与框架柱相连的次梁

也就是说，梁端箍筋不需要按抗震要求加密，仅需满足抗剪强度的要求，其间距也可按非抗震构件的要求确定；箍筋无需弯135°钩，90°钩即可；纵筋的锚固、搭接等都可按非抗震要求。

对于一端与框架柱相连、另一端与梁相连的次梁，与框架柱相连端应按抗震设计，其要求与框架梁相同，另一端则可按非抗震设计来确定构造要求。

以上参见《高规》6.1.8条

✸ 6.5.4 无梁楼盖的钢筋构造要求

1. 板的配筋

（1）根据柱上和跨中板带截面弯矩算得的钢筋，可沿纵、横两个方向均匀布置于各自的板带上；

（2）钢筋的直径和间距与一般双向板的要求相同；

（3）对于承受负弯矩的钢筋，其直径不宜小于 12mm，以保证施工时具有一定的刚性；

（4）为减少钢筋类型，并便于施工，可采用一端弯起式配筋；

（5）钢筋弯起和截断点的位置需满足构造要求；

（6）当板厚≥150mm 时，对板的无支撑边的端部，也应按《混规》9.1.10 条的规定处理。

2. 柱帽及周边平板的配筋

（1）不同类型柱帽的一般配筋构造要求

如图 6-105 所示。

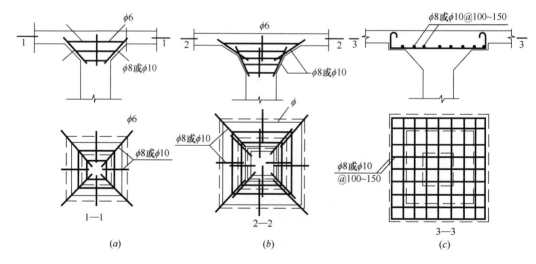

图 6-105　柱帽的一般配筋构造

（2）柱帽边缘处平板的配筋

该处配筋应根据抗冲切承载力确定，包括箍筋和弯起钢筋的配置。

1）箍筋

① 按计算所需的箍筋及相应的架立钢筋应配置在与 45°冲切破坏锥面相交的范围内，且从集中荷载作用面或柱截面边缘向外的分布长度≥ $1.5h_0$；

② 箍筋直径≥6mm，且应做成封闭式；

③ 间距$\leq h_0/3$，且$\leq 100\text{mm}$。

2）弯起钢筋

① 按计算所需弯起钢筋的弯起角度可根据板厚不同在$30°\sim45°$之间选取；

② 弯起钢筋的倾斜段应与冲切破坏斜截面相交，交点应在离集中反力作用面积周边以外$h/2\sim2h/3$的范围内；

③ 直径$\geq 12\text{mm}$，每一方向≥ 3根。

以上参见《混规》9.1.11 条

✦ 6.5.5 吊车梁的钢筋构造要求

详见二维码链接 6-13。

6.6 厂房柱的牛腿设计

✦ 6.6.1 分类

牛腿（图 6-106）可分为两大类：

（1）短牛腿（$a\leq h_0$）：可看作是变截面深梁；

（2）长牛腿（$a>h_0$）：可看作是悬臂梁。

其中：

h_0为牛腿与下柱交接处的竖直截面的有效高度；a为竖向力F_v作用点至下柱边缘的距离。

图 6-106 牛腿

✦ 6.6.2 短牛腿的试验研究及破坏形态

详见二维码链接 6-14。

✦ 6.6.3 牛腿设计

1. 牛腿尺寸的确定

（1）牛腿总高 h 的确定

h 以斜截面抗裂度为控制条件，通过截面有效高度 h_0 来间接地确定。

以上参见《混规》9.3.10 条

h_0 和 h 的关系为：

$$h_0 = h - a_s \tag{6-18}$$

h_0 可根据下式确定：

$$F_{vk} \leqslant \beta \left(1 - 0.5 \frac{F_{hk}}{F_{vk}}\right) \frac{f_{tk}bh_0}{0.5 + \dfrac{a}{h_0}}$$ 　　《混规》式（9.3.10）

式中　F_{hk}——作用于牛腿顶面的按荷载标准组合计算的水平拉力值；

　　　　F_{vk}——作用于牛腿顶面按荷载标准组合计算的竖向力值；

　　　　β——裂缝控制系数，需疲劳验算时，$\beta=0.65$；其他牛腿，$\beta=0.8$；

　　　　a——竖向力的作用点到下柱边缘的水平距离。

（2）牛腿上部高 h_1 的确定

根据《混规》图 9.3.10，可知 h_1 和 h 的关系为：$h = h_1 + c \cdot \tan\alpha$。其中 h_1 应满足不小于 $h/3$，且不小于 200mm。同时，α 应 $\leqslant 45°$。

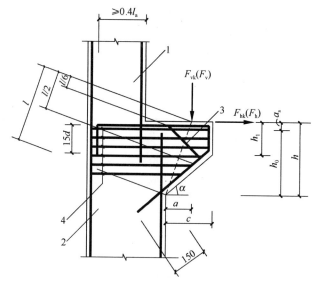

《混规》图 9.3.10　牛腿的外形及钢筋配置（mm）
1—上柱；2—下注；3—弯起钢筋；4—水平箍筋

注意

如果吊车梁在牛腿上的底面尺寸 A 不满足 $F_{vk}/A \leqslant 0.75 f_c$，需要提高牛腿混凝土的强度等级，或设置钢筋网片等。

　　　　　　　　　　　　　　　　　　　　　　以上参见《混规》9.3.10 条

2. 承载力计算

牛腿在吊车所产生的竖向荷载和水平荷载作用下，显然是上表面受拉，下部受压。经过简化，计算简图为"以水平纵向钢筋为拉杆，以混凝土斜撑为压杆的三角桁架"。

所谓混凝土斜撑，对应的是竖向力作用点与牛腿根部之间的混凝土。虽然混凝土自身的强度可以提供抗压能力，但显然也需要配钢筋来帮助抗压、增强延性。因此，综合上表面抗拉和下部抗压的需要，钢筋的布置形态应当如《混规》图 9.3.10 所示。**即：钢筋布置时应平行于牛腿顶面，直通至牛腿外边缘，再沿斜边下弯。这部分钢筋称为纵筋。**

所需纵筋的面积 A_s 的确定:

根据《混规》图 9.3.10,对牛腿的根部点 A 取矩,由 $\sum M_A = 0$ 得:

$$f_y A_s z = F_v a + F_h (z + a_s) \qquad (6-19)$$

若近似取 $z = 0.85h_0$,得:

$$A_s = \frac{F_v a}{0.85 f_y h_0} + \left(1 + \frac{a_s}{0.85 h_0}\right)\frac{F_h}{f_y} \qquad 《混规》式(9.3.11)$$

式中　F_v——牛腿顶面竖向力设计值;

　　　F_h——牛腿顶面水平力设计值。

当 $a < 0.3h_0$,取 $a = 0.3h_0$;上式中的 $\left(1 + \frac{a_s}{0.85 h_0}\right)$ 近似等于 1.2,可得:

$$A_s = \frac{F_v a}{0.85 f_y h_0} + 1.2\frac{F_h}{f_y} \qquad (6-20)$$

以上参见《混规》9.3.11 条

综上可见,位于牛腿顶部的水平纵向钢筋包括两部分:

➢ 承受竖向力的抗弯钢筋;

➢ 承受水平拉力的抗拉锚筋。

3. 对纵筋有哪些构造要求?

(1) 沿牛腿顶部配置的纵筋,考虑到需承受动力荷载,宜采用延性较好的 HRB400 或 HRB500 级热轧带肋钢筋。

(2) 承受竖向力所需的纵筋的配筋率 $\geqslant 0.2\%$ 及 $0.45 f_t / f_y$,也不宜大于 0.6%。

(3) 钢筋数量不宜少于 4 根直径 12mm 的钢筋。

(4) 锚固方式是一端沿牛腿下边缘下弯,伸入下柱内 150mm 后截断,另一端伸入上柱内,并有足够的锚固长度。当采用直线锚固时,不应小于普通受拉钢筋的锚固长度 l_a;当上柱尺寸不足时,钢筋可弯折,此时应符合《混规》9.3.4 条梁上部钢筋在框架中间层端节点中带 90°弯折的锚固规定(此时锚固长度应从上柱内边算起)。

(5) 当牛腿设于上柱柱顶时,为了保证牛腿顶面受拉钢筋与柱外侧纵筋的可靠传力,宜将牛腿对边的柱外侧纵筋沿柱顶水平弯入牛腿,作为牛腿纵向受拉钢筋使用。当牛腿顶面纵向受拉钢筋与牛腿对边的柱外侧纵筋分开配置时,牛腿顶面纵向受拉钢筋应弯入柱外侧,并应符合有关钢筋搭接(参见 6.1.7 节)的规定。

以上参见《混规》9.3.12 条

注意

牛腿作为梁式结构,除了受弯之外,还受剪力的作用。但由于斜裂缝控制条件比斜截面受剪承载力条件严格,所以在满足《混规》式(9.3.10)之后,一般不再要求进行牛腿的斜截面受剪承载力计算,只需按构造要求配置水平箍筋或弯起钢筋。

---

4. 对水平箍筋有哪些构造要求?

水平箍筋的主要作用是减少牛腿中出现斜裂缝的可能性。具体要求如下:

（1）直径：宜为 6～12mm；

（2）间距：宜为 100～150mm；

（3）上部 $2h_0/3$ 范围内的水平箍筋总截面面积：不应小于承受竖向力的水平纵筋截面面积的 1/2。

以上参见《混规》9.3.13 条

5. 对弯起钢筋有哪些构造要求？

根据工程界的传统做法，当牛腿的剪跨比 $\geqslant 0.3$（$a/h_0 \geqslant 0.3$）时，宜设置弯起钢筋。但试验表明，弯起钢筋对提高牛腿的受剪承载力和减少斜向开裂的可能性都不起明显作用，因此不需要配置太多。具体要求如下：

（1）级别：宜采用 HR400 或 HRB500 级；

（2）不宜少于 2 根直径 12mm 的钢筋；

（3）截面积：不宜小于承受竖向力的受拉钢筋截面面积的 1/2；

（4）弯起钢筋与集中荷载作用点到牛腿斜边下端点连线的交点应位于牛腿上部 $l/6 \sim l/2$ 之间的范围内，l 为该连线的长度；

注：纵向受拉钢筋不得兼做弯起钢筋。

以上参见《混规》9.3.13 条

6. 特殊情况

在地震组合的竖向力和水平拉力作用下，支撑不等高厂房低跨屋面梁、屋架等屋盖结构的牛腿，尚应符合下列要求：

（1）承受水平拉力的锚筋：

➤ 一级抗震等级：不应少于 2 根直径 16mm 的钢筋；

➤ 二级抗震等级：不应少于 2 根直径 14mm 的钢筋；

➤ 三、四级抗震等级：不应少于 2 根直径 12mm 的钢筋。

（2）牛腿中的纵向受拉钢筋和锚筋的锚固措施及锚固长度应符合《混规》9.3.12 条的有关规定，但其中的受拉钢筋锚固长度 l_a 应以 l_{aE} 代替。

（3）牛腿水平箍筋的最小直径为 8mm，最大间距为 100mm。

以上参见《混规》11.5.4 条

6.7 本 章 小 结

本章主要介绍了混凝土结构中梁式构件（梁、板、牛腿）的受力分析及设计方法。注意：

（1）如果考虑抗震，框架梁的截面尺寸应符合：

① 截面宽度：不宜小于 200mm。

② 截面高度与宽度的比值：不宜大于 4。

目的是保证框架梁对框架节点的约束作用，并减小框架梁塑性铰区段在反复受力下侧屈的风险。

③ 净跨与截面高度的比值：不宜小于 4。根据研究发现，如果梁的净跨与截面高度的比值＜4，作用剪力与作用弯矩的比值偏高，适应较大塑性变形的能力较差。

以上参见《混规》11.3.5 条

（2）对于结构中次要的钢筋混凝土受弯构件：当构造所需截面高度远大于承载的需求时，参照国内外有关规范的规定，其纵向受拉钢筋的配筋率可按《混规》式（8.5.3-1）和式（8.5.3-2）计算。

（3）对于悬臂梁（图 6-107）：由于剪力较大且全长承受负弯矩，"斜弯作用"及"沿筋劈裂"引起的受力状态更为不利。试验表明，在所受剪力较大的悬臂梁内，临界斜裂缝的倾角明显较小。为了保证安全，应：

① 有不少于 2 根上部钢筋伸至悬臂梁外端，并向下弯折≥$12d$；

② 其余钢筋不应在梁的上部截断，而应按弯矩图（《混规》9.2.8 条规定的弯起点位置）分批向下弯折，并按《混规》9.2.7 条的规定在梁的下边锚固。

图 6-107　悬臂梁

以上参见《混规》9.2.4 条

（4）对于支撑在砌体结构上的独立梁（图 6-108）：应在纵筋的锚固长度范围内配置箍筋，具体要求见《混规》9.2.2 条 3。

（5）对于深梁（图 6-109）：设计应符合《混规》附录 G 的规定。

图 6-108　支撑在砌体结构上的独立梁

图 6-109　深梁

（6）对于折梁（图 6-110）：

① 对受拉区有内折角的梁，梁底的纵向受拉钢筋应伸至对边并在受压区锚固。受压

图 6-110　折梁

区的范围可按计算的实际受压区高度确定。直线锚固应符合《混规》8.3 节钢筋锚固的规定；弯折锚固则参考《混规》9.3 节点内弯折锚固的做法。

② 应在内折角处增设箍筋。箍筋的设置要求详见《混规》9.2.12 条。

（7）对于卧置于地基上的混凝土板（图 6-111）：板中受拉钢筋的最小配筋率可适当降低，但不应小于 0.15%。

图 6-111　卧置于地基上的混凝土板

以上参见《混规》8.5.2 条

（8）厚度大于 2m 的混凝土厚板及卧置于地基上的基础筏板（图 6-112）：为了减少大体积混凝土中温度-收缩的影响，提高抗剪能力，应：

① 沿板的上、下表面布置纵、横向钢筋；

② 宜在板厚度不超过 1m 范围内设置与板面平行的构造钢筋网片，网片钢筋直径不宜小于 12mm，纵横方向的间距不宜大于 300mm。

图 6-112　基础筏板（供图：张强）

以上参见《混规》9.1.9 条

第7章 柱子的受力分析及安全性设计

7.1 框架柱的受力分析及安全性设计

根据第 4 章的分析可知，框架柱（图 7-1）可能受多种内力工况作用，最普遍的情况是受轴力（压力或拉力）、弯矩、剪力的作用。

图 7-1 框架柱

当结构上所受的水平力较小时，柱内的剪力可能较小，不用专门分析。另外，柱子还可能受到扭矩的作用。因此，下面将遵循从简单到复杂的原则，分六种内力情况介绍框架柱的性能分析及设计方法：

（1）压弯作用的情况（水平力较小时，背风面的框架柱）：见 7.1.2 节。

此时还需要考虑在垂直弯矩平面的纯压作用，见 7.1.3 节。

（2）压弯剪的情况（水平力较大时，背风面的框架柱）：见 7.1.4 节。

（3）压弯剪扭的情况：见 7.1.5 节。

（4）拉弯作用的情况（水平力较小时，迎风面的框架柱）：见 7.1.6 节。

（5）拉弯剪的情况（水平力较大时，迎风面的框架柱）：见 7.1.7 节。

（6）拉弯剪扭的情况：见 7.1.8 节。

在此之前，先介绍几个有关柱子的基本概念和参数：

✴ 7.1.1 有关柱子的基本概念和参数

1. 柱内基本配筋——纵筋和箍筋（图 7-2，图 7-3）

（1）纵筋的主要作用是什么？

① 提高柱的承载力；

② 减小柱的截面尺寸；

③ 改善破坏时柱的延性；

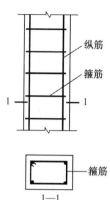

图 7-2 柱内纵筋和箍筋（供图：毛爱通）

图 7-3 配有纵
筋和箍筋的柱

④ 减小混凝土的徐变变形。

（2）箍筋的主要作用是什么？

① 架立纵筋，与纵筋形成骨架；

② 防止纵筋受力后外凸；

③ 承担剪力和扭矩；

④ 与纵筋一起形成对芯部混凝土的围箍约束。

以上参见《混规》9.3.2条

2. 纵筋的最小配筋率

为了避免柱子内的混凝土突然压溃，确保必要的刚度和抵抗偶然偏心作用的能力，对柱子有"最小配筋率"的要求。具体数值见第6章内已出现过的《混规》表8.5.1。

3. 轴压比

轴压比指：柱组合的轴压力设计值与柱的全截面面积和混凝土轴心抗压强度设计值乘积之比值。定义式：

$$\mu_N = \frac{N}{f_c A} \qquad (7\text{-}1)$$

定义轴压比的主要目的是为了保证柱的塑性变形能力，以及保证框架的抗倒塌能力。具体在后面介绍。

4. 箍筋的"配箍特征值"

框架柱的弹塑性变形能力，主要与柱的轴压比和箍筋对混凝土的约束程度有关。为了具有大体上相同的变形能力，轴压比大的柱，要求的箍筋约束程度高。

箍筋对混凝土的约束程度，主要与箍筋形式、体积配箍率、箍筋抗拉强度以及混凝土轴心抗压强度等因素有关，而体积配箍率、箍筋强度及混凝土强度三者的共同影响，可以用配箍特征值表示。

配箍特征值相同时，螺旋箍、复合螺旋箍及连续复合螺旋箍的约束程度，比普通箍和复合箍对混凝土的约束更好。

5. 框架柱的计算长度

确定计算长度需考虑的因素如图 7-4 所示。

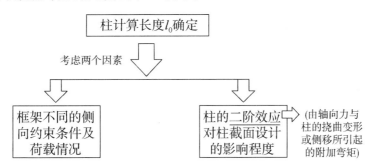

图 7-4　确定计算长度需考虑的因素

对于一般的框架柱，计算长度 l_0 取值如下：

(1) 现浇楼盖：底层柱 $l_0=1.0H$；其他层柱 $l_0=1.25H$；

(2) 装配式楼盖：底层柱 $l_0=1.25H$；其他层柱　$l_0=1.5H$。

其中，H 为底层柱从基础顶面到一层楼盖顶面的高度；对其余各层柱为上下两层楼盖顶面之间的高度。

以上参见《混规》表 6.2.20-2

✴ 7.1.2　压弯共同作用(偏心受压) 的情况

偏心受压构件受力位置如图 7-5 所示。

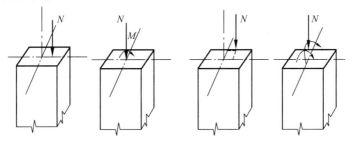

图 7-5　偏心受压构件受力位置示意

首先，要区分短柱和长柱分别进行研究。区分的标准："偏心受压荷载引起的纵向弯曲（挠曲）"是否可以忽略。

1. 偏心受压短柱的破坏形态

详见二维码链接 7-1。

2. 偏心受压长柱的破坏类型

详见二维码链接 7-2。

3. P-Δ 效应

详见二维码链接 7-3。

> **注意**
>
> 根据第 4 章的内力分析，框架柱其实一般都属于柱端弯矩异号的情况，不用考虑 $P\text{-}\Delta$ 效应。

4. 正截面受压承载力的计算——矩形截面

详见二维码链接 7-4。

5. 对称配筋矩形截面的情况

在实际工程中，大多采用对称配筋。原因如图 7-6 所示。抗震设计时，宜采用对称配筋（图 7-7）。

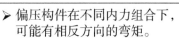

图 7-6 采用对称配筋的原因

图 7-7 对称配筋的框架柱

以上参见《高规》6.4.4 条第 1 款

（1）截面设计

对称配筋时，$A_s = A'_s$。

1）大偏心受压构件的计算

根据大偏压时的基本方程 1（参见 7.1.2 节第 1 条）可得：

$$x = \frac{N}{\alpha_1 f_c b} \tag{7-2}$$

然后根据结果分三种情况处理：

① 若 $2a'_s < x < x_b$，则代入大偏压时的基本方程 2（参见 7.1.2 节第 1 条）可得：

$$A_s = A'_s = \frac{Ne - \alpha_1 f_c bx \left(h_0 - \dfrac{x}{2}\right)}{f'_y(h_0 - a'_s)} \tag{7-3}$$

② 若 $x < 2a'_s$，可按不对称配筋计算方法一样处理，即取 $x = 2a'_s$；

③ 若 $x > x_b$（也即 $\xi > \xi_b$），则认为受拉筋 A_s 达不到受拉屈服强度，属于"受压破坏"情况，就不能用大偏心受压的公式进行配筋计算。此时要用小偏心受压公式进行计算。

2）小偏心受压构件的计算

因为 $A_s = A'_s$，所以基本未知量少了一个，两个方程两个未知量，可以利用基本方程直接求解。得到有关 x 的方程如下：

$$Ne\left(\frac{\xi_b - \xi}{\xi_b - \beta_1}\right) = a_1 f_c bh_0^2 \xi\left(1 - \frac{\xi}{2}\right)\left(\frac{\xi_b - \xi}{\xi_b - \beta_1}\right) + (N - a_1 f_c bh_0 \xi) \cdot (h_0 - a'_s) \quad (7\text{-}4)$$

该方程可以直接求出 x，然后根据力矩平衡式可得到配筋面积 A_s（A'_s）。

但这样做的话需要求解一个三次方程，手算时不方便。为此，有个近似方法，直接给出：

$$\xi = \frac{N - \xi_b a_1 f_c bh_0}{\dfrac{Ne - 0.43 a_1 f_c bh_0^2}{(\beta_1 - \xi_b)(h_0 - a'_s)} + a_1 f_c bh_0} + \xi_b \qquad 《混规》式(6.2.17\text{-}8)$$

$$A_s = A'_s = \frac{Ne - a_1 f_c bh_0^2 \xi(1 - 0.5\xi)}{f'_y(h_0 - a'_s)} \qquad 《混规》式(6.2.17\text{-}7)$$

以上参见《混规》6.2.17 条第 4 款

（2）截面复核

可按不对称配筋的截面复核方法进行验算，但取 $A_s = A'_s$。

> **注意**
>
> 对称配筋时，同样地，无论是截面设计还是复核，最后都要按轴心受压构件验算垂直于弯矩作用平面的受压承载力。

6. I 形截面对称配筋构件的承载力计算

详见二维码链接 7-5。

7. 正截面承载力 $N_u\text{-}M_u$ 的相关曲线

详见二维码链接 7-6。

8. 对于沿截面腹部均匀配置纵向普通钢筋的矩形、T 形或 I 形截面钢筋混凝土偏心受压构件

其正截面受压承载力如果按照以上方法计算的话，也可以，但计算公式比较繁琐，不便于设计应用。为此，根据现有研究，给出了两个简化计算公式［《混规》式(6.2.19-1)和式(6.2.19-2)］。分析表明，这两个简化计算公式的结果与一般方法精确计算的结果相比误差不大，但可使得计算工作量显著减少。

以上参见《混规》6.2.19 条

✴ **7.1.3　纯压作用的情况**

偏心受压构件在垂直弯矩的平面内往往是受纯压作用的，因此需要考虑纯压作用的情况。

1. 正截面受压承载力计算

由于荷载作用位置的不准确性以及施工时不可避免的尺寸误差等原因，实际工程中很

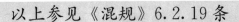

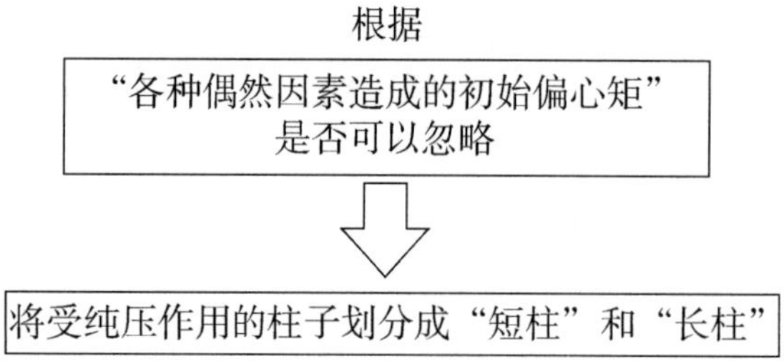

根据

"各种偶然因素造成的初始偏心矩"
是否可以忽略

⬇

将受纯压作用的柱子划分成"短柱"和"长柱"

图 7-8　进一步的分析

难有真正轴心受压的情况，各种偶然因素会造成外荷载的等效作用线相对构件的轴线具有一定的"初始偏心矩"。

➢ 如果构件比较短，一般可以忽略这种初始偏心矩的影响；

➢ 但如果构件比较长，则一般需要考虑这种初始偏心距的影响。因此需要进一步分析，如图 7-8 所示。

注意

为了防止脆性的剪切破坏，目前混凝土结构中的柱子基本上都属于长柱。

（1）受力分析和破坏形态

对于长柱，各种偶然因素造成的初始偏心矩的影响不可忽略，如图 7-9 所示。最终相互影响的结果，使得长柱在轴力和弯矩的共同作用下发生破坏。破坏时的特征如图 7-10 所示。试验表明，长柱的破坏荷载低于其他条件相同的短柱破坏荷载。且长细比越大，承载能力降低越多。其原因如图 7-11 所示。

➢ 加载后

➢ 随着荷载的增加

附加弯矩和侧向挠度 ⬆⇨ 长柱在**轴力和弯矩的共同作用下发生破坏**

图 7-9　初始偏心矩的影响

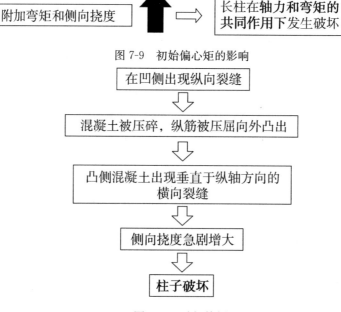

图 7-10　破坏特征

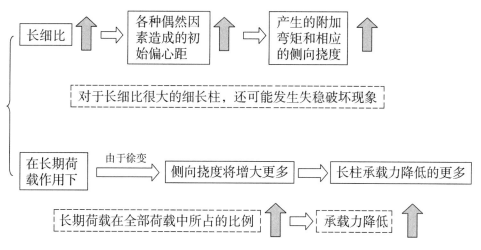

图 7-11　长细比越大，承载能力降低越多的原因

可采用"稳定系数 φ"来表示长柱承载力的降低程度：

$$\varphi = \frac{N'_u}{N^s_u} \tag{7-5}$$

试验表明：稳定系数 φ 主要与构件的长细比有关。基于经验公式，最终采用的 φ 值见《混规》表 6.2.15。

《混规》表 6.2.15　钢筋混凝土构件的稳定系数

l_c/b	l_c/d	l_c/i	φ	l_c/b	l_c/d	l_c/i	φ
≤8	≤7	≤28	≤1.00	30	26	104	0.52
10	8.5	35	0.98	32	28	111	0.48
12	10.5	42	0.95	34	29.5	118	0.44
14	12	48	0.92	36	31	125	0.40
16	14	55	0.87	38	33	132	0.36
18	15.5	62	0.81	40	34.5	139	0.32
20	17	69	0.75	42	36.5	146	0.29
22	19	76	0.70	44	38	153	0.26
24	21	83	0.65	46	40	160	0.23
26	22.45	90	0.60	48	41.5	167	0.21
28	24	97	0.56	50	43	174	0.19

注：1. 对于长细比 l_c/b 较大的构件：考虑到荷载初始偏心和长期荷载作用对构件承载力的不利影响较大，φ 的取值比经验公式的结果还要小一点，以保证安全；

2. 对于长细比 l_c/b 小于 20 的构件：考虑过去的使用经验，φ 的取值略微太高了一些。

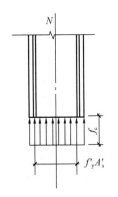
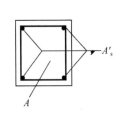

图 7-12　普通箍筋柱正截面受压
承载力计算简图

（2）承载力计算公式

基于计算简图（图 7-12），考虑长柱的承载力降低和可靠度的调整因素后，给出的承载力计算公式如下：

$$N_u = 0.9\phi(f_c A + f'_y A'_s)$$

《混规》式(6.2.15)

其中，0.9 是可靠度调整系数（为了使纯压与偏压构件的正截面承载力具有相近的可靠度）。注意，当纵筋配筋率超过 3% 时，上式中的 A 应改用（$A - A'_s$），以考虑钢筋的体积影响。

以上参见《混规》6.2.15 条

以上介绍的柱子属于普通的配筋情况，如果要进一步增强承受纯压作用的能力，可以将所配的箍筋样式换成螺旋式或焊接环式。如下所述。

2. 配有螺旋箍筋（或焊接环筋）时的正截面受压承载力计算

焊接环筋柱的形式如图 7-13 所示。正截面受压承载力计算详见二维码链接 7-7。

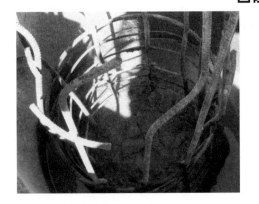

图 7-13　柱内焊接环筋

3. 注意点

（1）双向偏压。有一种特殊情况——在截面上两个相互垂直的方向均有偏心受压。

工程背景比如框架结构的角柱（图 7-14）。此时可按《混规》6.2.21 条给出的方法进行计算。

（2）根据 2015 年 8 月 20 日审查通过的《混凝土结构设计规范》局部修订稿，对轴心受压构件，当采用 HRB500、HRBF500 钢筋时，钢筋的抗压强度设计值应取为 400N/mm²。

图 7-14　角柱

✳ 7.1.4 压力、弯矩、剪力作用的情况

根据第 4 章的框架结构内力分析可知，对框架柱除了要考虑压力和弯矩之外，还需要考虑剪力的同时作用。此时对正截面按照压弯作用的情况进行分析即可，只需增加对斜截面抗剪的分析，如下所述。

1. 轴向压力对构件斜截面受剪承载力的影响

详见二维码链接 7-8。

2. 偏心受压构件斜截面受剪承载力的计算公式

基于试验资料分析和可靠度计算，可直接给出矩形、T 形和 I 形截面偏心受压构件的斜截面受剪承载力计算公式：

$$V_u = \frac{1.75}{\lambda + 1.0} f_t b h_0 + f_{yv} \frac{A_{sv}}{s} h_0 + 0.07N \qquad 《混规》式(6.3.12)$$

注：（1）若符合下列公式的要求时，则可不进行斜截面受剪承载力计算，而仅需根据构造要求配置箍筋（见 7.1.10 节）。

$$V \leqslant \frac{1.75}{\lambda + 1.0} f_t b h_0 + 0.07N \qquad 《混规》式(6.3.13)$$

（2）构件的受剪截面尺寸尚应符合《混规》的有关规定。

以上参见《混规》6.3.12 条和 6.3.13 条

3. 双向受剪的情况（受斜向水平荷载作用）

已有的试验研究表明：矩形截面钢筋混凝土柱在双向受剪时的抗剪性能与单向受剪时有明显区别。基于国外的有关研究资料以及国内配置周边箍筋的双向受剪试件的试验结果，可以给出对受剪截面的要求（《混规》6.3.16 条）、受剪承载力计算公式（《混规》6.3.17 条）及其简化情况（《混规》6.3.18 条和 6.3.19 条）。

4. 考虑抗震时

（1）矩形截面框架柱按受剪要求提出的截面尺寸限制条件

应在非抗震限制条件的基础上考虑反复荷载影响后进行适当修正：

对剪跨比＞2 的框架柱

$$V_c \leqslant \frac{1}{\gamma_{RE}} (0.2\beta_c f_c b h_0) \qquad 《混规》式(11.4.6-1)$$

对剪跨比≤2 的框架柱

$$V_c \leqslant \frac{1}{\gamma_{RE}} (0.15\beta_c f_c b h_0) \qquad 《混规》式(11.4.6-2)$$

式中　λ——框架柱的计算剪跨比，按下式计算：

$$\lambda = M^c / (V^c h_0) \qquad 《高规》式(6.2.6-4)$$

M^c——柱端截面没有经过调整的组合弯矩计算值，可取柱上、下端的较大值；

V^c——柱端截面与组合弯矩计算值对应的组合剪力计算值；

h_0——柱截面计算方向有效高度。

以上参见《混规》11.4.6 条、《高规》6.2.6 条

（2）矩形截面框架柱斜截面受剪承载力

应保证柱在框架达到其罕遇地震变形状态时仍不发生剪切破坏，从而确保延性。具体方法是将非抗震受剪承载力计算公式中的混凝土项乘以 0.6，箍筋项则保持不变。如下式所示：

$$V_c \leqslant \frac{1}{\gamma_{RE}} \left[\frac{1.05}{\lambda+1} f_t b h_0 + f_{yv} \frac{A_{sv}}{s} h_0 + 0.056N \right] \qquad 《混规》式(11.4.7)$$

式中　λ——计算剪跨比。当 λ 小于 1.0 时，取 1.0；当 λ 大于 3.0 时，取 3.0；

　　　N——考虑地震组合的轴向压力设计值。当 N 大于 $0.3f_cA$ 时，取为 $0.3f_cA$。

以上参见《混规》11.4.7 条、《高规》6.2.8 条

（3）双向受剪框架柱

根据国内在低周反复荷载作用下的试验结果，对双向受剪承载力计算公式仍可采用在非抗震公式的基础上只对混凝土项进行折减、箍筋项不折减的做法。

考虑到计算方法的简洁，对于双向相关的影响，在承载力计算公式中仍采用椭圆形式表达。具体来说，对柱受剪截面的要求如下：

$$V_x \leqslant \frac{1}{\gamma_{RE}} 0.2 \beta_c f_c b h_0 \cos\theta \qquad 《混规》式(11.4.9-1)$$

$$V_y \leqslant \frac{1}{\gamma_{RE}} 0.2 \beta_c f_c b h_0 \sin\theta \qquad 《混规》式(11.4.9-2)$$

式中　V_x——x 轴方向的剪力设计值；

　　　V_y——y 轴方向的剪力设计值；

　　　θ——斜向剪力设计值 V 的作用方向与 x 轴的夹角。

受剪承载力应符合下列条件：

$$V_x \leqslant \frac{V_{ux}}{\sqrt{1 + \left(\dfrac{V_{ux}\tan\theta}{V_{uy}} \right)^2}} \qquad 《混规》式(11.4.10-1)$$

$$V_y \leqslant \frac{V_{uy}}{\sqrt{1 + \left(\dfrac{V_{uy}}{V_{ux}\tan\theta} \right)^2}} \qquad 《混规》式(11.4.10-2)$$

$$V_{ux} = \frac{1}{\gamma_{RE}} \left[\frac{1.05}{\lambda_x+1} f_t b h_0 + f_{yv} \frac{A_{svx}}{s_x} h_0 + 0.056N \right]$$

$$《混规》式(11.4.10-3)$$

$$V_{uy} = \frac{1}{\gamma_{RE}} \left[\frac{1.05}{\lambda_y+1} f_t h b_0 + f_{yv} \frac{A_{svy}}{s_y} b_0 + 0.056N \right]$$

$$《混规》式(11.4.10-4)$$

式中　λ_x、λ_y——计算剪跨比；

　　A_{sux}、A_{suy}——配置在同一截面内平行于 x 轴、y 轴的箍筋各肢截面面积的总和；

　　　　　N——与斜向剪力设计值 V 相应的轴向压力设计值。当 N 大于 $0.3f_cA$ 时，取为 $0.3f_cA$。

以上参见《混规》11.4.9 条和 11.4.10 条

✴ 7.1.5 压力、弯矩、剪力和扭矩共同作用下的情况

如图 7-15 所示。另外，对于双向偏心受力的柱子（如框架角柱），当其轴向力作用点、混凝土和受压钢筋的合力点以及受拉钢筋的合力点不在同一条直线上时，也应考虑扭转的影响。此时，就是压力、弯矩、剪力、扭矩同时作用的情况。目前的分析还不太成熟，下面仅作简单介绍。

图 7-15　柱子受扭的情况

以上参见《混规》6.2.2 条

1. 先考虑压力和扭矩共同作用的情况

详见二维码链接 7-9。

2. 压力、弯矩、剪力和扭矩共同作用下的情况

此时的抗剪、抗扭承载力会因为压力的存在而有所提高。根据已有的试验研究和分析，直接给出如下公式：

（1）受剪承载力

$$V_{\mathrm{u}} = (1.5 - \beta_{\mathrm{t}})\left(\frac{1.75}{\lambda + 1}f_{\mathrm{t}}bh_0 + 0.07N\right) + \frac{A_{\mathrm{sv}}}{s}f_{\mathrm{yv}}h_0$$

《混规》式(6.4.14-1)

（2）受扭承载力

$$T_{\mathrm{u}} = \beta_{\mathrm{t}}\left(0.35f_{\mathrm{t}}W_{\mathrm{t}} + 0.07\frac{N}{A}W_{\mathrm{t}}\right) + 1.2\sqrt{\zeta}f_{\mathrm{yv}}\frac{A_{\mathrm{st1}}A_{\mathrm{cor}}}{s}$$

《混规》式(6.4.14-2)

式中　β_{t}——可仍按《混规》式 (6.4.8-5) 计算（研究表明，轴向压力对 β_{t} 的影响可忽略）。

以上参见《混规》6.4.14 条

注意

1. 在截面配筋时：

（1）纵筋　截面积应分别按偏心受压构件正截面承载力和剪扭构件的受扭承载力计算确定，并配置在相应位置。

（2）箍筋　截面积应分别按剪扭构件的受剪承载力和受扭承载力计算确定，并配置在相应位置。

2. 当扭矩 $T \leqslant \left(0.175f_{\mathrm{t}} + 0.035\frac{N}{A}\right)W_{\mathrm{t}}$ 时，扭矩的效应比较弱，此时可忽略剪扭的作用，仅计算偏心受压构件的正截面承载力和斜截面受剪承载力。

以上参见《混规》6.4.15 条和 6.4.16 条

✳ 7.1.6 拉力和弯矩作用(偏心受拉)的情况

详见二维码链接 7-10。

✳ 7.1.7 拉力、弯矩、剪力作用的情况

当考虑剪力和拉力、弯矩复合作用时，需要在前面正截面分析的基础上，增加斜截面承载力的计算。拉力对斜截面承载力的影响如图 7-16 所示。

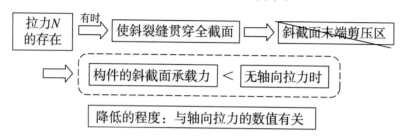

图 7-16 拉力对斜截面承载力的影响

1. 一般情况（非抗震）

偏心受拉构件的斜截面受剪承载力可按下式计算：

$$V_u = \frac{1.75}{\lambda+1.0} f_t b h_0 + 1.0 f_{yv} \frac{A_{sv}}{s} h_0 - 0.2N \geqslant 1.0 f_{yv} \frac{A_{sv}}{s} h_0 \geqslant 0.36 f_t b h_0$$

《混规》式(6.3.14)

注：与偏心受压构件相同，受剪截面尺寸尚应符合《混规》的有关要求。

> ### 以上参见《混规》6.3.14 条

2. 考虑抗震时

考虑地震组合时，矩形截面框架柱的斜截面受剪承载力有所变化。根据现有的研究，可在非抗震偏心受拉构件受剪承载力计算公式的基础上：对混凝土项乘以 0.6；对轴向拉力项，由于轴向拉力对抗剪能力起不利作用，故不作折减。即：

$$V_u = \frac{1}{\gamma_{RE}} \left(\frac{1.05}{\lambda+1.0} f_t b h_0 + 1.0 f_{yv} \frac{A_{sv}}{s} h_0 - 0.2N \right) \text{《高规》式}(6.2.9-2)$$

> ### 以上参见《混规》11.4.8 条、《高规》6.2.9 条

✳ 7.1.8 拉力、弯矩、剪力、扭矩作用的情况

对于双向偏心受拉的柱子，当其轴向力作用点、混凝土和受压钢筋的合力点以及受拉钢筋的合力点不在同一条直线上时，也应考虑扭转的影响。参照压、弯、剪、扭共同作用时的公式，将压力的效应替换为拉力的效应，即：

（1）受剪承载力

$$V_u = (1.5-\beta_t) \left(\frac{1.75}{\lambda+1} f_t b h_0 - 0.2N \right) + \frac{A_{sv}}{s} f_{yv} h_0 \geqslant \frac{A_{sv}}{s} f_{yv} h_0$$

《混规》式(6.4.17-1)

（2）受扭承载力

$$T_u = \beta_t \left(0.35 f_t - 0.2 \frac{N}{A}\right) W_t + 1.2 \sqrt{\zeta} f_{yv} \frac{A_{st1} A_{cor}}{s} \geqslant 1.2 \sqrt{\zeta} f_{yv} \frac{A_{st1} A_{cor}}{s}$$

《混规》式(6.4.17-2)

为了简化起见，这里的混凝土受扭承载力降低系数 β_t 仍按《混规》式（6.4.8-2）（非集中荷载作用下的情况）或式（6.4.8-5）（集中荷载作用下的情况）计算，也就是说，没有考虑拉力对 β_t 的影响。精细分析表明，这样做得到的 β_t 是偏低的，但对配筋结果的影响不大，对构件来说是偏安全的。

以上参见《混规》6.2.2 条和 6.4.17 条

截面配筋时需注意的问题，如图 7-17 和图 7-18 所示。

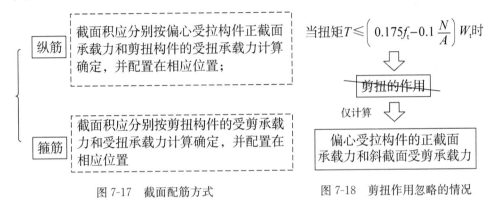

图 7-17　截面配筋方式　　　　　　图 7-18　剪扭作用忽略的情况

以上参见《混规》6.4.18 条和 6.4.19 条

以上内容小结如图 7-19 所示。

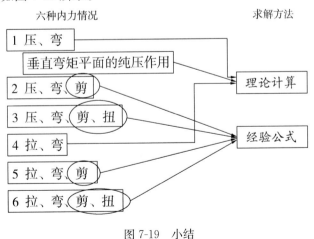

图 7-19　小结

✴ 7.1.9　最不利内力的确定和最终配筋

注：这里暂不考虑受扭矩 T 的柱子。

1. 一般情况（非抗震）

可分别计算出每一种荷载（包括恒载、楼面竖向均布活荷载、风荷载、雪荷载等）作用下的各柱各控制截面上的内力（M，V，N）。进而根据前述方法可以得到对应于每一种荷载的截面配筋方案（包括纵筋和箍筋）。但与梁的设计一样，考虑到多种荷载显然不会都同时出现，需要考虑各荷载效应的合理组合问题，进而确定各控制截面的最终配筋方案。

同样，只需考虑可变荷载效应控制的组合：

（1）恒载＋任一活荷载

$$S = \gamma_G S_{Gk} + \gamma_{Q1} S_{Q1k} \tag{7-6}$$

（2）恒载＋0.9（任意两个或两个以上活载的组合）

$$S = \gamma_G S_{Gk} + 0.9 \sum_{i=1}^{n} \gamma_{Qi} S_{Qik} \tag{7-7}$$

对普通框架结构一般主要考虑以下三种组合情况：

① 恒载＋楼面竖向均布活荷载；

② 恒载＋风荷载；

③ 恒载＋0.9（楼面竖向均布活荷载＋风荷载）。

接下来的步骤如图 7-20 所示。

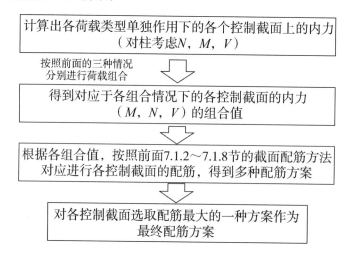

图 7-20　主要步骤

注意

由于风载在迎风面柱子上产生的轴拉力一般不大，经过荷载组合后得到的内力组合值中一般都是柱内为压力的情况，所以 7.1.6～7.1.8 节的内容一般用不到。

同样地，图 7-20 所示过程比较繁琐，适合于电算，手算时需要用简化方法。简化方法的基础是：在进行第 3 步时，有现成的分析规律可借鉴，用来筛选判断第 2 步得到的多组内力值。不需要完全用穷举的方式来找出最大配筋。

根据前面得到压弯作用时的 $N-M$ 相关曲线可得：

➤ 对于大偏心受压构件，M 越大，N 越小越危险；

➤ 对于小偏心受压构件，M 越大，N 越大越危险。

由此可得对柱上各组内力的一个**初步评判规则**：

（1）N 相差不多时，M 大的不利，需要的配筋较多；

（2）M 相差不多时：

➤ $M/N > 0.3h_0$ 的，N 小的不利，需要的配筋较多；

➤ $M/N \leqslant 0.3h_0$ 的，N 大的不利，需要的配筋较多；

基于这一规则，可从控制截面上的各组内力中筛选出一组或少数几组内力值，再进行配筋计算即可。

以上只是一种适应手算需要的简化评判规则，对梁来说比较准确，但对柱子来说，可能并不是真正最不利的内力。

例如，对大偏心受压，M 越大、N 越小，则需要的钢筋越多。因此，如果 M 是一个比最大值 M_{max} 略小的值，而它所对应的 N 比 M_{max} 对应的 N 却小很多，那它需要的配筋可能要比其他组合所需的配筋都大；如果 N 较小但不是最小，而 M 又比较大时，也可能更为危险。

可见，以上评判规则只是一种适应手算需要的近似处理方法，并不精确。

然后同样考虑竖向活荷载的布置问题：分跨计算组合法或分层组合法。

在分层组合法中：

➤ 对柱端弯矩：只考虑相邻上下层活载的影响；

➤ 对柱的最大轴力：考虑在该层以上所有层中与该柱相邻的梁上活载。但对与柱不相邻的上层活荷载，仅考虑其轴力的传递，不考虑弯矩传递。

2. 考虑抗震时的柱端弯矩调整

框架结构的抗地震倒塌能力与其破坏机制密切相关。试验研究表明：梁端屈服型框架有较大的内力重分布和能量消耗能力，极限层间位移大，抗震性能较好；而柱端屈服型框架容易形成倒塌机制。因为框架柱中存在轴压力，即使在采取必要的抗震构造措施后，其延性能力通常仍比框架梁要小。

因此考虑到框架柱是结构中的重要竖向承重构件，为防止结构在罕遇地震下出现整体或局部倒塌，提出了"强柱弱梁"的概念：节点处各**梁端**实际受弯承载力 M^b_{by} 之和应大于各**柱端**实际受弯承载力 M^c_{cy} 之和。也就是人为地增大柱截面的抗弯能力，以减小柱端形成塑性铰的可能性。

但这种概念设计，由于地震的复杂性、楼板的影响和钢筋屈服强度的超强，难以通过精确的承载力计算真正实现。因此，可在梁端实配钢筋不超过计算配筋 10% 的前提下，将梁、柱之间的承载力不等式转为梁、柱的地震组合内力设计值的关系式，并使不同抗震等级的柱端弯矩设计值有不同程度的差异。

具体来说，根据研究以及对 2008 年汶川地震灾害经验的总结，对**除了顶层柱、轴压比小于 0.15 的柱、框支梁柱的节点外**，柱的抗弯能力应按以下做法进行增强：

（1）9 度设防烈度的一级抗震等级框架和 9 度以外一级抗震等级的框架结构

要求仅按左、右梁端实际配筋（考虑梁截面受压钢筋及有效板宽范围内与梁平行的板内配筋）和材料强度标准值求得的梁端抗弯能力及相应的增强系数（取 1.2），以增大柱端弯矩。见下式：

$$\sum M_c = 1.2 \sum M_{bua} \qquad 《混规》式(11.4.1-1)$$

（2）二、三、四级抗震等级的框架结构

分别给出了从左、右梁端考虑地震作用的组合弯矩设计值计算柱端弯矩时的增强系数：

$$\sum M_c = 1.5 \sum M_b \qquad 《混规》式(11.4.1-2)$$
$$\sum M_c = 1.3 \sum M_b \qquad 《混规》式(11.4.1-3)$$
$$\sum M_c = 1.2 \sum M_b \qquad 《混规》式(11.4.1-4)$$

（3）一、二、三、四级抗震等级的其他框架

分别给出了从左、右梁端考虑地震作用的组合弯矩设计值计算柱端弯矩时的增强系数：

一级抗震等级

$$\sum M_c = 1.4 \sum M_b \qquad 《混规》式(11.4.1-5)$$

二级抗震等级

$$\sum M_c = 1.2 \sum M_b \qquad 《混规》式(11.4.1-6)$$

三、四级抗震等级

$$\sum M_c = 1.1 \sum M_b \qquad 《混规》式(11.4.1-7)$$

式中　$\sum M_c$——考虑地震组合的节点上、下柱端的弯矩设计值之和。上、下柱端的弯矩设计值，可按弹性分析的弯矩比例进行分配；

$\sum M_{bua}$——同一节点左、右梁端按顺时针和逆时针方向采用实配钢筋和材料强度标准值，且考虑承载力抗震调整系数计算的正截面受弯承载力所对应的弯矩值之和的较大值；

注：这里的实配钢筋面积应计入受压钢筋和梁有效翼缘宽度范围内的楼板钢筋。因为当楼板与梁整体现浇时，板内配筋对梁的受弯承载力有相当的影响。梁的有效翼缘宽度取多大？目前各国规范的要求不完全一致，一般建议可取梁两侧各 6 倍板厚的范围。

$\sum M_b$——同一节点左、右梁端，按顺时针和逆时针方向计算的两端考虑地震组合的弯矩设计值之和的较大值。

说　明

　　对于二、三级框架结构，当框架梁是按最小配筋率的构造要求配筋时，为了避免出现因梁的实际受弯承载力与弯矩设计值相差太多而无法实现"强柱弱梁"的情况，宜采用实配反算的方法进行柱子的受弯承载力设计。

以上参见《混规》11.4.1 条、《高规》6.2.1 条、《抗震规范》6.2.2 条

（4）底层柱下端截面的弯矩设计值

底层指无地下室的基础以上或地下室以上的首层。同样，为了减小柱端截面出现塑性铰的可能性，根据抗震等级一、二、三、四级，分别乘以增大系数 1.7、1.5、1.3 和 1.2。

底层柱的纵向钢筋应按柱上、下端的不利情况布置。

以上参见《混规》11.4.2 条、《高规》6.2.2 条

3. 考虑抗震时的剪力设计值调整

为什么要进行剪力设计值调整？

➤ 防止其在达到罕遇地震对应的变形状态之前过早出现非延性的剪切破坏；

➤ 柱端截面的纵筋一般数量偏多、强度偏高，可能带来剪力增大效应。

调整后的剪力设计值 V_c 应按下列公式计算：

（1）一级抗震等级的框架结构和 9 度设防烈度的一级抗震等级框架

$$V_c = 1.2 \frac{(M_{cua}^t + M_{cua}^b)}{H_n} \qquad 《混规》式(11.4.3\text{-}1)$$

（2）二级抗震等级的框架结构

$$V_c = 1.3 \frac{(M_c^t + M_c^b)}{H_n} \qquad 《混规》式(11.4.3\text{-}2)$$

（3）三级抗震等级的框架结构

$$V_c = 1.2 \frac{(M_c^t + M_c^b)}{H_n} \qquad 《混规》式(11.4.3\text{-}3)$$

（4）四级抗震等级的框架结构

$$V_c = 1.1 \frac{(M_c^t + M_c^b)}{H_n} \qquad 《混规》式(11.4.3\text{-}4)$$

（5）其他情况

一级抗震等级

$$V_c = 1.4 \frac{(M_c^t + M_c^b)}{H_n} \qquad 《混规》式(11.4.3\text{-}5)$$

二级抗震等级

$$V_c = 1.2 \frac{(M_c^t + M_c^b)}{H_n} \qquad 《混规》式(11.4.3\text{-}6)$$

三、四级抗震等级

$$V_c = 1.1 \frac{(M_c^t + M_c^b)}{H_n} \qquad 《混规》式(11.4.3\text{-}7)$$

式中　M_{cua}^t、M_{cua}^b——框架柱上、下端按实配钢筋截面面积和材料强度标准值，且考虑承载力抗震调整系数计算的正截面抗震承载力所对应的弯矩值；

　　　　M_c^t、M_c^b——考虑地震组合，且经调整后的框架柱上、下端弯矩设计值；

　　　　H_n——柱的净高。

> **以上参见《混规》11.4.3 条、《高规》6.2.3 条、**
> **《抗震规范》6.2.4 条**

4. 考虑抗震时的轴压比验证

抗震设计时，除了预计不可能达到屈服状态的柱之外，通常希望框架柱最终为大偏心受压破坏。由于轴压比直接影响柱的截面设计，应根据不同情况进行适当调整，同时为了保证柱的塑性变形能力和框架的抗倒塌能力，应控制轴压比的最大值。

具体来说，一、二、三、四级抗震等级的各类结构的框架柱，其轴压比不宜大于《高规》表 6.4.2 规定的限值。

《高规》表 6.4.2　柱轴压比限值

结　构　体　系	抗震等级			
	一级	二级	三级	四级
框架结构	0.65	0.75	0.85	0.90
框架—剪力墙结构、板柱—剪力墙、框架—核心筒、筒中筒结构	0.75	0.85	0.90	0.95
部分框支剪力墙结构	0.60	0.70	—	

> **注意**
>
> 利用箍筋对混凝土进行约束，可以提高混凝土的轴心抗压强度和混凝土的受压极限变形能力。但在计算柱的轴压比时，仍取无箍筋约束的混凝土的轴心抗压强度设计值，不考虑箍筋约束对混凝土轴心抗压强度的提高作用。

关于《高规》表 6.4.2 的说明：

（1）表中数值适用于混凝土强度等级≤C60 的柱。当混凝土强度等级更高时，考虑到脆性的增加，应适当降低轴压比限值。具体来说：

➢ 当混凝土强度等级为 C65～C70 时，轴压比限值应比表中数值降低 0.05；

➢ 当混凝土强度等级为 C75～C80 时，轴压比限值应比表中数值降低 0.10。

（2）表中数值适用于剪跨比大于 2 的柱。

➢ 当剪跨比≤2 但≥1.5 时，轴压比限值应比表中数值降低 0.05；

➢ 当剪跨比小于 1.5 时，轴压比限值应专门研究并采取特殊构造措施。

（3）根据清华大学、西安建筑科技大学的试验结果，参考美国 ACI 资料、日本 AIJ 钢筋混凝土房屋设计指南，如果采用螺旋箍筋、连续复合矩形螺旋箍筋等配筋形式，能改善柱的延性性能，因此允许适当放宽轴压比的上限控制条件。具体来说，沿柱全高采用以下三种箍筋时，轴压比限值均可增加 0.10：

① 井字复合箍：箍筋肢距≤ 200mm、间距≤ 100mm、直径≥ 12mm；

② 复合螺旋箍：螺旋间距≤ 100mm、箍筋肢距≤ 200mm、直径≥ 12mm；

③ 连续复合矩形螺旋箍：螺旋净距≤ 80mm、箍筋肢距≤ 200mm、直径≥ 10mm。

根据日本川铁株式会社 1998 年发表的试验报告，相同柱截面、相同配筋、配箍率、箍距及箍筋肢距，采用连续复合螺旋箍比一般复合箍筋可提高柱的极限变形角 25%。采用连续复合矩形螺旋箍可按圆形复合螺旋箍对待。

用上述方法提高柱的轴压比后，应按增大的轴压比由《抗震规范》表 6.3.9 确定配箍量，且沿柱全高采用相同的配箍特征值。

箍筋类别参见《抗震规范》条文说明图 17，即如图 7-21 所示。现场图片见图 7-22 和图 7-23。

（4）试验研究和工程经验都证明，在矩形或圆形截面柱内设置矩形核芯柱，不但可以提高柱的受压承载力，还可以提高柱的变形能力。在压、弯、剪作用下，当柱出现弯、剪裂缝，在大变形情况下芯柱可以有效地减小柱的压缩，保持柱的外形和截面承载力，特别对于承受高轴压的短柱，更有利于提高变形能力，延缓倒塌。

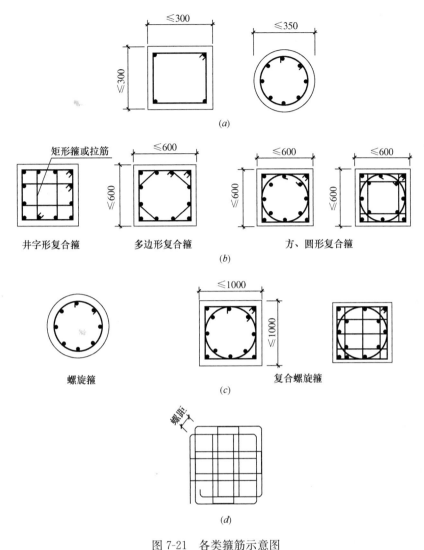

图 7-21　各类箍筋示意图

(a) 普通箍；(b) 复合箍；(c) 螺旋箍；(d) 连续复合螺旋箍（用于矩形截面柱）

具体来说，当柱截面中部设置由附加钢筋形成的芯柱，且附加纵向钢筋的截面面积不小于柱截面面积的 0.8% 时，也能改善柱的延性性能，轴压比限值可比表中数值增加 0.05。

当本条措施与上述第（3）条措施共同采用时，轴压比限值可比表中数值增加 0.15，但箍筋的配箍特征值仍可按轴压比增加 0.10 的要求确定。

芯柱的截面（图 7-24）宜符合下列规定：

① 当柱截面为矩形时，配筋芯柱可采用矩形截面，其边长不宜小于柱截面相应边长的 1/3；

② 当柱截面为正方形时，配筋芯柱可采用正方形或圆形，其边长或直径不宜小于柱截面边长的 1/3；

③ 当柱截面为圆形时，配筋芯柱宜采用圆形，其直径不宜小于柱截面直径的 1/3。

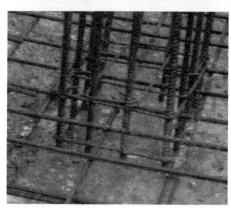

图 7-22　井字复合箍筋

图 7-23　井字复合箍筋的箍筋分解（供图：毛爱通）

注：为了便于梁筋通过，芯柱边长不宜小于柱边长或直径的 1/3，且不宜小于 250mm。

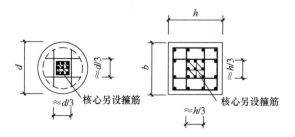

图 7-24　芯柱尺寸示意图

（5）调整后的轴压比限值不应大于 1.05。

（6）对于 IV 类场地上高于 40m 的框架结构或高于 60m 的其他结构体系房屋，其轴压比限值宜适当减小。

以上参见《混规》11.4.16 条、《高规》6.4.2 条、
《抗震规范》6.3.6 条

5. 框架角柱

地震时角柱（图 7-25）处于复杂的受力状态，其弯矩和剪力设计值的增大系数，应比其他柱略有增加，以提高抗震能力。具体来说：一、二、三、四级框架的角柱，其弯矩、剪力设计值应在《混规》11.4.1～11.4.3 条调整的基础上再乘以不小于 1.1 的增大系数。

图 7-25　角柱

以上参见《混规》11.4.5 条、《高规》6.2.4 条、
《抗震规范》6.2.6 条

✳ 7.1.10　框架柱的一般构造要求

1. 材料强度要求

（1）混凝土

混凝土强度等级对受压构件的承载能力影响较大。为了减小构件的截面尺寸、节省钢材，宜采用较高强度等级的混凝土：

① 一般采用 C30、C35、C40；

② 对于高层建筑的底层柱，必要时可采用高强度等级的混凝土。

（2）纵向钢筋

一般采用 HRB400 级、RRB400 级钢筋。

不宜采用高强度钢筋，这是由于它与混凝土共同受压时，不能充分发挥其高强度的作用。

（3）箍筋

一般采用 HRB400 级、HRB335 级钢筋，也可采用 HPB300 级钢筋。

2. 纵筋

（1）直径：不宜小于 12mm；

（2）纵筋宜对称布置；

（3）全部纵向钢筋配筋率：不应小于《混规》表 8.5.1 中给出的最小配筋百分率 ρ_{min}（％）。

如果考虑抗震，纵筋最小配筋率也是抗震设计中的一项重要构造措施。原因在于：

① 考虑到实际地震作用在大小及作用方式上的随机性，经计算确定的配筋数量仍可能在某些构件或部位不足，通过最小配筋率的规定可以对这些薄弱部位进行补救；

② 保证柱截面开裂后抗弯刚度不致削弱过多；

③ 使设防烈度不高地区一部分框架柱的抗弯能力在"强柱弱梁"措施基础上有进一步的提高。

具体来说：

① 全部纵向受力钢筋的配筋百分率不应小于《高规》表 6.4.3-1 规定的数值；

② 对Ⅳ类场地上较高的高层建筑，表中的数值应增加 0.1；

③ 同时，每一侧的配筋百分率：≥0.2％。

《高规》表 6.4.3-1　柱纵向受力钢筋最小配筋百分率（％）

柱类型	抗 震 等 级				非抗震
	一级	二级	三级	四级	
中柱、边柱	0.9 (1.0)	0.7 (0.8)	0.6 (0.7)	0.5 (0.6)	0.5
角柱	1.1	0.9	0.8	0.7	0.5
框支柱	1.1	0.9	—	—	0.7

注：1. 表中跨号内数值用于框架结构的柱；

2. 钢筋强度标准值＜400MPa 时，表中数值应增加 0.1，钢筋强度标准值为 400MPa 时，表中数值应增加 0.05；

3. 混凝土强度等级高于 C60 时，上述数值应相应增加 0.1；

4. 随着高强钢筋和高强混凝土的使用，最小纵向钢筋的配筋率要求，将随混凝土强度和钢筋的强度而有所变化，但表中的数据是最低的要求，必须满足。

> ## 以上参见《混规》8.5.1 条、9.3.1 条、11.4.12 条第 1 款、11.4.13 条、《高规》6.4.3 条、《抗震规范》6.3.7 条

（4）纵筋配筋率的上限：

① 非抗震设计时，全部纵向钢筋的配筋率不宜大于 5％。因为柱子在加载后荷载维持不变的条件下，由于混凝土徐变，会导致随着荷载作用时间的增加：

➤ 混凝土的压应力逐渐变小；

➤ 钢筋的压应力逐渐变大。

一开始变化较快，经过一定时间后趋于稳定。

在荷载突然卸载时（如活荷载消失或减小），构件回弹，由于混凝土徐变变形的大部分不可恢复，故当荷载为零时，会使柱中钢筋受压而混凝土受拉：

➤ 若柱的配筋率过大，则可能将混凝土拉裂；

➢ 若柱中纵筋和混凝土之间有很强结应力时，则能同时产生纵向裂缝。

为了防止出现这些情况，故要求控制柱中纵筋的配筋率，**要求全部纵筋配筋率不宜超过 5%，不应大于 6%。**

② 抗震设计时，全部纵筋配筋率不应超过 5%。

③ 当按一级抗震等级设计，且柱的剪跨比不大于 2 时，易发生粘结型剪切破坏和对角斜拉型剪切破坏。为了减少这种破坏，纵筋配筋率不宜过大。具体来说：柱每侧纵筋的配筋率不宜大于 1.2%，并沿柱全长采用复合箍筋。

> **以上参见《混规》9.3.1 条和 11.4.13 条、《高规》6.4.4 条、《抗震规范》6.3.8 条**

（5）纵筋的净间距：

① 不考虑抗震时，不应大于 50mm，且不宜大于 300mm。原因：间距过密影响混凝土浇筑；过疏则难以维持对芯部混凝土的围箍约束。

② 考虑抗震时，为了避免纵筋配置过多、影响混凝土的浇筑质量，对于截面尺寸＞400mm 的柱，要求：

➢ 一、二、三级抗震设计时：其纵筋间距不宜大于 200mm；

➢ 四级抗震设计时：其纵筋间距不宜大于 300mm。

同时，纵筋净间距均不应小于 50mm。

> **以上参见《混规》9.3.1 条和 11.4.13 条、《高规》6.4.4 条、《抗震规范》6.3.8 条**

（6）圆柱中纵筋：不宜少于 8 根，不应少于 6 根，且宜沿周边均匀布置。

（7）对于偏心受压柱，当截面高度≥600mm 时，在柱的侧面上应设置直径≥10mm 的纵向构造钢筋，并相应设置复合箍筋或拉筋。目的也是维持对芯部混凝土的围箍约束。

（8）偏心受压柱内垂直于弯矩作用平面的侧面上的纵向受力钢筋，以及轴心受压柱中各边的纵向受力钢筋，其中距不宜大于 300mm。

（9）柱内位于同一连接区段内的受拉钢筋采用绑扎连接时，其搭接接头面积百分率不宜大于 50%。当工程中确实有必要增加时，可根据实际情况确定。

（10）与梁类似，柱的纵筋也不应与箍筋、拉筋及预埋件等焊接。

> **以上参见《混规》9.3.1 条和 8.4.3 条、《高规》6.4.5 条**

3. 箍筋

（1）箍筋间距：在绑扎骨架中≤15d（d 为纵筋最小直径），且≤400mm，同时≤构件横截面的短边尺寸。（图 7-26）

（2）箍筋直径：≥$d/4$（d 为纵筋最大直径），且≥6mm。

（3）箍筋形式：

① 为了能箍住纵筋，防止纵筋压曲，柱及其他受压构件中的周边箍筋应做成封闭式，如图 7-27 (a) 所示；

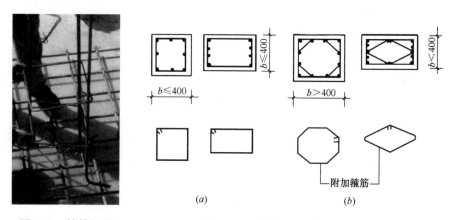

图 7-26 箍筋间距
（供图：吕滔滔）

图 7-27 方形、矩形截面箍筋形式

② 当截面短边大于 400mm 且纵筋多于 3 根时，或当柱截面短边尺寸≤400mm，但各边纵筋多于 4 根时，应设置复合箍筋。如图 7-27 (b) 所示。

对于截面形状复杂的构件（I 形、L 形截面），不可采用具有内折角的箍筋，以免产生向外的拉力，导致折角处的混凝土破损。如图 7-28 所示。

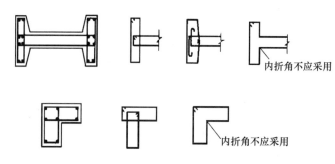

图 7-28 I 形、L 形截面箍筋形式

对于圆柱中的箍筋，为保证对柱中混凝土的围箍约束作用，搭接长度不应小于《混规》8.3.1 条规定的锚固长度，且末端应做成 135°弯钩，弯钩末端平直段长度不应小于 $5d$，d 为箍筋直径。

（4）当柱中全部纵筋的配筋率＞3%时：

➤ 箍筋直径：≥8mm；

➤ 箍筋间距：≤10d，且≤200mm；

➤ 箍筋末端应做成 135°弯钩，且弯钩末端平直段长度≥10d，d 为纵向受力钢筋的最小直径。

以上参见《混规》9.3.2 条、《高规》6.4.3 条和 6.4.9 条

（5）柱内纵筋采用搭接做法时，搭接长度范围内的箍筋：

① 直径不应小于搭接钢筋较大直径的 1/4；

② 在纵向受拉钢筋的搭接长度范围内，箍筋间距不应大于搭接钢筋较小直径的 5 倍，且≤100mm；

③ 在纵向受压钢筋的搭接长度范围内，箍筋间距不应大于搭接钢筋较小直径的 10 倍，且≤200mm；

④ 当受压钢筋直径大于 25mm 时，尚应在搭接接头端面外 100mm 的范围内各设置两道箍筋。

以上参见《高规》6.4.9 条

（6）如果考虑抗震：

1）箍筋末端应做成 135°弯钩且弯钩末端平直段长度≥10 倍的箍筋直径，且≥75mm。每隔一根纵向钢筋宜在两个方向有箍筋或拉筋约束；当采用拉筋且箍筋与纵筋有绑扎时，拉筋宜紧靠纵筋并钩住箍筋。

说　明

对于封闭箍筋与两端为 135°弯钩的拉筋组成的复合箍，约束效果最好的是拉筋同时钩住主筋和箍筋，其次是拉筋紧靠纵向钢筋并钩住箍筋；当拉筋间距符合箍筋肢距的要求，纵筋与箍筋有可靠拉结时，拉筋也可紧靠箍筋并钩住纵筋。

2）箍筋加密区长度，原则上相当于柱端潜在塑性铰区的范围再加一定的安全裕量。具体来说：

① 底层柱的上端和其他各层柱的两端，应取矩形柱截面长边尺寸（或圆形截面直径）、柱净高的 1/6 和 500mm 中的较大值；

② 一、二级抗震等级的角柱，应沿柱全高加密箍筋；

③ 底层柱柱根以上 1/3 柱净高的的范围；

④ 当有刚性地面时，除柱端箍筋加密外，尚应在刚性地面上、下各 500mm 的高度范围内加密箍筋；

⑤ 剪跨比不大于 2 的柱和因填充墙等形成的柱净高与截面高度之比不大于 4 的柱全高范围；

⑥ 需要提高变形能力的柱的全高范围。

以上参见《混规》11.4.14 条、《高规》6.4.6 条和 6.4.8 条、《抗震规范》6.3.9 条

3）加密区的箍筋最大间距和箍筋最小直径，应符合《混规》表 11.4.12-2 的规定。

4）为了保证塑性铰区内箍筋对混凝土和受压纵筋的有效约束，箍筋加密区内的箍筋肢距应满足：

① 一级抗震等级时：不宜大于 200mm；

抗震等级	箍筋最大间距 （mm）	箍筋最小直径 （mm）
一级	纵向钢筋直径的 6 倍和 100 中的较小值	10
二级	纵向钢筋直径的 8 倍和 100 中的较小值	8
三级	纵向钢筋直径的 8 倍和 150（柱根 100）中的较小值	8
四级	纵向钢筋直径的 8 倍和 150（柱根 100）中的较小值	6（柱根 8）

注：柱根系指底层柱下端的箍筋加密区范围。

② 二、三级抗震等级时：不宜大于 250mm 和 20 倍箍筋直径中的较大值；

③ 四级抗震等级时：不宜大于 300mm。

以上参见《混规》11.4.12 条、11.4.15 条，
《抗震规范》6.3.9 条

5）箍筋加密区内箍筋的体积配箍率不能太少。原因：太少的话难以保证柱子具有必要的延性和塑性耗能能力。

具体确定所需的体积配箍率时，需要考虑：

① 抗震等级越高，对抗震性能的要求就越高，需要越大的体积配筋率；

② 轴压比越高、混凝土强度越高，也需要越大的体积配筋率；

③ 箍筋强度越高，对体积配筋率的要求可降低。

为此，可先根据抗震等级及轴压比，给出所需的柱端配箍特征值。

根据日本及我国完成的柱抗震延性性能系列试验，按位移延性系数不低于 3.0 的标准，给出柱端配箍特征值见《混规》表 11.4.17。然后由配箍特征值及混凝土与钢筋的强度设计值，算得所需的体积配箍率。如下式：

$$\rho_v \geqslant \lambda_v \frac{f_c}{f_{yv}} \qquad \text{《混规》式（11.4.17）}$$

式中　ρ_v——加密区内箍筋的体积配筋率。按《混规》6.6.3 条计算；

　　　f_{yv}——箍筋抗拉强度设计值（不受 360MPa 的限制）；

　　　f_c——混凝土轴心抗压强度设计值；

　　　λ_v——最小配箍特征值，按《混规》表 11.4.17 采用。

《混规》表 11.4.17　柱箍筋加密区的箍筋最小配箍特征值 λ_v

抗震 等级	箍筋形式	轴　压　比								
		≤0.3	0.4	0.5	0.6	0.7	0.8	0.9	1.0	1.05
一级	普通箍、复合箍	0.10	0.11	0.13	0.15	0.17	0.20	0.23	—	—
	螺旋箍、复合或 连续复合矩形螺旋箍	0.08	0.09	0.11	0.13	0.15	0.18	0.21	—	—

抗震等级	箍筋形式	轴 压 比								
		≤0.3	0.4	0.5	0.6	0.7	0.8	0.9	1.0	1.05
二级	普通箍、复合箍	0.08	0.09	0.11	0.13	0.15	0.17	0.19	0.22	0.24
	螺旋箍、复合或连续复合矩形螺旋箍	0.06	0.07	0.09	0.11	0.13	0.15	0.17	0.20	0.22
三、四级	普通箍、复合箍	0.06	0.07	0.09	0.11	0.13	0.15	0.17	0.20	0.22
	螺旋箍、复合或连续复合矩形螺旋箍	0.05	0.06	0.07	0.09	0.11	0.13	0.15	0.18	0.20

注：1. 普通箍——单个矩形箍和单个圆形箍；螺旋箍——单个螺旋箍筋；复合箍——由矩形、多边形、圆形箍或拉筋组成的箍筋；复合螺旋箍——由螺旋箍与矩形、多边形、圆形箍或拉筋组成的箍筋；连续复合矩形螺旋箍——用一根通长钢筋加工而成的箍筋。

2. 混凝土强度等级高于 C60 时，箍筋宜采用复合箍、复合螺旋箍或连续复合矩形螺旋箍，当轴压比不大于 0.6 时，其加密区的最小配箍特征值宜按表中数值增加 0.02；当轴压比大于 0.6 时，宜按表中数值增加 0.03。

说 明

➢ 对一、二、三、四级抗震等级的柱，箍筋加密区的箍筋体积配筋率应分别不小于 0.8%、0.6%、0.4%、0.4%；

➢ 当剪跨比≤ 2 时，宜采用复合螺旋箍或井字复合箍，其体积配箍率要求如图 7-29 所示。

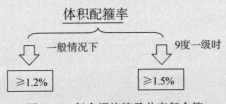

图 7-29 复合螺旋箍及井字复合箍

➢ 计算复合螺旋箍筋的体积配箍率时，其非螺旋箍筋的体积应乘以换算系数 0.8。

以上参见《混规》11.4.17 条、《高规》6.4.7 条、《抗震规范》6.3.9 条

6) 对于剪跨比≤ 2 的框架柱，应在柱全高范围内加密箍筋，且箍筋最大间距为纵筋直径的 6 倍和 100mm 中的较小值。

7) 一级抗震等级框架柱的箍筋直径＞12mm 且箍筋肢距≤ 150mm，以及二级抗震等级框架柱的直径≥ 10mm 且箍筋肢距≤ 200mm 时，考虑到箍筋间距过小会造成钢筋过

密，不利于保证混凝土的浇筑质量，因此，除底层柱下端外，箍筋间距应允许采用 150mm。

但应注意，箍筋的间距放宽后，柱的体积配箍率仍需满足《高规》的有关规定。另外，三级框架柱的截面尺寸≤400mm 时，箍筋最小直径应允许采用 6mm；四级抗震等级框架柱剪跨比≤2 时，箍筋直径≥8mm。

> **以上参见《混规》11.4.12 条、《高规》6.4.3 条、《抗震规范》6.3.7 条**

8）在箍筋加密区外，考虑到框架柱在层高范围内剪力不变及可能的扭转影响，为避免箍筋非加密区的受剪能力突然降低很多，导致柱的中段破坏，对非加密区的最小箍筋量也应有限制。具体来说：

① 箍筋的体积配箍率不宜小于加密区配筋率的一半；

② 箍筋间距不应大于加密区箍筋间距的 2 倍，且：

对一、二级抗震等级：≤10d；

对三、四级抗震等级：≤15d。

d 为纵筋直径。

> **以上参见《混规》11.4.18 条、《高规》6.4.8 条、《抗震规范》6.3.9 条**

（7）具体确定柱箍筋配筋形式时，应考虑浇筑混凝土的工艺要求，在柱截面中心部位留出浇筑混凝土所需导管的空间。

原因：现浇混凝土柱在施工时，一般情况下采用导管将混凝土直接引入柱底部，然后随着混凝土的浇筑将导管逐渐提升，直至浇筑完毕。因此在布置柱箍筋时，需在柱中心位置留出不少于 300mm×300mm 的空间，以便于混凝土施工。对于截面很大或长矩形柱，尚需与施工单位协商留出不止插一个导管的位置。

> **以上参见《高规》6.4.11 条**

✳ 7.1.11 有关框架柱内纵筋的连接

1. 连接方法

（1）一、二级抗震等级及三级抗震等级的底层，宜采用机械连接接头，也可采用绑扎搭接或焊接接头。

（2）三级抗震等级的其他部位和四级抗震等级，可采用绑扎搭接或焊接接头。

> **以上参见《高规》6.5.3 条**

2. 连接要点及注意点

对机械连接、绑扎搭接、焊接接头的具体要求基本同梁内纵筋连接的情况。同时需注意：

（1）当锚固钢筋的保护层厚度≤5d时，锚固长度范围内应配置横向构造钢筋，其直径≥$d/4$，间距≤5d，且≤100mm。此处d为锚固钢筋的直径。

（2）柱纵向钢筋的绑扎接头应避开柱端的箍筋加密区。

以上参见《混规》8.3.1条、《抗震规范》6.3.8条

7.2　厂房排架柱的受力分析及安全性设计

如前所述，厂房排架柱分单肢柱和双肢柱。这里主要介绍单肢柱的分析和设计。

✴ 7.2.1　控制截面及其内力种类

1. 排架柱的控制截面

（1）上柱：一般底面Ⅰ-Ⅰ截面内力最大，故取Ⅰ-Ⅰ截面为上柱的控制截面。

（2）下柱：一般顶面Ⅱ-Ⅱ截面（牛腿顶面）和Ⅲ-Ⅲ截面（基础顶面以上截面）内力较大，为下柱的控制截面，同时Ⅲ-Ⅲ截面为基础设计设计的依据。如图7-30所示。

另外，在根据Ⅱ-Ⅱ截面的内力值确定此处的下柱配筋时，不计入牛腿的影响。即配筋只是针对的下柱非牛腿部分的截面。

2. 控制截面的内力种类

控制截面上的内力种类有：轴力N，弯矩M和剪力V。

（1）对于Ⅰ-Ⅰ和Ⅱ-Ⅱ控制截面，内力可只考虑M和N。

（2）对于Ⅲ-Ⅲ控制截面，考虑到柱底的水平剪力将对基础底面产生弯矩，其影响不能忽视，因此为了基础的设计，还需考虑V。

✴ 7.2.2　最不利内力的确定

根据前面介绍的荷载分析和力法/剪力分配法，可以分别计算出每一种荷载作用下的各控制截面上的内力（M，N或M，V，N）。

通常考虑的恒载包括：屋面恒荷载；柱、吊车梁自重。

活载包括：面均布活荷载；D_{max}在左柱；D_{min}在左柱；T_{max}；左风；右风。

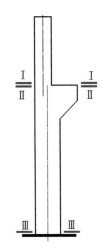

图7-30　排架柱的
控制截面

注：Ⅰ-Ⅰ截面与Ⅱ-Ⅱ截面看似在一处，但内力并不相同（Ⅱ-Ⅱ截面处一般有附加弯矩），这两个截面分别代表了上柱和下柱的配筋。

> **注意**
>
> 这里忽略了雪荷载和积灰荷载。因为这两种荷载不是一定出现的，如果需要考虑的话，按下述方法进行同样的处理即可。

这些荷载显然不会都同时出现，需要考虑各荷载的合理组合问题。目前对厂房一般采用的都是钢结构屋盖，因屋盖自重轻，故可不考虑永久荷载效应控制的组合。主要考虑由

可变荷载效应控制的组合：

（1）恒载＋任一活荷载

$$S = \gamma_G S_{Gk} + \gamma_{Q1} S_{Q1k} \qquad (7\text{-}8)$$

（2）恒载＋0.9（任意两个或两个以上活载的组合）

$$S = \gamma_G S_{Gk} + 0.9 \sum_{i=1}^{n} \gamma_{Qi} S_{Qik} \qquad (7\text{-}9)$$

荷载组合时注意：

➢ 风荷载有左风、右风两种，每次组合只取一种。

➢ 对吊车荷载：①显然，有 T 必有 D。这意味着：取用 T_{max} 时，必须同时考虑同跨内的 D_{max} 或 D_{min}。因此，在"恒荷载＋任一种活荷载"的内力组合中，不能取用 T_{max}。②从客观上来说，有 D 不一定有 T。但根据已有的经验，对应最不利内力时，一般需要同时取用 T_{max} 和 D_{max}（D_{min}）。

注意

因此对吊车荷载，其实是："有 T 必有 D；同时有 D 必有 T"。

在"恒荷载＋任一种活荷载"的内力组合中，同样也不能取用 D_{max}（D_{min}）。

基于组合式（7-8）和式（7-9），以及相应的荷载类型（①屋面恒荷载、②柱、吊车梁自重、③屋面均布活荷载、④D_{max} 在左柱、⑤D_{min} 在左柱、⑥T_{max}、⑦左风、⑧右风），需要考虑的荷载组合有：

（1）恒载＋任一活荷载（只有三种情况）

➢ ①＋②＋③；

➢ ①＋②＋⑦；

➢ ①＋②＋⑧。

（2）恒载＋0.9（任意两个或两个以上活载的组合，六种情况）

➢ ①＋②＋0.9（③＋④＋⑥＋⑦）；

➢ ①＋②＋0.9（③＋④＋⑥＋⑧）；

➢ ①＋②＋0.9（③＋⑤＋⑥＋⑧）；

➢ ①＋②＋0.9（④＋⑥＋⑦）；

➢ ①＋②＋0.9（④＋⑥＋⑧）；

➢ ①＋②＋0.9（⑤＋⑥＋⑧）。

下一步，对于每一个控制截面，应当：

① 计算出各荷载类型单独作用下的内力 M，N，V；

② 按照前述共9种荷载组合情况分别进行组合，可得到9组内力（M，N，V）的组合值；

③ 按照上一节中框架柱的配筋方法，分大偏压和小偏压的情况，得到9种配筋方案；

④ 选取配筋最大的一种方案作为最终配筋方案。

这个过程比较繁琐，适合于电算。手算时同样可以在进行第3步时，利用偏心受压构件的初步评判规则，即：

① N 相差不多时，M 大的不利，需要的配筋较多；

② M 相差不多时：

➤ $M/N > 0.3h_0$ 的，N 小的不利，需要的配筋较多；

➤ $M/N \leqslant 0.3h_0$ 的，N 大的不利，需要的配筋较多。

基于这一规则，可从这 9 组内力中筛选出一组或少数几组内力值，再进行配筋计算即可。同样需要强调的是：这种只是一种初步的评判规则，不代表准确的评判。

需要注意两点：经过初步评判之后，对控制截面如图 7-31 所示；对Ⅲ-Ⅲ控制截面如图 7-32 所示。

➤ 可能筛出唯一的一组内力值

只需进行一次配筋计算即可

➤ 也可能会筛出两组最不利内力，此时：

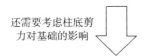

需要进行两次配筋计算，选取最大值配筋

还需要考虑柱底剪力对基础的影响

还需要组合出绝对值最大的 V 值，并考虑相应的 M 和 N

图 7-31　控制截面　　　　　　　图 7-32　Ⅲ-Ⅲ控制截面

另外，根据选出的内力值来进行配筋计算时，还需要插入以下步骤——排架柱 P-Δ 二阶效应的处理。

注：轴心压力对偏心受压构件侧移产生附加弯矩和附加曲率的二阶效应，称为 P-Δ 二阶效应。

排架柱是偏心受压构件，因此也要考虑 P-Δ 效应：

➤ 处理对象：控制截面——柱顶和柱底截面。

➤ 处理方法：近似的弯矩增大系数法。

具体方法为，令弯矩增大系数为 η_s，含义为：

$$M = \eta_s M_0 \qquad 《混规》式(B.0.4\text{-}1)$$

式中　M——考虑二阶效应后的实际弯矩；

　　　M_0——考虑二阶效应之前的弯矩设计值（经过荷载组合和内力筛选之后的控制截面内力设计值）。

可见只要知道了 η_s，就能得到 M。那如何得到 η_s？

$$\eta_s = 1 + \frac{1}{1500 e_i / h_0}\left(\frac{l_0}{h}\right)^2 \zeta_c \qquad 《混规》式(B.0.4\text{-}2)$$

式中　ζ_c——截面曲率修正系数。$\zeta_c = \dfrac{0.5 f_c A}{N}$

　　　　　当 $\zeta_c > 1.0$ 时，取为 1.0；

　　　e_i——初始偏心矩。$e_i = e_0 + e_a$；

　　　e_0——轴向压力对截面重心的偏心矩，$e_0 = M_0/N$；

　　　e_a——附加偏心矩；

　　　h，h_0——分别为所考虑弯曲方向柱的截面高度和截面有效高度；

A——柱的截面面积。对 I 形柱，取 $A = bh + 2(b_\mathrm{f} - b)h'_\mathrm{f}$

l_0——排架柱的计算长度，按《混规》表 6.2.20-1 选取。

《混规》表 6.2.20-1　刚性屋盖单层工业厂房排架柱、露天吊车柱和栈桥柱的计算长度 l_0

柱的类型		排架方向	垂直排架方向	
			有柱间支撑	无柱间支撑
无吊车厂房柱	单跨	$1.5H$	$1.0H$	$1.2H$
	双跨及多跨	$1.25H$	$1.0H$	$1.2H$
有吊车厂房柱	上柱	$2.0H_\mathrm{u}$	$1.25H_\mathrm{u}$	$1.5H_\mathrm{u}$
	下柱	$1.0H_l$	$0.8H_l$	$1.0H_l$
露天吊车柱和栈桥柱		$2.0H_l$	$1.0H_l$	

注：1. 表中 H 为从基础顶面算起的柱子全高；H_l 为从基础顶面至装配式吊车梁底面或现浇式吊车梁顶面的柱子下部高度；H_u 为从装配式吊车梁底面或从现浇式吊车梁顶面算起的柱子上部高度；

2. 表中有吊车厂房排架柱的计算长度，当计算中不考虑吊车荷载时，可按无吊车厂房采用，但上柱的计算长度仍按有吊车厂房采用。

3. 表中有吊车厂房排架柱的上柱在排架方向的计算长度，仅适用于 $H_\mathrm{u}/H_l \geqslant 3$ 的情况；当 $H_\mathrm{u}/H_l < 3$ 时，宜采用 $2.5H_\mathrm{u}$。

注意

如果考虑抗震时，排架柱内的弯矩设计值和剪力设计值应根据地震组合下的情况来确定，并要考虑"强剪弱弯"等原则进行调整（具体见《混规》11.4 节）。

以上参见《混规》B.0.4 条、11.5.1 条

✳ 7.2.3　柱内的配筋情况

一般情况下，柱内配筋如图 7-33 所示。

> 上柱内：

各截面的配筋都一致，依据 I-I 截面的最不利内力来确定。

> 下柱内（非牛腿部分）：

各截面的配筋也都一致，根据 II-II 截面和 III-III 截面的最不利内力来确定对应的配筋方案

⬇

选择较大的一种配筋方案作为整个下柱的配筋方案

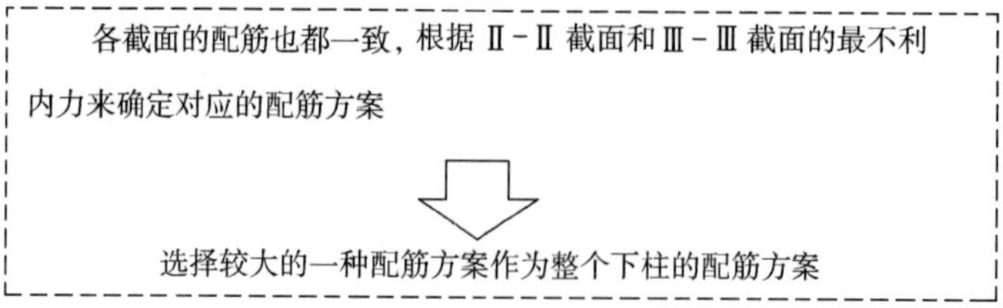

图 7-33　柱内配筋

特殊情况下，如果 II-II 截面的内力较小，需要的配筋较少，或者当下柱高度较大，下柱的配筋也可以沿高度变化。这时应当在下部柱的中部再取一个控制截面，以便控制下

部柱中纵向钢筋的变化。

✳ 7.2.4　构造要求

详见二维码链接 7-11。

✳ 7.2.5　吊装阶段的承载力验算

详见二维码链接 7-12。

7.3　本　章　小　结

本章讲述的柱子分析和设计方法也可用于拱、烟囱的筒壁、桥墩、桩、剪力墙、筒体等构件。

需要注意四点：

（1）对于任意截面、圆形及环形截面构件（图 7-34）的正截面承载力，可按《混规》附录 E 的规定计算。

图 7-34　某环形截面构件（电线杆）

> 以上参见《混规》6.2.9 条

（2）对于圆形截面的框架柱、排架柱（包括偏压、偏拉构件），也应取等效截面宽度 b 为 $1.76r$（r 为圆形截面的半径）、等效截面高度 h_0 为 $1.6r$（r 为圆形截面的半径），然后按与矩形截面柱一样的方法考虑截面限制条件和斜截面受剪承载力。

另外，计算所得的箍筋截面面积应作为圆形箍筋的截面面积。

> 以上参见《混规》6.3.1～6.3.15 条

（3）当柱中纵向受力钢筋的保护层厚度大于 50mm 时，宜对保护层采取有效的构造措施。可在保护层内配置防裂、防剥落的钢筋网片，网片钢筋的保护层厚度不应小于 25mm。

以上参见《混规》8.2.3 条

（4）框支柱：对于有些建筑，根据功能要求会出现只有下部为大空间的情况，这时从结构上来说，就会出现上部部分竖向构件不能直接连续贯通落地的情况。这部分竖向构件需要通过水平转换结构与下部竖向构件连接。当布置的转换梁支撑上部的剪力墙的时候，转换梁被称为框支梁，支撑框支梁的柱子就叫作框支柱。

框支柱设计基本同框架柱，但需注意：

① 框支柱的抗震设计要求见《混规》11.4 节；

② 框支柱中间层节点的抗震受剪承载力验算方法与构造措施，根据《混规》11.6.1条，与框架中间层节点相同。

第8章 框架结构节点、楼梯的设计

8.1 节　　点

✳ 8.1.1 节点核芯区的抗震验算

如图 8-1 所示。节点核芯区是保证框架承载力和抗倒塌能力的关键部位。框架节点核芯区的抗震验算应符合图 8-2 所示要求。

图 8-1　框架结构的节点

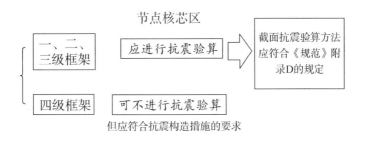

图 8-2　框架节点核芯区的抗震验算要求

1. 一般框架梁柱节点

(1) 一、二、三级框架梁柱节点核芯区组合的剪力设计值应按下列公式确定：

$$V_j = \frac{\eta_{jb} \sum M_b}{h_{b0} - a'_s}\left(1 - \frac{h_{b0} - a'_s}{H_c - h_b}\right) \qquad \text{《抗震规范》式(D.1.1-1)}$$

一级框架结构和 9 度的一级框架可不按上式确定，但应符合：

$$V_j = \frac{1.15 \sum M_{bua}}{h_{b0} - a'_s}\left(1 - \frac{h_{b0} - a'_s}{H_c - h_b}\right) \qquad \text{《抗震规范》式(D.1.1-2)}$$

式中　V_j——梁柱节点核芯区组合的剪力设计值；

$\quad\quad h_{b0}$——梁截面的有效高度，节点两侧梁截面高度不等时可采用平均值；

$\quad\quad a'_s$——梁受压钢筋合力点至受压边缘的距离；

$\quad\quad H_c$——柱的计算高度，可采用节点上、下柱反弯点之间的距离；

$\quad\quad h_b$——梁的截面高度，节点两侧梁截面高度不等时可采用平均值；

$\quad\quad \eta_{jb}$——强节点系数，对于框架结构，一级宜取 1.5，二级宜取 1.35，三级宜取 1.2；

$\quad\quad \sum M_b$——节点左右梁端反时针或顺时针方向组合弯矩设计值之和，一级框架节点左右梁端均为负弯矩时，绝对值较小的弯矩应取零；

$\quad\quad \sum M_{bua}$——节点左右梁端反时针或顺时针方向实配的正截面抗震受弯承载力所对应的弯矩值之和，可根据实配钢筋面积（计入受压筋）和材料强度标准值确定。

（2）核芯区截面有效验算宽度

① 核芯区截面有效验算宽度

当验算方向的梁截面宽度不小于该侧柱截面宽度的 1/2 时，可采用该侧柱截面宽度。当小于柱截面宽度的 1/2 时，可采用下列二者的较小值：

$$b_j = b_b + 0.5h_c \qquad \text{《抗震规范》式(D.1.2-1)}$$
$$b_j = b_c \qquad \text{《抗震规范》式(D.1.2-2)}$$

式中　b_j——节点核芯区的截面有效验算宽度；

$\quad\quad b_b$——梁截面宽度；

$\quad\quad h_c$——验算方向的柱截面高度；

$\quad\quad b_c$——验算方向的柱截面宽度。

② 当梁、柱的中线不重合且偏心距不大于柱宽的 1/4 时，核芯区的截面有效验算宽度可采用上述第①条和下式计算结果的较小值。

$$b_j = 0.5(b_b + b_c) + 0.25h_c - e \qquad \text{《抗震规范》式(D.1.2-3)}$$

式中　e——梁与柱中线偏心距。

（3）节点核芯区组合的剪力设计值

应符合下列要求：

$$V_j \leqslant \frac{1}{\gamma_{RE}}(0.30\eta_j f_c b_j h_j) \qquad \text{《抗震规范》式(D.1.3)}$$

式中　η_j——正交梁的约束影响系数，楼板为现浇、梁柱中线重合、四侧各梁截面宽度≥该侧柱截面宽度的 1/2，且正交方向梁高度≥框架梁高度的 3/4 时，可采用 1.5，9 度的一级宜采用 1.25，其他情况均采用 1.0；

$\quad\quad h_j$——节点核芯区的截面高度，可采用验算方向的柱截面高度；

$\quad\quad \gamma_{RE}$——承载力抗震调整系数，可采用 0.85。

（4）节点核芯区截面抗震受剪承载力

应采用下列公式验算：

$$V_j \leqslant \frac{1}{\gamma_{RE}}\left(0.1\eta_j f_t b_j h_j + 0.05\eta_j N \frac{b_j}{b_c} + f_{yv}A_{svj}\frac{h_{b0}-a'_s}{s}\right)$$

《抗震规范》式（D.1.4-1）

9 度的一级

$$V_j \leqslant \frac{1}{\gamma_{RE}}\left(0.9\eta_j f_t b_j h_j + f_{yv}A_{svj}\frac{h_{b0}-a'_s}{s}\right)$$

《抗震规范》式（D.1.4-2）

式中　N——对应于组合剪力设计值的上柱组合轴向压力较小值，其取值≤柱的截面面积和混凝土轴心抗压强度设计值的乘积的 50%，当 N 为拉力时，取 $N=0$；

　　f_{yv}——箍筋的抗拉强度设计值；

　　f_t——混凝土轴心抗拉强度设计值；

　　A_{svj}——核芯区有效验算宽度范围内同一截面验算方向箍筋的总截面面积；

　　s——箍筋间距。

2. 扁梁框架（梁宽大于柱宽的情况）的梁柱节点

（1）按柱宽范围内和范围外分别计算。具体来说，扁梁框架的梁柱节点核芯区应根据梁纵筋在柱宽范围内、外的截面面积比例，对柱宽以内和柱宽以外的范围分别验算受剪承载力。

（2）核芯区验算方法除应符合一般框架梁柱节点的要求外，尚应符合下列要求：

① 按《抗震规范》式（D.1.3）验算核芯区剪力限值时，核芯区有效宽度可取梁宽与柱宽之和的平均值。

② 四边有梁的约束影响系数，验算柱宽范围内核芯的受剪承载力时可取 1.5；验算柱宽范围以外核芯区的受剪承载力时宜取 1.0。

③ 验算核芯区受剪承载力时，在柱宽范围内的核芯区，轴向力的取值可与一般梁柱节点相同；柱宽以外的核芯区，可不考虑轴力对受剪承载力的有利作用。

④ 锚入柱内的梁上部钢筋宜大于其全部截面面积的 60%。

3. 圆柱框架的梁柱节点（图 8-3）

（1）梁中线与柱中线重合时，圆柱框架梁柱节点核芯区组合的剪力设计值应符合下列要求：

$$V_j \leqslant \frac{1}{\gamma_{RE}}(0.30\eta_j f_c A_j)$$

《抗震规范》式（D.3.1）

式中　η_j——正交梁的约束影响系数，按《抗震规范》第 D.1.3 条确定，其中柱截面宽度按柱直径采用；

　　A_j——节点核芯区有效截面面积，取值为：

梁宽（b_b）≥柱直径（D）之半时，取

图 8-3　圆柱框架的梁柱节点（供图：毛爱通）

$A_j = 0.8D^2$；

梁宽（b_b）＜柱直径（D）之半且≥$0.4D$ 时，取 $A_j = 0.8D(b_b + D/2)$。

（2）梁中线与柱中线重合时，圆柱框架梁柱节点核芯区截面抗震受剪承载力，应采用下列公式验算：

$$V_j \leqslant \frac{1}{\gamma_{RE}}\left(1.5\eta_j f_t A_j + 0.05\eta_j \frac{N}{D^2}A_j + 1.57_{yv}A_{sh}\frac{h_{b0}-a_s'}{s} + f_{yv}A_{svj}\frac{h_{b0}-a_s'}{s}\right)$$

《抗震规范》式(D.3.2-1)

9 度的一级

$$V_j \leqslant \frac{1}{\gamma_{RE}}\left(1.2\eta_j f_t A_j + 1.57 f_{yv}A_{sh}\frac{h_{b0}-a_s'}{s} + f_{yv}A_{svj}\frac{h_{b0}-a_s'}{s}\right)$$

《抗震规范》式(D.3.2-2)

式中　A_{sh}——单根圆形箍筋的截面面积；

　　　A_{svj}——同一截面验算方向的拉筋和非圆形箍筋的总截面面积；

　　　D——圆柱截面直径；

　　　N——轴向力设计值，按一般梁柱节点的规定取值。

说　明

《抗震规范》式（D.3.2-1）和式（D.3.2-1）中的 $1.57 f_{yv}A_{sh}\dfrac{h_{b0}-a_s'}{s}$ 代表的是环形箍筋所承受的剪力。参考 ACI Structural Journal，Jan-Feb. 1989，Priestley 和 Paulay 的文章：Seismic strength of circular reinforced concrete columns，并依据重庆大学的试验结果，环形箍筋所承受的剪力可用下式表达：

$$V_s = \frac{\pi A_{sh}f_{yv}D'}{2s} = 1.57 f_{yv}A_{sh}\frac{D'}{s} \approx 1.57 f_{yv}A_{sh}\frac{h_{b0}-a_s'}{s}$$

式中　A_{sh}——环形箍单肢截面面积；

　　　D'——纵向钢筋所在圆周的直径；

　　　h_{b0}——框架梁截面有效高度；

　　　s——环形箍筋间距。

以上参见《抗震规范》6.2.14 条、附录 D

✳ 8.1.2　非抗震时的节点构造要求

详见二维码链接 8-1。

✳ 8.1.3　抗震时的节点构造要求

1. 对节点区的材料强度

框架节点如图 8-4 所示。如果考虑抗震，混凝土强度对保证构件塑性铰区发挥延性能力具有较重要的作用，因此要求：

图 8-4　框架节点

（1）一级抗震等级时：节点混凝土等级不应低于 C30；

（2）其他情况下：不应低于 C20。

上限是：设防烈度为 9 度时，C60；8 度时，C70。

以上参见《混规》11.2.1 条

2. 框架梁和框架柱的纵向受力钢筋在框架节点区的锚固和搭接

根据反复荷载作用下的节点试验结果和框架结构非线性动力反应分析结果，并参考国外规范，要求如下：

（1）框架中间层中间节点处（图 8-5～图 8-7）

图 8-5　框架中间层中间节点

图 8-6　框架中间层中间节点
（注意梁上部纵筋贯穿节点）

框架梁的上部纵筋应贯穿中间节点。如《混规》图 11.6.7（见图 8-8）（c，d）所示。为了防止梁在反复荷载作用时出现钢筋的滑移，要求贯穿中柱的每根梁纵筋直径：

　① 对于 9 度设防烈度的各类框架和一级抗震等级的框架结构

➤ 当柱为矩形截面时，不宜大于柱在该方向截面尺寸的 1/25；

➤ 当柱为圆形截面时，不宜大于纵筋所在位置柱截面弦长的 1/25。

图 8-7　中间层中间节点的配筋（注意贯穿中柱的梁纵筋直径）

② 对于一、二、三级抗震等级

➤ 当柱为矩形截面时，不宜大于柱在该方向截面尺寸的 1/20；

➤ 当柱为圆形截面时，不宜大于纵筋所在位置柱截面弦长的 1/20。

（2）对于框架中间层中间节点、中间层端节点、顶层中间节点以及顶层端节点，梁、柱纵筋在节点部位的锚固和搭接，应符合《混规》图 11.6.7（见图 8-8）的相关构造规定。

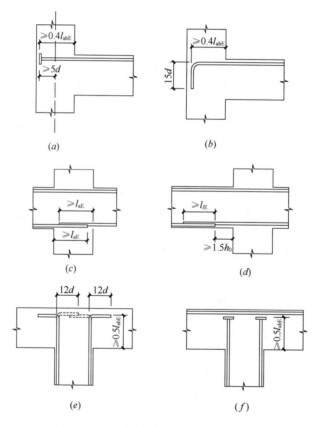

图 8-8　梁和柱的纵向受力钢筋在节点区的锚固和搭接（一）

（a）中间层端节点梁筋加锚头（锚板）锚固；（b）中间层端节点梁筋 90°弯折锚固；（c）中间层中间节点梁筋在节点内直锚固；（d）中间层中间节点梁筋在节点外搭接；（e）顶层中间节点柱筋 90°弯折锚固；（f）顶层中间节点柱筋加锚头（锚板）锚固

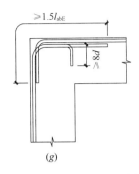
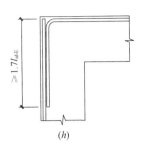

(g) (h)

图 8-8 梁和柱的纵向受力钢筋在节点区的锚固和搭接（二）

(g) 钢筋在顶层端节点外侧和梁端顶部弯折搭接；(h) 钢筋在顶层
端节点外侧直线搭接

图 8-8 中 l_{lE} 按《混规》11.1.7 条的规定取用；l_{abE} 为抗震时钢筋的基本锚固长度，按下式取用：

$$l_{abE} = \zeta_{aE} l_{ab} \qquad 《混规》式(11.6.7)$$

式中 ζ_{aE}——纵向受拉钢筋锚固长度修正系数，按《混规》11.1.7 条的规定取用，即一、二级取 1.15；三、四级分别取 1.05 和 1.00。

图 8-9 90°弯折的梁纵筋

图 8-10 中间层端节点梁筋 90°弯折锚固

图 8-11 中间层端节点配筋

(a)　　　　　　　　　　　　　(b)

图 8-12　顶层中间节点的柱筋 90°弯折锚固

说　明

（1）顶层中节点柱纵筋和边节点柱内侧纵筋应伸至柱顶。当从梁底边计算的直线锚固长度 $\geqslant l_{aE}$ 时，可不必水平弯折，否则应向柱内或梁内、板内水平弯折，锚固段弯折前的竖直投影长度 $\geqslant 0.5l_{abE}$，弯折后的水平投影长度不宜小于 12 倍的柱纵筋直径。如图 8-8（e）所示。

（2）顶层端节点处，柱外侧纵筋可与梁上部纵筋搭接，搭接长度 $\geqslant 1.5l_{aE}$，且伸入梁内的柱外侧纵筋截面面积不宜小于柱外侧全部纵筋截面面积的 65%；在梁宽范围以外的柱外侧纵筋可伸入现浇板内，其伸入长度与伸入梁内的相同。（图 8-11）

当柱外侧纵筋的配筋率大于 1.2% 时，伸入梁内的柱纵向钢筋宜分两批截断，其截断点之间的距离不宜小于 20 倍的柱纵筋直径。

（3）梁上部纵筋伸入端节点的锚固长度，直线锚固时 $\geqslant l_{aE}$，且伸过柱中心线的长度 $\geqslant 5$ 倍的梁纵筋直径。

当柱截面尺寸不足时，梁上部纵筋应伸至节点对边并向下弯折，锚固端弯折前的水平投影长度 $\geqslant 0.4l_{abE}$，弯折后的竖直投影长度应取 15 倍的梁纵筋直径。如图 8-8（b）所示。

（4）梁下部纵筋的锚固与梁上部纵筋相同，但采用 90°弯折方式锚固时，竖直段应向上弯入节点内。（图 8-12）

（5）当采用锚固板、锚头等锚固措施时，钢筋锚固的构造规定如图 8-8（a，f）所示。

整体示意如《高规》图 6.5.5（见图 8-13）所示。

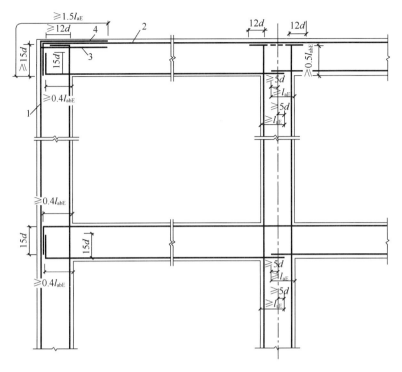

图 8-13　抗震设计时框架梁、柱纵向钢筋在节点区的锚固示意
1—柱外侧纵向钢筋；2—梁上部纵向钢筋；3—伸入梁内的柱外侧纵向钢筋；4—不能
伸入梁内的柱外侧纵向钢筋，可伸入板内

以上参见《混规》11.6.7 条、《高规》6.3.3 条和 6.5.5 条

3. 节点区的水平箍筋设置

为使框架的梁柱纵向钢筋有可靠的锚固条件，框架梁柱节点核芯区的混凝土要具有良好的约束，因此也宜设置水平箍筋（图 8-14）。考虑到核芯区内箍筋的作用与柱端有所不同，其构造要求与柱端有所区别。具体如下：

（1）最大间距、最小直径

为了保证箍筋对核心区混凝土的最低约束作用和节点的基本抗震受剪承载力，宜按《混规》表 11.4.12-2 采用。

（2）节点区配箍特征值、体积配箍率

为了保证箍筋对核心区混凝土的最低约束作用和节点的基本抗震受剪承载力，根据现有研究：

① 对一、二、三级抗震等级的框架节点核心区，配箍特征值分别不宜小于 0.12、0.10 和 0.08；箍筋体积配筋率分别不宜小于 0.6%、0.5% 和 0.4%。

② 当框架柱的剪跨比≤2 时，其节点核心

图 8-14　节点区水平箍筋

区体积配箍率不宜小于核心区上、下柱端体积配箍率中的较大值。

以上参见《混规》11.6.8条、《高规》6.4.10条、

《抗震规范》6.3.10条

4. 有关节点核心区的抗震受剪承载力验算

根据近几年进行的框架结构非线性动力反应分析结果，结合对框架结构的震害调查表明：

（1）对一、二、三级抗震等级的框架，都应进行节点核心区的抗震受剪承载力验算。

1）剪力设计值的取用

① 对顶层中间节点和端节点，按《混规》式（11.6.2-1）或式（11.6.2-2）计算；

② 对其他层中间节点和端节点，按《混规》式（11.6.2-3）或式（11.6.2-4）计算。

2）节点核心区的受剪水平截面限制条件

节点截面的限制条件相当于其抗震受剪承载力的上限。这意味着当考虑了增大系数后的节点作用剪力超过其截面限制条件时，再增大箍筋已无法进一步有效提高节点的受剪承载力。

根据现有研究，限制条件为：

$$V_j \leqslant \frac{1}{\gamma_{RE}}(0.3\eta_j\beta_c f_c b_j h_j) \qquad \text{《混规》式(11.6.3)}$$

式中 h_j——框架节点核心区的截面高度；

b_j——框架节点核心区的截面有效验算宽度；

η_j——正交梁对节点的约束影响系数。

试验证明：当节点在两个正交方向有梁且在周边有现浇板时，梁和现浇板增加了对节点区混凝土的约束，从而可在一定程度上提高节点的受剪承载力。但若两个方向的梁截面较小，或不是沿四周均有现浇板，则其约束作用就不明显。因此规定：

① 在两个方向都有梁，且梁的宽度和高度能满足一定要求（梁宽度不小于该侧柱截面宽度1/2，且梁高度不小于较高框架梁高度的3/4），且有现浇板时，才考虑这一约束影响系数（一般取 η_j 为1.50，但对9度设防烈度时宜取 η_j 为1.25）。

② 对于梁截面较小或只沿一个方向有梁的中节点，或周边未被现浇板充分围绕的中节点，以及边节点、角节点等情况，都不考虑梁对节点约束的有利影响（即取 η_j 为1.00）。

3）受剪承载力的验算式

节点的受剪承载力由混凝土斜压杆和水平箍筋两部分组成，其中水平箍筋是通过其对节点区混凝土斜压杆的约束效应来增强节点受剪承载力的。

根据试验结果，节点核心区内混凝土斜压杆截面面积可以随柱端轴力的增加而稍有增加，使得：

① 在作用剪力较小时，柱轴压力的增大对防止节点的开裂和提高节点的抗剪能力起一定的有利作用。

② 当节点作用剪力较大时，因核心区混凝土斜向压应力已经较高，轴压力的增大反而会使节点更早发生混凝土斜压型剪切破坏，从而削弱了节点的受剪承载力。

因此，在9度设防烈度下，节点受剪承载力的计算公式［《混规》式（11.6.4-1）］中已经取消了轴压力的有利影响。但为了不致使节点中箍筋用量增加过多，在其他设防烈度的情况下，节点受剪承载力计算公式［《混规》式（11.6.4-2）］中仍保留了轴力项的有利影响$\left(0.05\eta_{\mathrm{j}}N\dfrac{b_{\mathrm{j}}}{b_{\mathrm{c}}}\right)$。这一做法与试验结果不符，只是一种权宜性的做法。

（2）对四级抗震等级的框架节点，可不进行计算，但应符合抗震构造措施的要求。

以上参见《混规》11.6.1～11.6.4条、《高规》6.2.7条

5. 圆柱框架

根据国内试验结果，参考圆柱斜截面受剪承载力计算公式的建立模型，对圆柱截面框架节点（图8-15，图8-16）提出了受剪承载力计算方法。当梁中线与柱中线重合时，受剪水平截面应符合《混规》式（11.6.5）的要求；受剪承载力应符合《混规》式（11.6.6-1）（对9度设防烈度的一级抗震等级框架）或式（11.6.6-2）（对其他情况）的要求。

图 8-15　圆柱框架节点

图 8-16　施工中的圆柱框架节点（供图：毛爱通）

以上参见《混规》11.6.5条、11.6.6条

✳ 8.1.4 梁、柱中心线不重合时的加腋处理

当梁柱中心线不能重合时，在计算中应考虑偏心对梁柱节点核心区受力和构造的不利影响，以及梁荷载对柱子的偏心影响。

梁、柱中心线之间的偏心距：

➢ 9度抗震设计时：不应大于柱截面在该方向宽度的1/4；

➢ 非抗震设计和6～8度抗震设计时：不宜大于柱截面在该方向宽度的1/4。

根据国内外试验研究的结果，采取增设梁的水平加腋（图8-17）可显著改善梁、柱节点承受反复荷载的性能。（图8-18）

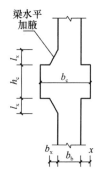

图 8-17 水平加腋梁

图 8-18 水平加腋

设置水平加腋后，仍须考虑梁柱偏心的不利影响。

（1）梁的水平加腋厚度可取梁截面高度，其水平尺寸宜满足下列要求：

$$b_x/l_x \leqslant 1/2 \qquad 《高规》式(6.1.7-1)$$

$$b_x/b_x \leqslant 2/3 \qquad 《高规》式(6.1.7-2)$$

$$b_b + b_x + x \geqslant b_c/2 \qquad 《高规》式(6.1.7-3)$$

式中　b_x——梁水平加腋宽度（mm）；

　　　l_x——梁水平加腋长度（mm）；

　　　b_b——梁截面宽度（mm）；

　　　b_c——沿偏心方向柱截面宽度（mm）；

　　　x——非加腋侧梁边到柱边的距离（mm）。

（2）梁采用水平加腋时，框架节点有效宽度 b_j 宜符合下式要求：

当 $x=0$ 时，b_j 按下式计算：

$$b_j \leqslant b_b + b_x \qquad 《高规》式(6.1.7-4)$$

当 $x \neq 0$ 时，b_j 取《高规》式（6.1.7-5）和式（6.1.7-6）计算的较大值，且应满足《高规》式（6.1.7-7）的要求：

$$b_j \leqslant b_b + b_x + x \qquad 《高规》式(6.1.7-5)$$

$$b_j \leqslant b_b + 2x \qquad 《高规》式(6.1.7-6)$$

$$b_j \leqslant b_b + 0.5 h_c \qquad\qquad 《高规》式(6.1.7\text{-}7)$$

式中 h_c——柱截面高度（mm）。

以上参见《高规》6.1.7 条

8.2 楼 梯

楼梯是房屋建筑的竖向通道，也是主要的疏散通道，应有足够的抗倒塌能力。目前主要采用钢筋混凝土楼梯，是一种斜向搁置的梁板结构。

汶川地震灾害表明，框架结构中的楼梯及周边构件震害严重。为此，抗震设计时，框架结构的楼梯间应符合下列规定：

（1）钢筋混凝土楼梯本身的刚度不容忽视，楼梯间的布置应尽量减小其造成的结构平面不规则；

（2）宜采用现浇钢筋混凝土楼梯，楼梯结构应具有足够的抗倒塌能力；

（3）宜采取措施减小楼梯对主体结构的影响；

（4）当钢筋混凝土楼梯与主体结构整体连接时，应考虑楼梯对地震作用及其效应的影响，并应对楼梯构件进行抗震承载力验算。

以上参见《高规》6.1.4 条

楼梯的结构形式有多种分类，如图 8-19 所示。楼梯实例如图 8-20、图 8-21 所示。

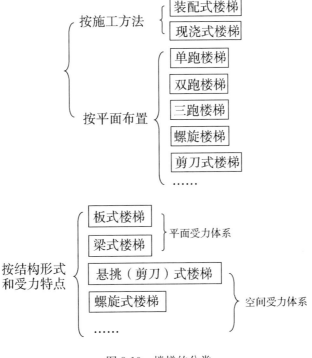

图 8-19　楼梯的分类

图 8-20　悬挑楼梯

图 8-21　螺旋楼梯

本节主要介绍板式楼梯和梁式楼梯。楼梯结构设计步骤如图 8-22 所示。

根据建筑要求和施工条件，确定楼梯的结构形式和结构布置

根据建筑类别，确定楼梯的活荷载标准值

进行楼梯各部件的内力分析和截面设计

绘制施工图，处理连接部件的配筋构造

图 8-22　楼梯的结构设计步骤

✳ 8.2.1　板式楼梯

由梯段板、平台板和平台梁组成（图 8-23）。其中，梯段板是一块带踏步的斜板，斜板支承于上、下平台梁上，底层下端支承在地垄墙上。

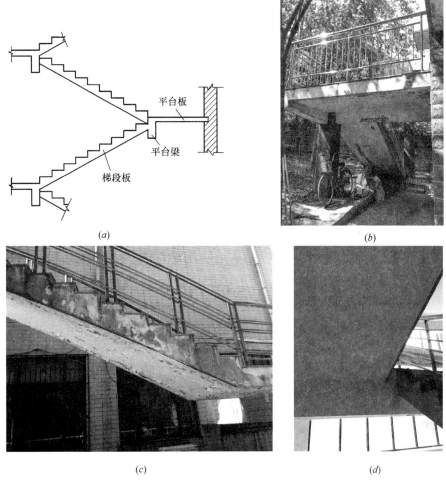

(a) 　　　　　　　　　　　　　　　(b)

(c) 　　　　　　　　　　　　　　　(d)

图 8-23　板式楼梯

➢ 优点：梯段板下表面平整，支模简单；

➢ 缺点：梯段板跨度较大时，斜板厚度较大，结构材料用量较多。

因此板式楼梯适用于可变荷载较小、梯段板跨度一般不大于 3m 的情况。

板式楼梯荷载传递路径：荷载→梯段板（平台板）→平台梁。对结构可做简化，如图 8-24 所示。

如何理解梯段板的荷载主要传到了两端的平台梁（图 8-25）上？

由图 8-26 可见，与梯段板直接接触的隔墙只是砌块填充墙，还可以挖出空洞来，因为它并不是支撑梯段板的主力。

结构设计内容包括梯段板、平台板和平台梁的设计。梯段板和平台板都支承于平台梁上，为简化起见，通常将梯段板和平台板分开计算。

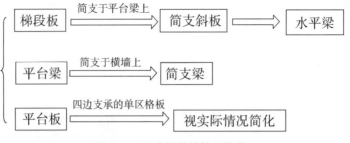

图 8-24 板式楼梯结构的简化

图 8-25 平台梁

图 8-26 板式楼梯及隔墙

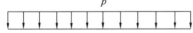

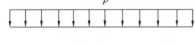

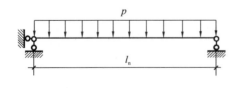

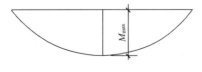

图 8-27 梯段板计算简图

（1）梯段板

近似地按斜向简支梁计算，如图 8-27 所示。

可得跨中最大弯矩：

$$M_{\max} = \frac{1}{8} p l_n^2 \qquad (8-1)$$

支座最大剪力：

$$V_{\max} = \frac{1}{2} p l_n \cos a \qquad (8-2)$$

式中　l_n——楼段板的水平净跨长；

　　　p——均布恒载和均布活载的总设计值。

考虑到梯段板、平台梁和平台板的整体性，并非理想铰接，设计中跨中截面最大弯矩一般取为：

$$M_{\max} = \frac{1}{10} p l_n^2 \qquad (8-3)$$

（2）平台板

平台板一般为单向板，可取 1m 板宽进行计算。支撑条件：一边与平台梁整体连接，另一边与过梁连接或支承于墙上。

跨中截面最大弯矩一般取为：

$$M_{max} = 1/10\, p l_0^2 \qquad (8\text{-}4)$$

式中　l_0——计算跨度，按净跨取。

板内配筋如图 8-29 所示。

（3）平台梁

与普通梁类似，按简支计算。但要

图 8-28　梯段板内配筋（供图：陈可）

考虑一些细节，如分配到的荷载范围（一侧是一半梯段板传来的荷载，另一侧是一半平台板传来的荷载）等。（图 8-30）

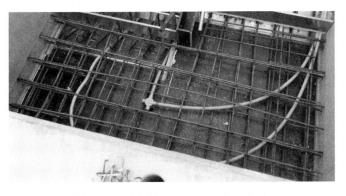

图 8-29　平台板内配筋（供图：陈可）

图 8-30　平台梁

✳ 8.2.2　梁式楼梯

由踏步板、梯段斜梁、平台板和平台梁组成（图 8-31，图 8-32）。其中，踏步板支撑于梯段斜梁上；梯段斜梁支撑于上、下平台梁上，可位于踏步板的下面或上面。

当梯段板水平方向的跨度大于 3.0m～3.3m 时，采用梁式楼梯较为经济，缺点是施工时支模比较复杂，外观也显得笨重。

梁式楼梯荷载传递路径：荷载→踏步板→斜梁（平台板）→平台梁。

结构做如下简化：

➤ 踏步板：简支于斜梁上，为简支板；

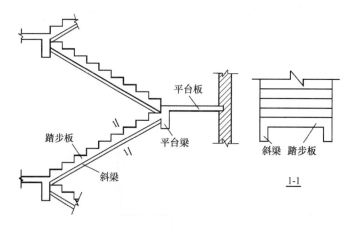

图 8-31　梁式楼梯简图

图 8-32　梁式楼梯

➢ 斜梁：简支于平台梁上；

➢ 平台板：为四边支承的单区格板，视实际情况简化；

➢ 平台梁：简支于横墙上，简化为简支梁。

1. 踏步板

（1）按两端简支的单向板计算，一般取一个踏步板作为计算单元；

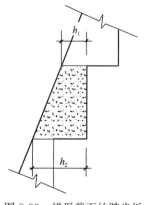

图 8-33　梯形截面的踏步板

（2）踏步板为梯形截面（图 8-33），计算时可按截面面积相等的原则折算为等宽度的矩形截面，矩形截面的高度可近似取 $h = (h_1 + h_2)/2$。

配筋要求：每一踏步一般需配置不少于 $2\phi6$ 的受力钢筋；沿斜向布置的分布钢筋直径不小于 $\phi6$，间距不大于 300mm。

2. 斜梁

内力计算与板式楼梯的斜板相同。计算时截面高度可取为矩形截面。

3. 平台梁

一般按简支梁计算。主要承受斜梁传来的集中荷载、平台板传来的均布荷载。

> **注意**
>
> 当楼梯下净高不够时，可将楼层梁向内移动。此时需要做一些相应处理：
>
> （1）对板式楼梯：楼梯段将成为折线形。此时，设计应注意两个问题：
>
> ① 梯段板中的水平段，其板厚应与梯段斜板相同，不能和平台板等厚；
>
> ② 折角处的下部受拉钢筋不允许沿板底弯折，以免产生向外的合力，将该处的混凝土崩脱，应将此处的纵筋断开，各自延伸到顶面再进行锚固。若板的弯折位置靠近楼层梁，板内可能出现负弯矩，则板上面还应配置承担负弯矩的短钢筋。
>
> （2）对梁式楼梯：斜梁将成为折线形。
>
> ① 折线梁内折角处的受拉纵向钢筋应分开配置，并各自延伸以满足锚固要求；
>
> ② 同时应在此处增设附加箍筋。该箍筋应足以承受未伸入受压区锚固的纵向受拉钢筋的合力，且在任何情况下不应小于全部纵向受拉钢筋合力的35％。

✳ 8.2.3 楼梯间的抗震设计

发生强烈地震时，楼梯间是重要的紧急逃生竖向通道，楼梯间（包括楼梯板）的破坏会延误人员撤离及救援工作，可能造成严重伤亡。因此需要单独考虑楼梯间的抗震设计要求。具体来说，楼梯间应符合下列要求：

（1）宜采用现浇钢筋混凝土楼梯（图8-34）。

图8-34 现浇钢筋混凝土楼梯（供图：毛爱通）

（2）对于框架结构：

① 楼梯间的布置不应导致结构平面特别不规则。

② 楼梯构件与主体结构整浇时（图8-35），梯板起到斜支撑的作用，对结构刚度、承载力、规则性的影响比较大，应参与抗震计算，即：

➤ 应计入楼梯构件对地震作用及其效应的影响；

➤ 应进行楼梯构件的抗震承载力验算。

③ 宜采取构造措施，减少楼梯构件对主体结构刚度的影响。例如，将梯板滑动支承于平台板，可使得楼梯构件对结构刚度的影响较小，是否参与整体抗震计算差别不大。

④ 楼梯间两侧填充墙与柱之间应加强拉结（图8-36）。

（3）对于楼梯间设置刚度足够大的抗震墙的结构（图 8-37），楼梯构件对结构刚度的影响较小，也可不参与整体抗震计算。

图 8-35　楼梯构件与主体结构整浇　　　　　　图 8-36　楼梯间填充墙与框架柱

图 8-37　楼梯间设置抗震墙的结构（供图：毛爱通）

以上参见《抗震规范》6.1.15 条

第9章 框架结构与厂房的非结构构件设计

非结构构件的破坏会影响到建筑物的安全和使用功能。处理好非结构构件和主体结构的关系，可防止附加灾害，减少损失。

首先说明，本章研究的非结构构件专指建筑非结构构件，即建筑中除承重骨架体系以外的固定构件和部件。主要包括三类：

（1）附属结构构件。如幕墙、雨篷、女儿墙、高低跨封墙、固定于楼面的大型储物架、广告牌等；

（2）装饰物。如贴面、顶棚、悬吊重物等；

（3）围护墙和隔墙。

说　明

（1）建筑非结构构件在地震中的破坏允许大于结构构件，容许建筑非结构构件的损坏程度略大于主体结构，但不得危及生命。

（2）非结构构件的抗震设计，应由相关专业人员分别负责进行。非结构的抗震设计所涉及的设计领域较多，本章主要涉及与主体结构设计有关的内容，即非结构构件与主体结构的连接件及其锚固的设计。

（3）建筑非结构构件自身的抗震，系以其不受损坏为前提，本章不直接涉及这方面的内容。

以上参见《抗震规范》3.7.1条、3.7.2条、13.1.1条和13.7.1条

9.1 一 般 规 定

✳ 9.1.1 非结构构件的连接或锚固

附着于楼、屋面结构上的非结构构件，尤其是在人流出入口、通道及重要设备附近的附属结构构件，包括楼梯间的非承重墙体，应与主体结构有可靠的连接或锚固，以避免地震时倒塌伤人或砸坏重要设备。（图 9-1～图 9-4）

图 9-1　某人流出入口上方的雨篷

图 9-2　出屋面广告牌

图 9-3　广告牌及射灯

图 9-4　附着于高层建筑的标志的支架

以上参见《抗震规范》3.7.3条和13.7.3条

✳ 9.1.2 需要进行抗震验算的非结构构件范围

世界各国的抗震规范中，要求对非结构的地震作用进行计算的有 60％，而仅有 28％对非结构的构造作出了具体规定。考虑到我国设计人员的习惯，首先要求采取抗震措施，对于抗震计算的范围由相关标准规定。

一般情况下，除了《抗震规范》第 5 章有明确规定的非结构构件，如出屋面女儿墙、长悬臂构件（雨篷等）外，尽量减少非结构构件地震作用计算和构件抗震验算的范围。

需要进行抗震验算的建筑非结构构件大致如下：

> ➤ 7～9 度时，基本上为脆性材料制作的幕墙及各类幕墙的连接；
> ➤ 8、9 度时，悬挂重物的支座及其连接、出屋面广告牌和类似构件的锚固；
> ➤ 附着于高层建筑的重型商标、标志、信号等的支架。

注意

当抗震设防要求不同的非结构构件连接在一起时，要求低的构件也需按较高的要求设计。

很多情况下，同一部位有多个非结构构件，如出入口通道可包括非承重墙体、悬吊顶棚、应急照明和出入信号四个非结构构件。其中一个非结构构件连接损坏时，应不致引起与之相连接的有较高要求的非结构构件失效。

以上参见《抗震规范》13.1.3 条

✳ 9.1.3 达到性能化设计目标的方法

非结构构件应根据所属建筑的**抗震设防类别**和**非结构地震破坏的后果**及其对整个建筑结构影响的范围，采取不同的抗震措施，达到相应的性能化设计目标。

（1）当非结构的建筑构件和附属机电设备按使用功能的专门要求进行性能设计时，在遭遇设防烈度地震影响下的性能要求可按《抗震规范》表 M.2.1 选用。

《抗震规范》表 M.2.1　建筑非结构构件和附属机电设备的参考性能水准

性能水准	功能描述	变形指标
性能 1	外观可能损坏，不影响使用和防火能力，安全玻璃开裂；使用、应急系统可照常运行	可经受相连结构构件出现 1.4 倍的建筑构件、设备支架设计挠度
性能 2	可基本正常使用或很快恢复，耐火时间减少 1/4，强化玻璃破碎；使用系统检修后运行，应急系统可照常运行	可经受相连结构构件出现 1.0 倍的建筑构件、设备支架设计挠度
性能 3	耐火时间明显减少，玻璃掉落，出口受碎片阻碍；使用系统明显损坏，需修理才能恢复功能，应急系统受损仍可基本运行	只能经受相连结构构件出现 0.6 倍的建筑构件、设备支架设计挠度

（2）建筑围护墙、附属构件及固定储物柜等进行抗震性能设计时，其地震作用的构件类别系数和性能系数可参考《抗震规范》表 M.2.2 确定。

构件、部件名称	构件类别系数	功能系数	
		乙　类	丙　类
非承重外墙： 　围护墙 　玻璃幕墙等	 0.9 0.9	 1.4 1.4	 1.0 1.4
连接： 　墙体连接件 　饰面连接件 　防火顶棚连接件 　非防火顶棚连接件	 1.0 1.0 0.9 0.6	 1.4 1.0 1.0 1.0	 1.0 0.6 1.0 0.6
附属构件： 　标志或广告牌等	 1.2	 1.0	 1.0
高于 2.4m 储物柜支架： 　货架（柜）文件柜 　文物柜	 0.6 1.0	 1.0 1.4	 0.6 1.0

（3）补充说明——有关建筑非结构构件的抗震设防分类：

各国的抗震规范或标准有不同的规定，我国大致分为高、中、低三个层次：

① 高要求时：外观可能损坏而不影响使用功能和防火能力，安全玻璃可能裂缝，可经受相连结构构件出现 1.4 倍以上设计挠度的变形，即功能系数取≥1.4。

② 中等要求时：使用功能基本正常或可很快恢复，耐火时间减少 1/4，强化玻璃破碎，其他玻璃无下落，可经受相连结构构件出现设计挠度的变形，功能系数取 1.0。

③ 一般要求时：多数构件基本处于原位，但系统可能损坏，需修理才能恢复功能，耐火时间明显降低，容许玻璃破碎下落，只能经受相连结构构件出现 0.6 倍设计挠度的变形，功能系数取 0.6。

以上参见《抗震规范》13.1.2 条、附录 M.2

✳ 9.1.4　预埋件、锚固件部位应采取的加强措施

如图 9-5～图 9-7 所示。采取加强措施的目的是承受建筑非结构构件传给主体结构的地震作用。

图 9-5　雨篷锚固件（雨篷未完工）

图 9-6　广告牌锚固件

图 9-7　建筑外置铁栏杆的锚固件

以上参见《抗震规范》13.3.1条

9.2　基本计算要求

✳ 9.2.1　结构抗震计算时计入非结构构件影响的规定

（1）地震作用计算时，应计入支承于结构构件的建筑构件的重力。

（2）对柔性连接的建筑构件，可不计入刚度。

（3）对嵌入抗侧力构件平面内的刚性建筑非结构构件，应计入其刚度影响，可采用周期调整等简化方法。一般情况下不应计入其抗震承载力，当有专门的构造措施时，尚可按有关规定计入其抗震承载力。

（4）支承非结构构件的结构构件，应将非结构构件地震作用效应作为附加作用对待，并满足连接件的锚固要求。

也就是说，结构构件设计时仅计入支承非结构部位的集中作用并验算连接件的锚固。

✳ 9.2.2　非结构构件因支承点相对水平位移产生的内力计算

计算方法如图 9-8 所示。

该构件在位移方向的刚度	✖	规定的支承点相对水平位移
应根据其端部的实际连接状态，分别采用刚接、铰接、弹性连接或滑动连接等简化的力学模型		相邻楼层的相对水平位移，可按《规范》规定的限值采用

图 9-8　非结构构件因支承点相对水平位移产生的内力计算方法

需要说明的是，建筑非结构构件的变形能力相差较大：

（1）砌体材料构成的非结构构件，由于变形能力较差而限制在要求高的场所使用，国外的规范也只有构造要求而不要求进行抗震计算。

（2）金属幕墙和高级装修材料具有较大的变形能力，国外通常由生产厂家按主体结构设计的变形要求提供相应的材料，而不是由材料决定结构的变形要求。

（3）对玻璃幕墙，《建筑幕墙》标准中已规定其平面内变形分为五个等级，最大 1/100，最小 1/400。

✳ 9.2.3　考虑的地震作用方向

（1）非结构构件的地震作用，除了《抗震规范》第 5 章规定的长悬臂构件外，只考虑水平方向。

（2）各构件和部件的地震力应施加于其重心，水平地震力应沿任一水平方向。

✳ 9.2.4　补充说明

（1）对支承于不同楼层或防震缝两侧的非结构构件，除自身重力产生的地震作用外，尚应同时计及地震时支承点之间相对位移产生的作用效应。

（2）非结构构件的地震作用效应（包括自身重力产生的效应和支座相对位移产生的效应）和其他荷载效应的基本组合，按《抗震规范》结构构件的有关规定计算。对幕墙（图9-9），需计算地震作用效应与风荷载效应的组合。

注意

非结构构件抗震验算时，摩擦力不得作为抵抗地震作用的抗力；承载力抗震调整系数可采用 1.0。

图 9-9　某施工中的幕墙

以上参见《抗震规范》13.2.1～13.2.5 条

9.3　所受地震作用的计算方法

具体如何计算非结构构件所受的地震作用？详见二维码链接9-1。
下面针对具体的非结构构件类型介绍相关设计要求与要点。

9.4　围护墙与隔墙

框架与厂房结构的围护墙、隔墙宜选用轻质墙体。目前主要采用的是砌体墙体。（图
9-10，图9-11）

图9-10　框架结构的围护墙

图9-11　框架结构的隔墙

围护墙和隔墙实际上会起到承受和传递水平地震力的作用，其刚度和质量分布对厂房
的动力反应有很大影响。这类墙体与框架或单层厂房柱的连接，也会影响整个结构的动力
性能和抗震能力。两者之间的连接处理不同时，影响也不同。

建议两者之间采用柔性连接或彼此脱开，可只考虑围护墙与隔墙的重量而不计其刚度
和强度的影响。

> **以上参见《抗震规范》3.7.4条、13.3.2条、13.7.4条**

✳ 9.4.1　墙体布置的要求

墙体布置不当时，可能造成结构竖向刚度变化过大，或形成较大的刚度偏心，导致震
害。此外，对于框架或厂房，柱间的填充墙不到顶，或房屋外墙在混凝土柱间局部高度砌
墙（图9-12），可能会使这些柱子处于短柱状态，许多震害表明，这些短柱破坏很多，需
要注意。

因此要求在抗震设计时，其布置应符合下列规定：

（1）应根据烈度、房屋高度、建筑体型、结构层间变形、墙体自身抗侧力性能的利用
等因素，经综合分析后确定；

图 9-12　外墙在混凝土柱间局部高度砌墙

（2）在平面和竖向的布置宜均匀对称；

（3）刚性非承重墙体的布置，应避免使结构形成刚度和强度分布上的突变；

（4）当围护墙非对称均匀布置时，应考虑质量和刚度的差异对主体结构抗震不利的影响；

（5）减少因抗侧刚度偏心造成的结构扭转；

（6）避免形成薄弱层或短柱。

以上参见《高规》6.1.3条，《抗震规范》13.3.2条、13.3.4条

✳ 9.4.2　对墙体本身的要求

砌体材料的强度：

（1）砂浆：强度等级不应低于M5；

（2）实心块体：强度等级不宜低于MU2.5；

（3）空心块体：强度等级不宜低于MU3.5。

以上参见《抗震规范》13.3.4条

✳ 9.4.3　墙体与主体结构的拉结要求

墙体与主体结构的拉结要求如图9-13所示。

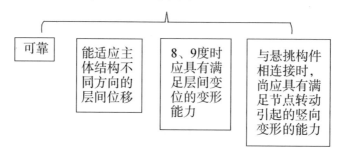

图 9-13　墙体与主体结构的拉结要求

具体来说：

（1）墙长大于5m时，墙顶与梁（板）宜有钢筋拉结。

（2）墙长超过8m或层高2倍时，宜设置间距不大于4m的钢筋混凝土构造柱（图9-14）。

图 9-14　钢筋混凝土构造柱

（3）墙高超过4m时，墙体半高处（或门洞上皮）宜设置与柱连接且沿墙全长贯通的钢筋混凝土水平系梁（图9-15）。

（a）　　　　　　　　　　　　　　　（b）

（c）　　　　　　　　　　　　　　　（d）

图 9-15　水平系梁及构造柱

（4）楼梯间和人流通道采用砌体填充墙时（图 9-16），应设置间距不大于层高且不大于 4m 的钢筋混凝土构造柱，并应采用钢丝网砂浆面层加强。

图 9-16　楼梯间的填充墙

以上参见《抗震规范》13.3.2 条和 13.3.4 条

✳ 9.4.4　采用装配式外墙板时

装配式外墙板如图 9-17 所示。墙板自身的抗震构造，应符合相关专门标准的规定。

外墙板的连接件如图 9-18 所示。要求连接件应具有足够的延性和适当的转动能力，

(a)　　　　　　　　　　　　　　(b)

(c)　　　　　　　　　　　　　　(d)

图 9-17　装配式外墙板

宜满足在设防地震下主体结构层间变形的要求。

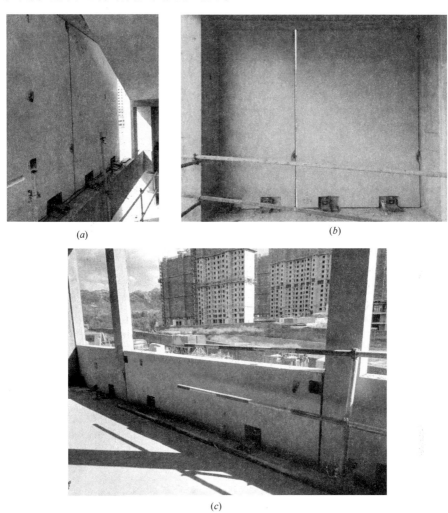

图 9-18　外墙板连接件

以上参见《抗震规范》13.3.2条

✳ 9.4.5　针对框架结构的具体要求

抗震设计时，砌体填充墙及隔墙应具有自身稳定性，并应符合下列规定：

（1）当采用砖及混凝土砌块时，砌块的强度等级不应低于 MU5；当采用轻质砌块时，砌块的强度等级不应低于 MU2.5。

（2）填充墙应沿框架柱全高每隔 500～600mm 设 2ϕ6 拉筋（图 9-19，图 9-20），拉筋伸入墙内的长度：

图 9-19　框架柱上设置的拉结筋

> ➤ 6、7 度时：宜沿墙全长贯通；
> ➤ 8、9 度时：应全长贯通。

图 9-20　混凝土框架与填充墙的拉结（供图：吕滔滔）

以上参见《高规》6.1.5 条、《抗震规范》13.3.4 条

✳ **9.4.6　针对单层厂房的具体要求**

震害调查表明：单层厂房的震害总的来说比较轻，主要就是围护结构的破坏。大型墙板的震害明显轻于砌体墙。

（1）厂房的围护墙：

① 宜采用轻质墙板或钢筋混凝土大型墙板；

② 砌体围护墙，应采用外贴式并与柱可靠拉结；

③ 外侧柱距为 12m 时，应采用轻质墙板或钢筋混凝土大型墙板。

不宜采用嵌砌墙。为什么？

原因：唐山地震的震害经验表明，虽然嵌砌墙的墙体破坏比外贴墙要轻得多，但对厂房的整体抗震性能很不利。在多跨厂房和外纵墙不对称布置的厂房中，由于各柱列的纵向侧移刚度差别悬殊，导致厂房纵向破坏，倒塌的震例不少；在两侧均为嵌砌墙的单跨厂房中，由于纵向侧移刚度的增加而加大厂房的纵向地震作用效应，特别是柱顶地震作用的集中对柱顶节点的抗震很不利，容易造成柱顶节点破坏，危及屋盖的安全。同时由于门窗洞口处刚度的削弱和突变，还会导致门窗洞口处柱子的破坏。因此，单跨厂房不宜在两侧采用嵌砌墙。

（2）刚性围护墙沿纵向宜均匀对称布置：

① 不宜一侧为外贴式，另一侧为嵌砌式或开敞式；

② 不宜一侧采用砌体墙，另一侧采用轻质墙板。

（3）不等高厂房的高跨封墙和纵横向厂房交接处的悬墙，如果采用砖砌体，由于质量大、位置高，在水平地震作用特别是高振型影响下，外甩力大，容易发生外倾、倒塌，造成高砸低的震害，不仅砸坏低屋盖，还可能破坏低跨设备或伤人，危害严重，唐山地震中，这种震害的发生率很高。因此要求：

① 宜采用轻质墙板；

② 当必须采用砖砌体时，应加强与主体结构的锚拉；

③ 6、7度采用砌体时，不应直接砌在低跨屋面上。否则由于高振型和上、下变形不协调的影响，容易发生倒塌破坏，并砸坏低跨屋盖。邢台地震7度区就有这种震例。

（4）砌体围护墙在下列部位应设置现浇钢筋混凝土圈梁：

① 梯形屋架端部上弦和柱顶的标高处应各设一道，但屋架端部高度≤900mm时可合并设置。

② 应按上密下稀的原则每隔4m左右在窗顶增设一道圈梁。

③ 不等高厂房的高低跨封墙和纵墙跨交接处的悬墙，圈梁的竖向间距≤3m。

④ 山墙沿屋面应设钢筋混凝土卧梁，并应与屋架端部上弦标高处的圈梁连接。

（5）圈梁的构造应符合下列规定：

① 圈梁宜闭合，圈梁截面宽度宜与墙厚相同，截面高度≥180mm；圈梁的纵筋，6~8度时不应少于4φ12，9度时不应少于4φ14。

② 厂房转角处柱顶圈梁在端开间范围内的纵筋，6~8度时不宜少于4φ14，9度时不宜少于4φ16，转角两侧各1m范围内的箍筋直径不宜小于φ8，间距不宜大于100mm；圈梁转角处应增设不少于3根且直径与纵筋相同的水平斜筋。

③ 圈梁应与柱或屋架牢固连接，山墙卧梁应与屋面板拉结；顶部圈梁与柱或屋架连接的锚拉钢筋不宜少于4φ12，且锚固长度不宜少于35倍钢筋直径，防震缝处圈梁与柱或屋架的拉结宜加强。

（6）墙梁宜采用现浇；当采用预制墙梁时，梁底应与砖墙顶面牢固拉结并应与柱锚拉。

（7）砌体隔墙与柱宜脱开或柔性连接，并应采取措施使墙体稳定。

（8）隔墙顶部应设现浇钢筋混凝土压顶梁。（图9-21，图9-22）

图9-21　现浇钢筋混凝土压顶梁　　　　图9-22　施工中的钢筋混凝土压顶梁

（9）砖墙的基础：

① 8度Ⅲ、Ⅳ类场地和9度时，预制基础梁应采用现浇接头；

② 当另设条形基础时，在柱基础顶面标高处应设置连续的现浇钢筋混凝土圈梁，其配筋不应少于 4φ12。

（10）不同墙体材料的质量、刚度不同，对主体结构的地震影响不同，对抗震不利，故不宜采用。必要时，宜采用相应的措施。

以上参见《抗震规范》13.3.5 条

9.5　钢筋混凝土雨篷

✸ 9.5.1　组成

一般由雨篷板和雨篷梁组成。如图 9-23 所示。

图 9-23　雨篷

图 9-24　雨篷板的凸沿

（1）雨篷板

① 一般挑出长度为 0.6～1.2m；

② 大多做成变厚度的，根部比端部厚；

③ 周围一般设凸沿以方便排水（图 9-24）。

（2）雨篷梁（雨篷板的支撑，兼作过梁）

① 宽度：一般取与墙厚相同；

② 高度：按承载力确定；

③ 两端伸进砌体的长度：应满足雨篷抗倾覆的要求。

✳ 9.5.2 雨篷上的荷载

雨篷上的荷载包括：恒载、雪荷载、均布活荷载、施工和检修集中荷载。

进行荷载组合时，应符合以下要求：

（1）均布活荷载与雪荷载不同时考虑，取二者中的大值。

（2）施工和检修集中荷载与均布活荷载不同时考虑，集中荷载的数值取为
1.0kN，且：

① 进行承载力计算时，沿板宽每 1m 考虑一个集中荷载；

② 进行抗倾覆验算时，沿板宽每隔 2.5～3m 考虑一个集中荷载。

✳ 9.5.3 雨篷的计算

（1）雨篷板的正截面承载力计算

① 当无边梁时，与一般悬臂板相同；

② 当有边梁时，与一般梁板结构相同。

（2）雨篷梁在弯矩、剪力、扭矩共同作用下的承载力计算

① 在自重、梁上砌体重力等荷载作用下产生弯矩和剪力；

② 在雨篷板传来的荷载作用下不仅产生弯矩和剪力，还将产生扭矩（图 9-25）。

以上两部分计算的具体方法见前面第 6 章。

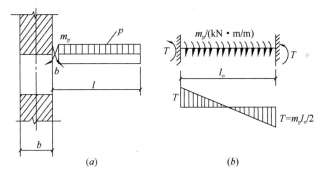

图 9-25　雨篷梁上的扭矩

（a）雨篷板传来的竖向力和力矩；（b）雨篷梁上的扭矩分布

（3）雨篷抗倾覆验算

雨篷板上荷载使整个雨篷绕梁底的倾覆点转动倾倒，而梁上自重、砌体重力等却有阻止倾覆的稳定作用。验算方法详见《砌体结构设计规范》。

9.6　其他非结构构件

✳ 9.6.1 幕墙、装饰贴面

与主体结构应有可靠连接，避免地震时脱落伤人。对玻璃幕墙本身的抗震构造，应符合相关专门标准的规定。（图 9-26）

图 9-26　正在施工的玻璃幕墙连接件

以上参见《抗震规范》3.7.5 条和 13.7.5 条

✳ 9.6.2　砌体女儿墙

砌体女儿墙的震害较普遍，故规定需设置时，应控制其高度，并采取防地震时倾倒的构造措施（图 9-27）。具体来说：

（1）在人流出入口和通道处应与主体结构锚固，采取措施防止地震时倾倒。

（2）非出入口无锚固的女儿墙高度：

➤ 6～8 度时：不宜超过 0.5m；

➤ 9 度时：应有锚固。

（3）防震缝处的女儿墙，应留有足够的宽度，缝两侧的自由端应予以加强。

图 9-27　结构的砌体女儿墙（有构造柱）

以上参见《抗震规范》13.3.2 条和 13.3.5 条

✳ 9.6.3　各类顶棚的构件与楼板的连接件

（1）应能承受顶棚、悬挂重物和有关机电设施的自重和地震附加作用；

（2）其锚固的承载力应大于连接件的承载力。

✳ 9.6.4　轻质雨篷

如图 9-28 所示。轻质雨篷应与主体结构可靠连接。

图 9-28　轻质雨篷

✳ 9.6.5　其他附属于楼屋面的悬臂构件和大型储物架等

其自身的抗震构造应符合相关专门标准的规定。（图 9-29）

图 9-29　附属于楼屋面的其他悬臂构件

以上参见《抗震规范》13.3.7～13.3.9 条

另外，本章内容还可参考行业标准《非结构构件抗震设计规范》JGJ 339—2015。

第10章 适 用 性 设 计

前几章介绍的都是承载能力的问题，对应于结构的安全性。本章将要介绍适用性的方面，主要包括：变形、裂缝。

首先说明：根据结构设计的基本原理，适用性设计对应的是正常使用极限状态，此时对构件开裂截面处受压边缘混凝土压应力、不同位置处钢筋的拉应力及预应力筋的等效应力，应按照以下假定进行计算：

（1）截面应变保持为平面；

（2）受压区混凝土的法向应力图取为三角形；

（3）不考虑受拉区混凝土的抗拉强度；

（4）对允许出现裂缝的受弯构件，其正截面混凝土压应力、钢筋的拉应力可按大偏心受压的钢筋混凝土开裂换算截面计算。

研究表明，按开裂换算截面进行应力分析，具有较高的精度和通用性。计算换算截面时，必要时可考虑混凝土塑性变形对混凝土弹性模量的影响。

以上参见《混规》7.1.3条

10.1 框架结构的侧移计算

框架结构的侧移主要包括两部分，如图 10-1 所示。

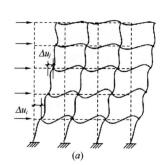
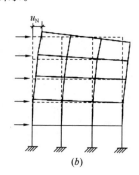

图 10-1 框架结构的侧移

（a）梁柱弯曲变形引起的侧移；（b）柱轴向变形引起的侧移

此外，还包括梁轴向变形、截面剪切变形产生的结构侧移。但考虑工程设计的精度需要，一般可忽略。

目前工程应用中一般采用电算，这里介绍一下手算的近似方法。

✳ 10.1.1 梁柱弯曲变形引起的侧移

先用层间位移与层间剪力的关系可得第 j 层的层间侧移为：

$$\Delta u_{js} = \frac{V_j}{\sum\limits_{k=1}^{m} D_{jk}} \tag{10-1}$$

式中　D_{jk}——第 j 层第 k 号柱的侧向刚度；

　　　m——框架第 j 层的总柱数。

注意

　　D 的计算中包含线刚度 i，$i = B/h$，计算 B 时有个 0.85 的折减系数（考虑混凝土受拉区开裂前出现的塑性变形）：$B = 0.85EI$（同前面）。

然后，采用增大系数法近似考虑 $P-\Delta$ 效应，对式（10-1）的结果按下式进行增大：

$$\Delta u_j = \eta_s \Delta u_{js} \qquad\qquad 《混规》式(B.0.1-2)$$

式中　$\eta_{s,j}$——考虑 $P-\Delta$ 效应的增大系数，取值如下：

$$\eta_{s,j} = \frac{1}{1 - \dfrac{\sum\limits_{k=1}^{m} N_{jk}}{\sum\limits_{k=1}^{m} D_{jk} h_j}} \qquad\qquad 《混规》式(B.0.2)$$

$\sum\limits_{k=1}^{m} D_{jk}$——楼层 j 中所有 m 个柱子的侧向刚度之和；

$\sum\limits_{k=1}^{m} N_{jk}$——楼层 j 中所有 m 个柱子的轴向力设计值之和；

　　　h_j——楼层 j 的层高。

以上参见《混规》B.0.1 条

进而可得，框架顶端总水平位移 u 为：

$$u = \sum_{j=1}^{n} \Delta u_j \tag{10-2}$$

可见，主要由梁柱弯曲变形造成的侧移类似于悬臂构件的剪切变形引起的位移曲线，故称"剪切型"。（图 10-2）

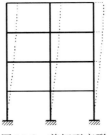

图 10-2　剪切型变形

> **注意**
>
> 多层框架以剪切型变形为主。

✳ 10.1.2 柱轴向变形引起的侧移

柱的轴向变形造成的是类似于悬臂柱的弯曲型变形。（图10-3）

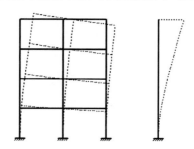

图 10-3 弯曲型变形

分析表明，对于高度≤50m或高宽比 $H/B≤4$ 的框架结构，柱轴向变形引起的顶点位移约占框架梁柱弯曲变形引起的顶点侧移的 5%～11%。所以一般可忽略。

✳ 10.1.3 侧移的限值

结构侧向位移的验算包括：

（1）层间位移，要求满足：

$$\frac{\Delta u_j}{h_j} \leqslant [\theta_e] \tag{10-3}$$

式中　$[\theta_e]$——弹性层间位移角限值，一般取为 1/550。

（2）顶点位移，要求满足：

$$\frac{u}{H} \leqslant \frac{[u]}{H} \tag{10-4}$$

注：对多层框架，当层间位移满足时，顶点位移一般均能满足《混规》要求，可不必验算。

以上内容小结如图10-4所示。

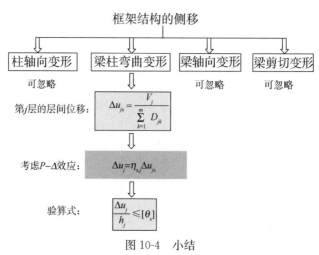

图 10-4 小结

10.2 钢筋混凝土梁、板的变形计算

以上介绍的是整体结构的位移，下面介绍构件——梁、板的变形计算问题。为此，首先介绍截面弯曲刚度的概念：

对于承受弯矩 M 的梁、板截面来说，抵抗截面转动的能力，就是截面弯曲刚度。截面的转动以截面曲率 Φ 来度量，因此截面弯曲刚度就是使截面产生单位曲率需要施加的弯矩值。

由材料力学知，匀质弹性材料梁当忽略剪切变形的影响时，其跨中变形为：

$$f = S \frac{M l_0^2}{EI} \tag{10-5}$$

式中　S——与荷载形式、支承条件有关的变形系数。例如，承受均布荷载的简支梁，$S=5/48$；

　　　l_0——梁的计算跨度。

然而，钢筋混凝土是不匀质的非弹性材料，钢筋混凝土受弯构件的正截面在其受力全过程中，弯矩与曲率（M-Φ）的关系是在不断变化的，所以截面弯曲刚度不是常数，而是变化的，记作 B。

这样问题就复杂多了。为此采用从简单到复杂的研究思路，先研究混凝土简支梁、板的情况。

✦ 10.2.1　钢筋混凝土简支梁(板)的刚度计算

详见二维码链接 10-1。

以上抗弯刚度计算过程小结如图 10-5 所示。

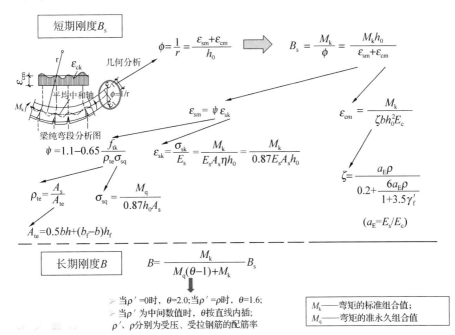

图 10-5　小结

✴ 10.2.2 钢筋混凝土连续梁(板)的变形计算

对连续梁，可基本采用前述简支梁（板）的变形计算方法，关键点在于"最小刚度"如何选取。对于连续梁（板），构件上一般同时存在正、负弯矩，此时应分别取同号弯矩区段内 $|M_{max}|$ 处截面的最小刚度计算变形。

> **注意**
>
> 当连续梁（板）为等截面，且计算跨度内的支座截面弯曲刚度不大于跨中截面弯曲刚度的两倍或不小于跨中截面弯曲刚度的一半时，可认为正弯矩起主导作用，此时可作简化处理：
>
> 只按跨中最大正弯矩截面的弯曲刚度（即最小刚度）来计算连续梁（板）的跨中变形。

✴ 10.2.3 抗弯刚度计算的小结

（1）与截面承载力计算的区别

① 对应的极限状态不同，要求也不同；

② 危害程度小，可靠度要求低，对内力采用的是标准值和准永久值，未用设计值。

（2）配筋率对承载力和挠度的影响不同

增大配筋率可以有效提高承载力，但对减小挠度作用不大。

✴ 10.2.4 变形验算

变形验算应满足：

$$f \leqslant f_{\lim} \tag{10-6}$$

式中 $f_{\lim}$——变形限值。

构件变形幅度进行限制的原因：

① 保证建筑的使用功能要求；

② 防止对结构构件产生不良影响；

③ 防止对非结构构件产生不良影响；

④ 保证人们的感觉在可接受程度之内。

> 以上参见《混规》7.2.1条

在考虑这些因素的基础上，根据工程经验，对受弯构件规定了允许变形值，见《混规》表3.4.3。

《混规》表3.4.3　受弯构件的挠度限值

构件类型		挠度限值
吊车梁	手动吊车	$l_0/500$
	电动吊车	$l_0/600$

构件类型		挠度限值
屋盖、楼盖及楼梯构件	当 $l_0 <$ 7m 时	$l_0/200$ ($l_0/250$)
	当 7m $\leq l_0 \leq$ 9m 时	$l_0/250$ ($l_0/300$)
	当 $l_0 >$ 9m 时	$l_0/300$ ($l_0/400$)

注：1. 表中 l_0 为构件的计算跨度；计算悬臂构件的挠度限值时，其计算跨度 l_0 按实际悬臂长度的 2 倍取用。

2. 表中括号内的数值适用于使用上对挠度有较高要求的构件。

3. 如果构件制作时预先起拱，且使用上也允许，则在验算挠度时，可将计算所得的挠度值减去起拱值；对预应力混凝土构件，尚可减去预加力所产生的反拱值。

4. 构件制作时的起拱值和预加力所产生的反拱值，不宜超过构件在相应荷载组合作用下的计算挠度值。

10.3　钢筋混凝土构件的裂缝宽度验算

裂缝（图 10-6）有很多种，根据前面的介绍，实际验算中主要考虑正截面裂缝和斜截面裂缝。

图 10-6　混凝土构件的裂缝

对于斜截面裂缝，根据经验发现，当配置受剪承载力所需的腹筋之后，斜裂缝宽度一般小于 0.2mm，满足正常使用的功能要求。因此一般可不验算。

本章主要研究的是与构件的计算轴线相垂直的裂缝，即正截面裂缝。

> **注意**
>
> 与变形验算时一样，裂缝宽度的验算也采用荷载准永久组合和材料强度的标准值，也属于正常使用极限状态。

✳ 10.3.1　裂缝的机理

详见二维码链接 10-2。

✳ 10.3.2 平均裂缝间距

详见二维码链接10-3。

✳ 10.3.3 平均裂缝宽度 ω_m

详见二维码链接10-4。

✳ 10.3.4 最大裂缝宽度及其验算

1. 短期荷载作用下的最大裂缝宽度 $\omega_{s,max}$

可根据平均裂缝宽度乘以裂缝宽度扩大系数 τ 得到，即 $\omega_{s,max} = \tau\omega_m$。

2. 长期荷载作用下的最大裂缝宽度 ω_{max}

将 $\omega_{s,max}$ 再乘以扩大系数 τ_l 得到，即 $\omega_{max} = \tau_l\tau\omega_m$。根据试验结果：

（1）对轴拉构件和偏拉构件：$\tau = 1.9$；

（2）对偏压构件：$\tau = 1.66$；$\tau_l = 1.5$。

基于试验结果，进一步处理后得到通用公式：

$$\omega_{max} = a_{cr}\psi\frac{\sigma_s}{E_s}\left(1.9c_s + 0.08\frac{d_{eq}}{\rho_{te}}\right) \quad (mm) \qquad 《混规》式(7.1.2-1)$$

式中 ψ、ρ_{te}——参见前文公式计算。若 $\rho_{te} < 0.01$，取 $\rho_{te} = 0.01$；

             c_s——最外层纵向受拉钢筋外边缘至受拉区底边的距离（mm），当 $c_s < 20mm$ 时取 $c_s = 20mm$；当 $c_s > 65mm$ 时取 $c_s = 65mm$；

             σ_s——按荷载准永久组合计算的钢筋混凝土构件纵向受拉普通钢筋应力；

            d_{eq}——纵向受拉钢筋的等效直径（mm），$d_{eq} = \sum n_i d_i^2 / \sum n_i v_i d_i$；

         n_i、d_i——分别为受拉区第 i 种纵向钢筋的根数、公称直径（mm）；

             v_i——第 i 种纵向钢筋的相对粘结特性系数，按《混规》表7.1.2-2取值，即光面钢筋 $v_i = 0.7$，带肋钢筋 $v_i = 1.0$；

           a_{cr}——构件受力特征系数，按《混规》表7.1.2-1取值，即轴心受拉构件取2.7，偏心受拉构件取2.4，受弯和偏心受压构件取1.9。

以上参见《混规》7.1.2条

说　明

由《混规》式（7.1.2-1）计算出的最大裂缝宽度，并不就是绝对最大值，而是具有95％保证率的相对最大裂缝宽度。以上内容小结如图10-7所示。

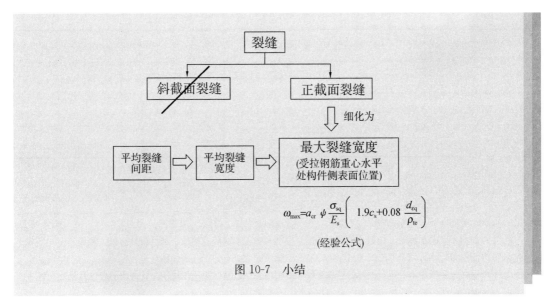

图 10-7　小结

3. 最大裂缝宽度验算

考虑到实际情况，对裂缝问题应采用"分等级"的控制理念。等级是对裂缝控制严格程度而言的，设计人员需根据具体情况选用不同的等级。

那等级是依据什么来划分的？

主要是结构的功能要求、环境条件对钢筋腐蚀的影响、钢筋种类对腐蚀的敏感性、荷载作用的时间等因素。划分的结果是将裂缝控制等级分为三级：

（1）一级：严格要求不出现裂缝的构件。

按荷载标准组合计算时，构件受拉边缘混凝土不应产生拉应力。

（2）二级：一般要求不出现裂缝的构件。

按荷载标准组合计算时，构件受拉边缘混凝土拉应力不应大于混凝土抗拉强度的标准值。

（3）三级：允许出现裂缝的构件。

对于裂缝控制等级为"三级"（允许出现裂缝）的构件，按荷载准永久组合并考虑长期作用影响计算时，构件的最大裂缝宽度不应超过规定的最大裂缝宽度限值 ω_{lim}。确定最大裂缝宽度限值 ω_{lim} 时需要主要考虑两个方面：外观要求和耐久性要求。以后者为主。具体参考了国内外耐久性专题研究对典型地区实际工程的调查以及长期暴露试验与快速试验的结果。

最大裂缝宽度限值见《混规》表 3.4.5。

《混规》表 3.4.5　结构构件的裂缝控制等级及最大裂缝宽度的限值

环境类别	钢筋混凝土结构		预应力混凝土结构	
	裂缝控制等级	ω_{lim}	裂缝控制等级	ω_{lim}
一	三级	0.30（0.40）	三级	0.20
二 a		0.20		0.10

环境类别	钢筋混凝土结构		预应力混凝土结构	
	裂缝控制等级	ω_{lim}	裂缝控制等级	ω_{lim}
二 b	三级	0.20	二级	—
三 a、三 b			一级	—

注：1. 对处于平均湿度小于 60％ 地区一类环境下的受弯构件，其最大裂缝宽度限值可采用括号内的数值。

2. 在一类环境下，对钢筋混凝土屋架、托架及需作疲劳验算的吊车梁，其最大裂缝宽度限值应取为 0.20mm；对钢筋混凝土屋架、托架，其最大裂缝宽度限值应取为 0.30mm。

3. 在一类环境下，对预应力混凝土屋架、托架及双向板体系，应按二级裂缝控制等级验算；对一类环境下，对预应力混凝土屋架、托架及单向板体系，应按表中二 a 级环境的要求进行验算；在一类和二类 a 环境下需做疲劳验算的预应力混凝土吊车梁，应按裂缝控制等级不低于二级的构件进行验算。

4. 表中规定的预应力混凝土构件的裂缝控制等级和最大裂缝宽度限值仅适用于正截面的验算；预应力混凝土构件的斜截面裂缝控制验算应符合本规范第 7 章有关规定。

5. 对于烟囱、筒仓和处于液体下的结构，其裂缝控制要求应符合专门标准的有关规定。

6. 对于处于四、五类环境下的结构构件，其裂缝控制要求应符合专门标准的有关规定。

7. 表中的最大裂缝宽度限值为用于验算荷载作用引起的最大裂缝宽度。

以上参见《混规》3.4.4 条和 3.4.5 条

最大裂缝宽度应符合下列规定：

$$\omega_{max} \leqslant \omega_{lim} \qquad 《混规》式(7.1.1\text{-}3)$$

注意

（1）如果受弯构件的变形满足要求而裂缝宽度不满足要求时：

➤ 若计算最大裂缝宽度超过允许值不大，常可用减小钢筋直径的方法解决；

➤ 若计算最大裂缝宽度超过允许值较大，可适当增加配筋率。

（2）对于受拉和受弯构件，当承载力要求较高时，常会出现不能同时满足裂缝宽度或变形限值要求的情况，这时不宜增大截面尺寸或用钢量，因为既不经济也不合理。最有效的措施是施加预应力。

（3）对于 $e_0/h_0 \leqslant 0.55$ 的偏压构件，试验证明，可不用验算最大裂缝宽度。

第11章 预应力混凝土构件

11.1 概　述

11.1.1 预应力混凝土的概念

关于预应力混凝土的由来，思路如图 11-1 所示。

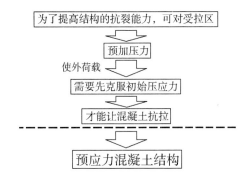

图 11-1　预应力混凝土的由来

11.1.2 预应力混凝土的分类

根据预加应力值对构件截面裂缝控制程度的不同，分为以下两类：

1. 全预应力混凝土

指的是在使用荷载作用下，不允许截面上混凝土出现拉应力的构件。相当于《混规》中裂缝的控制等级为一级：严格要求不出现裂缝的构件。

2. 部分预应力混凝土

又分为两种：

（1）在使用荷载作用下，允许出现裂缝，但最大裂缝宽度不超过允许值的构件。相当于《混规》中裂缝的控制等级为三级：允许出现裂缝的构件。

（2）在使用荷载作用下，允许出现拉应力，但不允许开裂的构件。相当于《混规》中裂缝的控制等级为二级：一般要求不出现裂缝的构件。

> **注意**
> （1）对在使用荷载作用下不允许开裂的构件，应设计成全预应力。
> （2）对允许开裂或不变荷载较小、可变荷载较大并且可变荷载的持续作用值较小的构件，则宜设计成部分预应力的。

✹ 11.1.3　张拉预应力钢筋的方法

主要有先张法和后张法两种。此处不详述，参见相关文献。

✹ 11.1.4　预应力筋的布置

（1）直线布置

用于荷载和跨度不大的情况，施工用先张法或后张法都可以。

（2）曲线、折线布置

用于荷载和跨度较大的情况，施工一般用后张法。如图11-2所示。

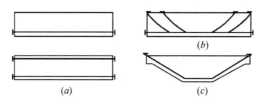

图11-2　预应力钢筋的布置
（*a*）直线形；（*b*）曲线形；（*c*）折线形

进行曲线、折线布置的主要原因：

➢ 承受支座附近区段的主拉应力；

➢ 防止上部预拉区裂缝和在构件端部产生沿截面中部的纵向水平裂缝。

具体方式为：在靠近支座部位，将一部分预应力筋弯起，这部分钢筋沿构件端部均匀布置。

✹ 11.1.5　所用的混凝土和预应力筋

详见二维码链接 11-1。

✹ 11.1.6　锚具和夹具

详见二维码链接 11-2。

✹ 11.1.7　张拉控制应力 σ_{con}

详见二维码链接 11-3。

✹ 11.1.8　预应力损失 σ_l

指预应力钢筋的张拉应力在预应力混凝土构件的施工和使用过程中，因非荷载因素不断降低的部分。主要的预应力损失如图11-3所示。各项损失的计算详见二维码链接 11-4。

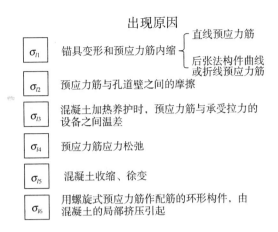

图 11-3　主要的预应力损失

✳ 11.1.9　预应力损失的分批

详见二维码链接 11-5。

✳ 11.1.10　先张法构件预应力筋的传递长度

详见二维码链接 11-6。

✳ 11.1.11　后张法构件端部锚固区的局部受压验算

详见二维码链接 11-7。

✳ 11.1.12　预应力混凝土构件的配筋方式

预应力混凝土构件中的配筋方式如图 11-4 所示。其中，普通钢筋的主要作用如图 11-5 所示。

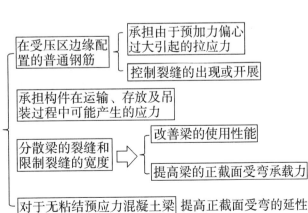

图 11-4　预应力混凝土构件中的配筋方式　　　　图 11-5　普通钢筋的主要作用

✳ 11.1.13 预应力混凝土结构与构件设计的一般规定

（1）对预应力混凝土结构构件，除应根据设计状况进行承载力计算及正常使用极限状态验算外，还应对施工阶段进行验算。

以上参见《混规》10.1.1 条

（2）对预应力混凝土构件进行正常使用极限状态的计算（考虑裂缝与变形问题）时，也会考虑荷载的准永久组合或标准组合，此时对构件开裂截面处受压边缘混凝土压应力、不同位置处钢筋的拉应力及预应力筋的等效应力，也应按照《混规》7.1.3 条给出的假定进行计算，即：

① 截面应变保持为平面；

② 受压区混凝土的法向应力图取为三角形；

③ 不考虑受拉区混凝土的抗拉强度；

④ 采用换算截面。

（3）按承载能力极限状态计算的要点：

1）预应力筋超出有效预应力值达到强度设计值之间的应力增量，仍为结构抗力部分。

2）只有次内力应参与荷载效应组合和设计计算。

3）参与组合时的分项系数如何取值？根据现行国家标准《工程结构可靠性设计统一标准》GB 50153 的规定：

① 当预应力作用效应对结构有利时，预应力作用分项系数 γ_p 应取 1.0；

② 不利时（如后张法预应力构件锚头局压区的张拉控制力），γ_p 取为 1.2。

4）结构重要性系数 γ_0 应如何取值？

① 一般情况下，由于预应力筋的数量和设计参数已由裂缝控制等级的要求确定，且总体上是有利的，根据工程经验，对参与组合的预应力作用效应项，应取结构重要性系数 $\gamma_0 = 1.0$。

② 但对局部受压承载力计算、框架梁端预应力筋偏心弯矩在柱中产生的次弯矩等，预应力的作用效应属于不利的情况，此时，γ_0 的取值同普通混凝土结构：

➤ 对安全等级为一级的情况，$\geqslant 1.1$；

➤ 对安全等级为二级的情况，$\geqslant 1.0$；

➤ 对安全等级为三级的情况，$\geqslant 0.9$；

➤ 在考虑抗震的设计状态下，取为 1.0。

（4）按正常使用极限状态的计算要点：进行荷载组合时，预应力作用分项系数 γ_p 应取 1.0。

以上参见《混规》10.1.2 条

（5）对后张法预应力混凝土超静定结构，由预应力所引起的内力和变形，可采用弹性理论分析，并应计算预应力作用效应并参与组合。

预应力作用效应是指：包括预应力产生的次弯矩、次剪力和次轴力的综合内力 M_r、V_r、N_r。

① 次弯矩 M_2

预应力筋带来的预加力可记为 N_p，包含两部分：

$$N_p = \sigma_{pe}A_p + \sigma'_{pe}A'_p$$

式中　σ_{pe}、σ'_{pe}——分别为受拉区、受压区预应力筋的有效预应力；

A_p、A'_p——受拉区、受压区纵向预应力筋的截面面积。

N_p 对任一截面引起的总弯矩记为 M_r。注意到 N_p 的位置相对于净截面重心通常是偏心的，它的作用点到净截面重心的距离可记为 e_{pn}，按下式计算：

$$e_{pn} = \frac{\sigma_{pe}A_p y_{pn} - \sigma'_{pe}A'_p y'_{pn}}{\sigma_{pe}A_p + \sigma'_{pe}A'_p}$$

式中　y_{pn}、y'_{pn}——分别为受拉区、受压区预应力筋合力点至净截面重心的距离。

N_p 与 e_{pn} 乘积所对应的弯矩可记为 M_1。因此有下式：

$$M_1 = N_p e_{pn} \qquad 《混规》式(10.1.5-2)$$

式中　M_1——预加力 N_p 对净截面重心偏心引起的弯矩值；

N_p——后张法预应力混凝土构件的预加力；

e_{pn}——净截面重心至预加力作用点的距离。

M_1 对连续梁引起的支座反力称为次反力，由次反力对梁引起的弯矩就是次弯矩 M_2，它应等于截面上的总弯矩 M_r 减去 M_1，即：

$$M_2 = M_r - M_1 \qquad 《混规》式(10.1.5-1)$$

式中　M_r——由预加力 N_p 的等效荷载在结构构件截面上产生的弯矩值。

② 次剪力

可根据构件上各截面的次弯矩分布，按力学方法进行分析计算。

③ 次轴力

在后张法梁、板构件中，当预加力引起的结构变形受到柱、墙等侧向构件约束时，在梁、板中将产生与预加力反向的次轴力。宜根据结构的约束条件进行计算。

注意

以上次内力的计算公式比较冗长，在《混规》的很多计算公式中没有具体列出。但在进行各类承载力计算及裂缝控制验算时，还是应当计入相关次内力的。

以上参见《混规》10.1.2 条和 10.1.5 条

（6）对后张法结构，为确保预应力能够有效地施加到预应力结构构件中，在设计中宜采取措施，避免或减少支座、柱、墙等约束构件对梁、板预应力作用效应的不利影响。例如：

① 采用合理的结构布置方案，合理布置竖向支撑构件：

➤ 将抗侧力构件布置在结构位移中不动点附近；

➤ 采用相对细长的柔性柱以减少约束力；

➤ 在柱中配置附加钢筋承担约束作用产生的附加弯矩等。

② 在预应力框架梁施加预应力的阶段，可将梁与柱之间的节点设计成在张拉过程中

可产生滑动的无约束支座，张拉后再将该节点做成刚接。

③ 对后张楼板，为了减少约束力，可采用后浇带或施工缝将结构分段，使其与约束柱或墙暂时分开。

④ 对于不能分开且刚度较大的支撑构件，可在板与墙、柱结合处开设结构洞以减少约束力，待张拉完毕后补强。

⑤ 对于平面形状不规则的板，宜划分为平面规则的单元，使各部分能独立变形，以减少约束。当大部分收缩变形完成后，如有需要再连为整体。

以上参见《混规》10.1.5条

预应力混凝土构件的计算内容如图 11-6 所示。本章介绍两类构件：轴心受拉构件；受弯构件（梁、板）。

图 11-6　预应力混凝土构件的计算内容
（《混规》10.1.1 条）

11.2　预应力混凝土轴心受拉构件的受力分析与设计

✷ 11.2.1　普通混凝土轴心受拉构件

详见二维码链接 11-8。

对于普通混凝土构件，受力性能不太合理。因此，实际中很少有这种构件。一般用的都是预应力混凝土拉杆。预应力筋的面积记为 A_p。非预应力筋的设置原因如图 11-7 所示。

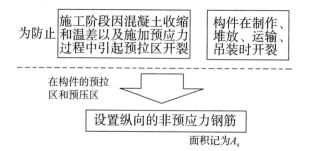

图 11-7　非预应力筋的设置

✳ 11.2.2 预应力混凝土轴心受拉构件各阶段的应力分析

详见二维码链接 11-9。

✳ 11.2.3 预应力混凝土轴拉构件的设计

可概括为"一个计算、三个验算",如图 11-8 所示。

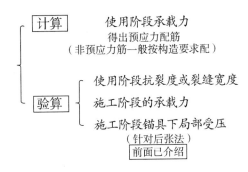

图 11-8 设计内容

✳ 11.2.4 使用阶段的计算和验算

1. 承载力的计算

$$N \leqslant N_u = f_y A_s + f_{py} A_p \tag{11-1}$$

式中 N——荷载产生的轴向拉力设计值。

进行构件设计时,可用式(11-1)来计算需要配的预应力筋面积 A_s。

> **注意**
> 式(11-1)也可用来对已设计好的构件进行承载能力复核。

2. 抗裂度或裂缝宽度验算

从 $N_{cr} = (f_{tk} + \sigma_{pcII}) \cdot A_0$ 看,只要 $N \leqslant N_{cr}$,就可不裂。即:

$$\frac{N}{A_0} \leqslant \sigma_{pcII} + f_{tk} \tag{11-2}$$

可得:

$$\frac{N}{A_0} = \sigma_c \leqslant \sigma_{pcII} + f_{tk} \tag{11-3}$$

进而得:

$$\sigma_c - \sigma_{pcII} \leqslant f_{tk} \tag{11-4}$$

预应力混凝土构件的抗裂等级可分为三级,具体规定:

(1)一级——严格不出现裂缝构件,应满足:

荷载效应标准组合 $\sigma_{ck} - \sigma_{pcII} \leqslant 0$ 《混规》式(7.1.1-1)

(2)二级——一般要求不出现裂缝构件,应满足:

荷载效应标准组合 $\qquad \sigma_{ck} - \sigma_{pcII} \leqslant f_{tk}$ 《混规》式(7.1.1-2)

式中 σ_{ck}——荷载效应标准组合下混凝土的法向拉应力,可按弹性理论计算:

$$\sigma_{ck} = \frac{N_k}{A_0}$$ 《混规》式(7.1.5-1)

N_k——按荷载效应标准组合计算的轴向力值;

A_0——换算截面面积,$A_0 = A_c + a_E A_p + a_E A_s$。

σ_{pcII}——扣除全部预应力损失后,在抗裂验算边缘的混凝土的预压应力。

(3)三级——允许出现裂缝的构件;按荷载标准组合并考虑长期作用的影响进行最大裂缝宽度的验算。

计算的最大裂缝宽度需符合

$$w_{max} = a_{cr}\psi\frac{\sigma_s}{E_s}\left(1.9c_s + 0.08\frac{d_{eq}}{\rho_{te}}\right) \leqslant w_{lim}$$ 《混规》式(7.1.2-1)

式中 a_{cr}——构件受力特征系数,根据《混规》表7.1.2-1,这里应取为2.2;

ψ——裂缝间纵拉钢筋的应变不均匀系数:

$$\psi = 1.1 - \frac{0.65f_{tk}}{\rho_{te}\sigma_s}$$ (11-5)

ρ_{te}——按有效受拉混凝土截面面积计算的纵向受拉钢筋配筋率。对于预应力混凝土构件,应按下式计算:

$$\rho_{te} = \frac{A_s + A_p}{A_{te}} \geqslant 0.01$$ (11-6)

A_p——受拉区纵向预应力筋截面积;

A_{te}——有效受拉截面面积,$A_{te} = bh$;

注:对于无粘结后张构件,仅取纵向受拉普通钢筋来计算配筋率。

σ_s——按荷载标准组合计算的预应力纵筋的等效应力:

$$\sigma_s = \frac{N_k - N_{p0}}{A_p + A_s}$$ 《混规》式(7.1.4-9)

N_{p0}——混凝土法向预应力等于零时,全部纵向预应力钢筋和非预应力钢筋的合力,$N_{p0} = \sigma_{p0}A_p - \sigma_{l5}A_s$;

c_s——最外层纵向受拉钢筋外边缘至受拉区底边的距离(mm),当$c_s < 20$时,取$c_s = 20$;当$c_s > 65$时,取$c_s = 65$;

d_{eq}——受拉区纵筋的等效直径:

$$d_{eq} = \frac{\sum n_i d_i^2}{\sum n_i \gamma_i d_i}$$ (11-7)

d_i——对于有粘结预应力钢绞线束,取为$\sqrt{n_1}d_{pl}$,其中d_{pl}为单根钢绞线的公称直径,n_1为单束钢绞线根数;

n_i——对于有粘结预应力钢绞线,取为钢绞线束数;

注:对于无粘结后张构件d_{eq},仅为受拉区纵向受拉普通钢筋的等效直径。

w_{lim}——最大裂缝宽度限值。

> **注意**
>
> 对环境类别为二 a 类的预应力构件，在荷载准永久组合下，受拉边缘应力应符合：
>
> $$\sigma_{cq} - \sigma_{pcⅡ} \leqslant f_{tk} \qquad 《混规》式（7.1.1-4）$$
>
> 式中　σ_{cq}——荷载准永久组合下抗裂验算边缘的混凝土法向拉应力：
>
> $$\sigma_{cq} = \frac{N_q}{A_0} \qquad\qquad (11\text{-}8)$$
>
> N_q——按荷载准永久组合计算的轴向力值。

以上参见《混规》7.1.1 条

✳ 11.2.5　施工阶段的承载力验算

考虑的工况是张拉（后张法）或放松（先张法）预应力钢筋时。这是为了保证在施工过程中混凝土不被压碎。根据国内外相关规范校准，并吸取国内的工程设计经验，得到具体条件为：

$$\sigma_{cc} \leqslant 0.8 f'_{ck} \qquad 《混规》式（10.1.11\text{-}2）$$

式中　0.8——考虑混凝土未完全强化而进行的折减；

f'_{ck}——张拉（后张法）或放松（先张法）预应力钢筋时混凝土的抗压强度标准值。

σ_{cc} 的计算如下所述。

（1）先张法构件

在放松（切断）钢筋，即仅完成第一批预应力损失时，混凝土所受的预压应力最大：

$$\sigma_{cc} = \frac{(\sigma_{con} - \sigma_{l1})A_p}{A_0} \qquad (11\text{-}9)$$

（2）后张法构件

在张拉钢筋完毕，而又未锚固时，混凝土所受的预压应力最大：

$$\sigma_{cc} = \frac{\sigma_{con}A_p}{A_n} \qquad (11\text{-}10)$$

11.3　预应力混凝土梁（板）的受力分析与设计

工程中的梁（板）大多用后张法制作，所以本书主要讲述后张法的情况（图 11-9）。

图 11-9　后张法预应力混凝土楼板（供图：陈可）

预应力的效果使构件不开裂，所以构件可认为处于弹性阶段，截面上混凝土的应力可用《材料力学》中的公式求得。

✳ 11.3.1 梁(板)受弯时的应力分析

详见二维码链接 11-10。

✳ 11.3.2 预应力梁(板)的设计步骤

设计步骤如图 11-10 所示。

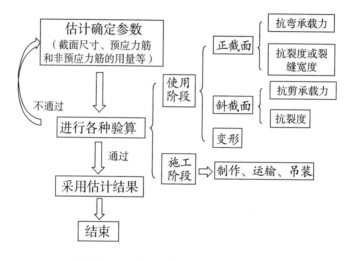

图 11-10 预应力梁（板）的设计步骤

简单来说，设计过程可分为两大步：
(1) 估计确定截面尺寸、预应力筋和非预应力筋的用量等参数；
(2) 进行承载能力和正常使用极限状态的各种验算。

如通过，则采用估计结果，否则重新估计后再次验算。具体的验算方法如下所述。

✳ 11.3.3 使用阶段正截面受弯承载力验算

1. 破坏特征

与非预应力构件类似，可发生适筋破坏（$\xi \leqslant \xi_b$的情况下）。破坏时，在受拉区，预应力和非预应力钢筋都屈服。在受压区，混凝土被压碎；非预应力钢筋达到设计强度；预应力钢筋可能受拉，也可能受压，一般达不到设计强度。即：

① 拉区预应力筋 A_p：屈服，$\sigma_{pe} = f_{py}$。

② 压区边缘混凝土：压坏，$\varepsilon_c = \varepsilon_{cu}$。

③ 非预应力筋 A_s，A'_s：都屈服，f_y，f'_y。

④ 压区预应力筋 A'_p：不屈服，$\sigma'_{pe} = (\sigma'_{pe} - \sigma'_l) + a_E \sigma'_{pcpII} - f'_{py} = \sigma'_{p0} - f'_{py}$。

2. 正截面受弯承载力的计算

基于应力分析可建立受弯构件正截面极限状态时的截面应力分析图，进而可进行受弯承载力的计算。

（1）矩形截面或翼缘位于受拉边的倒 T 形截面受弯构件

截面应力分析如图 11-11 所示（即《混规》图 6.2.10）。

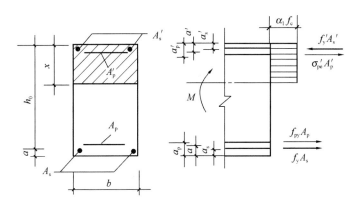

图 11-11　极限状态时的截面应力分析

根据图 11-11，可得：

力的平衡式：

$$\alpha_1 f_c b x = f_y A_s - f'_y A'_s + f_{py} A_p + (\sigma'_{p0} - f'_{py}) A'_p$$

《混规》式（6.2.10-2）

（由于各参数已经估计出来，上式可用来计算受压区高度 x，然后代入下式。）

力矩平衡式：

截面上能承受的最大弯矩

$$M_u = \alpha_1 f_c b x \left(h_0 - \frac{x}{2} \right) + f'_y A'_s (h_0 - a'_s) - (\sigma'_{p0} - f'_{py}) A'_p (h_0 - a'_p) \quad (11\text{-}11)$$

由此可得受弯承载力的计算式为

$$M \leqslant \alpha_1 f_c b x \left(h_0 - \frac{x}{2} \right) + f'_y A'_s (h_0 - a'_s) - (\sigma'_{p0} - f'_{py}) A'_p (h_0 - a'_p)$$

《混规》式（6.2.10-1）

式中　a_1——系数，当混凝土强度等级不超过 C50 时取 1.0，C80 时取 0.94，其间按线性
　　　　　插值法取用；

　a'_s、a'_p——受压区纵向非预应力钢筋合力点、受压区纵向预应力钢筋合力点至受压区边
　　　　　缘的距离。

《混规》式（6.2.10-1）即为正截面受弯承载力的验算式。

以上参见《混规》6.2.10 条

（2）翼缘位于受压区的 T 形、I 形截面受弯构件

正截面受弯承载力的计算按《混规》6.2.11 条进行。其中，位于受压区的翼缘计算
宽度 b'_f 可按《混规》表 5.2.4 所列情况中的最小值取用。

以上参见《混规》6.2.12 条

3. 适用条件

与普通梁（板）类似，受弯承载力计算式也有适用条件。对以上两种截面类型的情况，都应满足：

（1）
$$x \geqslant 2a'_s \qquad\qquad 《混规》式(6.2.10\text{-}4)$$

式中 a'_s——纵向受压钢筋合力点至受压区边缘的距离。

注：x 由《混规》式（6.2.10-2）或式（6.2.11-3）确定。

当由构造要求或按正常使用极限状态验算要求配置的纵向受拉钢筋截面面积大于受弯承载力要求的配筋面积时，x 可仅计入受弯承载力条件所需的纵向受拉钢筋截面面积。

以上参见《混规》6.2.13 条

若 $x < 2a'_s$，则取 $x = 2a'_s$。然后按下式验算正截面受弯承载力：

$$M \leqslant M_u = f_{py}A_p(h - a_p - a'_s) + f_yA_s(h - a_s - a'_s)$$
$$+ (\sigma'_{p0} - f'_{py})A'_p(a'_p - a'_s) \qquad 《混规》式(6.2.14)$$

（2）
$$x \leqslant \xi_b h_0 \qquad\qquad 《混规》式(6.2.10\text{-}3)$$

这里 ξ_b 的计算与非预应力构件不同。首先，根据定义：

$$\xi_b = \frac{x_b}{h_0} = \frac{\beta_1 x_{cb}}{h_0} \qquad\qquad (11\text{-}12)$$

式中 β_1——等效矩形应力图系数。

考察截面从消压状态开始，直到临界状态的过程，如图 11-12 所示。

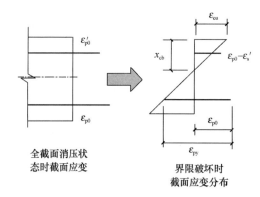

图 11-12 截面从消压状态到达临界状态的过程

➢ 消压状态时：$\varepsilon_c = 0$；$\sigma_{pe} = \sigma_{p0}$。

➢ 临界破坏时：$\varepsilon_c = \varepsilon_{cu}$；$\sigma_{pe} = f_{py}$。

所以预应力筋 A_p 的应力增量为 $f_{py} - \sigma_{p0}$；应变增量为：$\varepsilon_{py} - \sigma_{p0}/E_p$。

根据平截面假定和几何关系：

$$\frac{x_{cb}}{h_0} = \frac{\varepsilon_{cu}}{\varepsilon_{cu} + \dfrac{f_{py} - \sigma_{p0}}{E_s}} = \frac{1}{1 + \dfrac{f_{py} - \sigma_{p0}}{E_s\varepsilon_{cu}}} \qquad (11\text{-}13)$$

可得：

$$\xi_b = \frac{\beta_1}{1 + \frac{f_{py} - \sigma_{p0}}{E_s \varepsilon_{cu}}} \tag{11-14}$$

进一步地，由 $\frac{f_{py}}{E_s} = \varepsilon_{py}$ 可得：

$$\xi_b = \frac{\beta_1}{1 + \left(\frac{\varepsilon_{py}}{\varepsilon_{cu}} - \frac{\sigma_{p0}}{E_s \varepsilon_{cu}} \right)} \tag{11-15}$$

对无明显屈服点的预应力钢筋（钢丝、钢绞线、热处理钢筋），根据条件屈服点的定义：

$$\varepsilon_{py} = 0.002 + \frac{f_{py}}{E_p} \tag{11-16}$$

代入式（11-15）可得：

$$\xi_b = \frac{\beta_1}{1 + \left(\frac{0.002}{\varepsilon_{cu}} + \frac{f_{py} - \sigma_{p0}}{E_s \varepsilon_{cu}} \right)} \qquad 《混规》式(6.2.7-3)$$

注意

（1）预应力筋一般都属于上述这种情况；

（2）如果拉区的预应力筋 A_p 包含多种类型，或者具有多个预应力值，则应按《混规》式（6.2.7-3）分别计算出多个 ξ_b，然后取最小值。

---

4. 受弯承载力设计值应满足的要求

为了控制受拉钢筋总配筋量不能太少，使构件具有应有的延性，防止开裂后的突然脆断，受弯构件的正截面受弯承载力设计值应满足：

$$M_u \geqslant M_{cr} \qquad 《混规》式(10.1.17)$$

式中 　M_u——构件的正截面受弯承载力设计值，按《混规》式（6.2.10-1）、式（6.2.11-2）或式（6.2.14）计算，但应取等号，并将 M 以 M_u 代替；

　　　　M_{cr}——构件的正截面开裂弯矩值，按《混规》式（7.2.3-6）计算。

以上参见《混规》10.1.17 条

5. 注意点

（1）对于先张法构件，验算端部锚固区的正截面受弯承载力时，预应力筋的锚固长度及锚固范围内预应力筋的抗拉强度设计值按《混规》10.1.10 条确定。

（2）对于无粘结的预应力混凝土梁（板）构件，其抗弯能力受到很多因素的影响，如预应力筋有效应力的大小、预应力筋与非预应力筋的配筋率、梁（板）的跨高比、荷载种类等。在进行正截面承载力计算时，无粘结预应力受弯构件中预应力筋的应力设计值可按《混规》式（10.1.14-1）进行计算。

注：这里的应力设计值计算式也是现行行业标准《无粘结预应力混凝土结构技术规程》JGJ 92 中的表达式。

（3）无粘结预应力筋的外形布置宜与弯矩包络图接近，以防在梁上反弯点附近出现裂缝。

以上参见《混规》10.1.14 条

6. 思考

预应力有无提高梁（板）的抗弯承载力？

分析：根据受弯破坏时的状态分析可知，预应力混凝土梁（板）在破坏时，预加的应力已基本上全损失掉了，故其应力状态与普通混凝土构件类似。相关的试验也表明，在正常配筋的范围内，预应力混凝土梁的破坏弯矩值与同条件普通混凝土梁的破坏弯矩值几乎相同。

✳ 11.3.4　使用阶段斜截面承载力验算

（1）斜截面受弯承载力

与普通受弯构件一样，对斜截面受弯承载力通常是不进行计算的，而是用梁内纵向钢筋的弯起、截断、锚固及箍筋的间距等构造措施来保证。如果要计算，就按《混规》6.3.9 条进行。

> **注意**
>
> 对于先张法构件，进行端部锚固区的斜截面受弯承载力验算时，锚固长度的确定还应参照《混规》10.1.10 条。

（2）斜截面受剪承载力

预应力梁（板）的受剪承载力有所提高。原因在于：

① 在裂缝出现前，预压应力可减小主拉应力，并改变主拉应力的作用方向，从而提高受剪截面的抗裂性。而且因斜裂缝倾角的减小而增大了水平投影长度，提高了箍筋的抗剪作用。

② 在裂缝出现后，预压应力能够阻滞裂缝的开展、减小裂缝宽度、减缓斜裂缝沿截面高度发展、增大减压区的高度，并增强斜裂缝之间骨料的咬合作用。

③ 受剪截面中的曲线预应力筋的竖向分力，可以部分地抵消剪力。

根据试验研究，对于一般的预应力混凝土简支梁，提高量按下式计算：

$$V_p = 0.05 N_{p0} \qquad\qquad 《混规》式（6.3.4-3）$$

式中　V_p——由预加力所提高的构件受剪承载力设计值；

N_{p0}——计算截面上混凝土法向应力等于 0 时，预应力筋和非预应力筋的合力。

$$N_{p0} = \sigma_{p0} A_p + \sigma'_{p0} A'_p - \sigma_{l5} A_s - \sigma'_{l5} A'_s \qquad 《混规》式（10.1.7-1）$$

其中：

$$\begin{aligned} \sigma_{p0} &= \sigma_{con} - \sigma_l + \alpha_E \sigma_{pc} \\ \sigma'_{p0} &= \sigma'_{con} - \sigma'_l + \alpha_E \sigma'_{pc} \end{aligned} \qquad\qquad (11\text{-}17)$$

当 N_{p0} 大于 $0.3 f_c A_0$ 时，取为 $0.3 f_c A_0$（A_0 为构件的换算截面面积）。

原因：根据试验研究的结果，预加力对梁受剪承载力的提高作用应给予限值。

然后可得预应力构件的斜截面承载力计算公式（只考虑单配箍筋的情况，适用于矩形、T 形和 I 字形截面）如下：

$$V_u = \alpha_{cv} f_t b h_0 + f_{yv} \frac{A_{sv}}{s} h_0 + V_p \qquad 《混规》式（6.3.4-1）$$

> **以上参见《混规》6.3.4 条和 6.3.10 条**

✸ 11.3.5　使用阶段抗裂验算

对于普通混凝土构件和预应力混凝土轴拉构件，一般只需验算正截面的抗裂。而对于预应力混凝土受弯构件，需要同时考虑正截面和斜截面的抗裂。

（1）正截面抗裂验算

与预应力轴拉构件类似，抗裂验算基本按照第 11.2.4 节的内容进行。

验算公式的形式与预应力轴拉构件一样，但注意，这里计算的混凝土应力是截面受拉边缘处的数值。按弹性理论计算得到：

$$\sigma_{ck} = \frac{M_k}{W_0} \qquad 《混规》式（7.1.5-3）$$

式中　W_0——构件换算截面受拉边缘的弹性抵抗矩。

对于三级裂缝控制等级的构件，在进行最大裂缝宽度验算时，其中最大裂缝宽度 ω_{max} 仍可按《混规》式（7.1.2-1）计算：

$$\omega_{max} = a_{cr} \psi \frac{\sigma_s}{E_s} \left(1.9 c_s + 0.08 \frac{d_{eq}}{\rho_{te}} \right) (mm) \qquad 《混规》式（7.1.2-1）$$

其中，构件受力特征系数 a_{cr}，根据《混规》表 7.1.2-1，对于这里的受弯构件，应取为 1.5。按荷载标准组合计算的预应力纵筋的等效应力 σ_s，在这里按下式计算：

$$\sigma_s = \frac{M_k - N_{p0}(z - e_p)}{(a_1 A_p + A_s) z} \qquad 《混规》式（7.1.4-10）$$

（2）斜截面抗裂验算

① 混凝土主拉应力

应对斜截面上的混凝土主拉应力进行验算。原因：当预应力混凝土受弯构件内的主拉应力过大时，会产生与主拉应力方向垂直的斜裂缝。

对于抗裂等级为一级的构件，应符合：

$$\sigma_{tp} \leqslant 0.85 f_{tk} \qquad 《混规》式（7.1.6-1）$$

对于抗裂等级为二级的构件，应符合：

$$\sigma_{tp} \leqslant 0.95 f_{tk} \qquad\qquad 《混规》式(7.1.6-2)$$

② 混凝土主压应力

应当限制主压应力值。原因：过大的主压应力会导致混凝土抗拉强度过大的降低和裂缝过早的出现。

具体来说，对于抗裂等级为一级和二级的构件，都应符合：

$$\sigma_{cp} \leqslant 0.6 f_{ck} \qquad\qquad 《混规》式(7.1.6-3)$$

式中　σ_{tp}、σ_{cp}——混凝土的主拉应力、主压应力。按下列公式计算：

$$\left.\begin{array}{l}\sigma_{tp}\\[2mm]\sigma_{cp}\end{array}\right\} = \frac{\sigma_x + \sigma_y}{2} \pm \sqrt{\left(\frac{\sigma_x - \sigma_y}{2}\right)^2 + \tau^2} \qquad 《混规》式(7.1.7-1)$$

> **以上参见《混规》7.1.6 条和 7.1.7 条**

✳ 11.3.6　变形验算

预应力混凝土构件的挠度包括两部分：荷载作用下的挠度；预应力下的反拱。

计算式为：

$$f = f_{1l} - f_{2l} \qquad\qquad (11\text{-}18)$$

式中　f_{1l}——荷载作用下的挠度；

　　　f_{2l}——预应力下的反拱。

（1）f_{1l} 的计算

按材料力学公式：

$$f_{1l} = S \frac{Ml^2}{B} \qquad\qquad (11\text{-}19)$$

其中，截面弯曲刚度 B 需要分情况计算：

① 按荷载效应的标准组合下的短期刚度 B_s

对使用阶段要求不开裂的构件：

$$B_s = 0.85 E_c I_0 \qquad\qquad 《混规》式(7.2.3-2)$$

注：0.85 为刚度折减系数，用来考虑混凝土受拉区开裂前出现的塑性变形。

对使用阶段允许开裂的构件：

$$B_s = \frac{0.85 E_c I_0}{\kappa_{cr} + (1 - \kappa_{cr})\omega} \qquad 《混规》式(7.2.3-3)$$

$$\kappa_{cr} = \frac{M_{cr}}{M_k} \leqslant 1.0 \qquad\qquad 《混规》式(7.2.3-4)$$

$$\omega = \left(1 + \frac{0.21}{\alpha_E \rho}\right)(1 + 0.45\gamma_f) - 0.7 \qquad 《混规》式(7.2.3-5)$$

$$M_{cr} = (\sigma_{pcII} + \gamma f_{tk}) W_0 \qquad\qquad 《混规》式(7.2.3-6)$$

式中　γ——截面抵抗矩塑性影响系数，按《混规》7.2.4 条取值，对矩形截面，γ
　　　　 $=1.55$；

　　　γ_f——受拉翼缘面积与腹板有效面积之比；

$$\gamma_f = \frac{(b_f - b) h_f}{b h_0} \qquad\qquad 《混规》式(7.2.3-7)$$

ρ——受拉纵筋配筋率，按《混规》7.2.3条取值。

注：对预拉区出现裂缝的构件，B_s应降低10%。

② 按荷载效应的标准组合并考虑长期作用影响的刚度 B

$$B = \frac{M_k}{M_q(\theta-1)+M_k}B_s \qquad \text{《混规》式(7.2.2-1)}$$

其中，根据《混规》7.2.5条，θ 取2.0。

（2）f_{2l} 的计算

按两端有弯矩作用的简支梁计算：

$$f_{2l} = \frac{N_p e_p l^2}{8B} \qquad (11-20)$$

说　明

（1）计算刚加预应力所引起的 f_{2l} 时，按荷载的标准组合，用 $B=0.85E_cI_0$ 代入上式 (11-20)；其中，N_p、e_p 均按扣除第一批损失 σ_{l1} 后的情况计算，即为 N_{pI}、e_{pnI}；

（2）计算使用阶段的 f_{2l} 时，考虑长期效应（徐变），反拱值会增大。计算时将 N_p、e_p 均按扣除所有损失 σ_l 后的情况计算，即为 N_{pII}、e_{pnII}。然后用 $B=E_cI_0$ 代入式 (11-20)，但要乘以一个长期增长系数2。即：

$$f_{2l} = 2 \times \frac{N_{pII} e_{pnII} l^2}{8E_cI_0} \qquad (11-21)$$

注意

（1）对于重要的或特殊的受弯构件长期反拱值，可根据专门的试验分析确定或根据配筋情况采用考虑收缩、徐变影响的计算方法分析确定（可参考美国 ACI、欧洲 CEB-FIP 等规范推荐的方法）。

（2）对于永久荷载相对于可变荷载较小的预应力混凝土构件，当预应力产生的长期反拱值大于按荷载标准组合计算的长期挠度时，梁的上拱值将增大，对正常使用可能会产生不利影响。

① 长期上拱值的具体计算，可采用前述的简单增大系数（2.0），也可采用其他精确计算方法。

② 在设计阶段应进行专项设计（控制预应力度、合理选择预应力筋配筋数量等），同时在施工上也应有相应的配合措施来控制反拱。

（3）f 的计算

$$f = f_{1l} - f_{2l} \leqslant [f] \qquad (11-22)$$

式中　$[f]$——挠度限值，见《混规》表3.4.3。

注：当考虑反拱后计算的构件长期挠度超出限值时，可采用施工预先起拱等方式来控制挠度。

以上参见《混规》7.2.6条和7.2.7条

✳ 11.3.7 施工阶段的验算

在后张法梁（板）的制作阶段，截面受偏心压力，下边缘受压，上边缘受拉。如图11-13 所示。

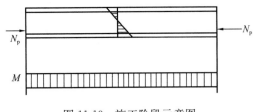

图 11-13 施工阶段示意图

对此，目前：

（1）采用限制边缘纤维混凝土应力值的方法来控制裂缝；

（2）同时保证预压区的抗压强度（确保预压区不被压坏）。

具体来说，根据国内外相关规范，并吸取国内的工程设计经验，截面边缘的混凝土法向应力应符合：

$$\sigma_{ct} \leqslant 1.0 f'_{tk} \qquad 《混规》式(10.1.11-1)$$

$$\sigma_{cc} \leqslant 0.8 f'_{ck} \qquad 《混规》式(10.1.11-2)$$

注：简支构件端部区段截面预拉区边缘纤维的混凝土拉应力允许大于 f_{tk}；但不应大于 $1.2f_{tk}'$。

式中 f'_{tk}、f'_{ck}——与各施工阶段混凝土立方体抗压强度相应的抗拉、抗压强度标准值；

σ_{ct}、σ_{cc}——相应施工阶段截面边缘混凝土的拉、压应力：

$$\left.\begin{array}{c}\sigma_{cc}\\ \sigma_{ct}\end{array}\right\} = \sigma_{pc} + \frac{N_k}{A_0} \pm \frac{M_k}{W_0} \qquad (11-23)$$

σ_{pc}——预应力产生的混凝土法向应力。压应力取正值，拉应力取负值；

W_0——验算边缘的换算截面弹性抵抗矩。

> 以上参见《混规》10.1.11 条

✳ 11.3.8 预应力梁（板）的抗扭能力

预应力梁（板）的抗扭能力也有所提高。因为施加预压力可以推迟受扭截面的斜裂缝的出现，提高构件的抗扭承载力。

✳ 11.3.9 特殊情况的处理

1. 对允许出现裂缝的后张法有粘结预应力混凝土框架梁及连续梁

允许开裂意味着可能出现内力重分布。近年来，国内开展了一些有关后张法混凝土连续梁内力重分布的试验研究，重点探讨了次弯矩的存在对内力重分布的影响。根据研究结果，并参考美国 ACI 规范、欧洲规范 EN 1992-2 等，得到：

（1）在重力荷载作用下，考虑次弯矩的影响，当截面相对受压区高度 $\xi \geqslant 0.1$ 且 $\leqslant 0.3$ 时，可允许有限量的内力重分布（弯矩重分配）。

（2）考虑弯矩重分配时，任一跨内的支座截面最大负弯矩设计值 M 主要受 ξ 和次弯矩 M_2 的影响。根据研究，M 可按下列公式确定，且调幅幅度不宜超过重力荷载下弯矩设计值的 20%。

$$M = (1-\beta)(M_{GQ} + M_2) \qquad 《混规》式(10.1.8-1)$$

$$\beta = 0.2(1 - 2.5\xi) \qquad \text{《混规》式}(10.1.8\text{-}2)$$

式中　M_{GQ}——控制截面按弹性分析计算的重力荷载弯矩设计值；

　　　　ξ——截面相对受压区高度；

　　　　β——弯矩调幅系数。

另外，既然允许开裂，最大裂缝宽度就不能超过限值，也就是应满足正常使用极限状态的验算要求。

以上参见《混规》10.1.8条

2. 对受集中力作用的预应力混凝土吊车梁

如果要计算混凝土竖向压应力和剪应力的最大值，根据已有研究，可按弹性理论进行分析，经试验验证后，《混规》7.1.8条给出了具体的实用方法。

3. 对预应力混凝土梁、板等构件的疲劳验算

如需进行疲劳验算，按《混规》6.7.4条、6.7.10～6.7.12条进行。

11.4　预应力构件的构造要求和耐久性措施要求

✳ **11.4.1　一般构造要求**

1. 截面形式及尺寸

（1）轴拉构件：截面形式一般为矩形。

（2）梁（板）：一般为T形、I形和箱形等，可采用上下不对称的I形：

➢ 宽度：上部大；

➢ 高度：下部大（为了方便布筋）。

（3）截面形式沿纵向也可变化，比如跨中为I形，靠支座处为矩形。（图11-14）

图11-14　纵向变截面梁

（4）尺寸：预应力对构造刚度和抗裂能力有提高作用，构件截面可选得小些。

一般取截面高度 h 为 $(1/20 \sim 1/14)l$（l 为构件跨度）；宽度相应减小。

（5）构件端部尺寸：应考虑锚具的布置、张拉设备的尺寸和局部受压的要求，必要时应适当加大。

以上参见《混规》10.3.12条

2. 对施工阶段预拉区允许出现拉应力的构件

（1）预拉区纵向钢筋的配筋率

根据已有研究，可略低于普通钢筋混凝土构件的最小配筋率。具体来说，$(A'_s + A'_p)/A$ 不宜小于 0.15%。其中，A 为构件截面面积，对后张法构件不应计入 A'_p。

（2）预拉区内的纵向普通钢筋

直径不宜大于 14mm，并应沿构件预拉区的外边缘均匀布置。

3. 对施工阶段预拉区不允许出现裂缝的板类构件

预拉区纵向钢筋的配筋可根据具体情况按实践经验确定。

以上参见《混规》10.1.12 条

4. 先张法中预应力筋的净间距

根据试验研究及工程经验，并考虑到耐久性的要求，净间距不宜小于其公称直径的 2.5 倍和混凝土粗骨料最大粒径的 1.25 倍，并应符合下列规定：

① 对热处理钢筋及钢丝：$\geqslant$15mm；

② 对三股钢绞线：$\geqslant$20mm；

③ 对七股钢绞线：$\geqslant$25mm。

注：当混凝土振捣密实性具有可靠保证时，净间距可放宽为最大粗骨料粒径的 1.0 倍。

以上参见《混规》10.3.1 条

5. 后张法预应力钢筋的预留孔道

（1）对预制构件的孔道，考虑到对预制构件中预应力筋孔道间距的控制比现浇构件要容易一些，且混凝土的浇筑质量更容易保证，所以对孔道间距的规定要小于现浇构件。具体规定如图 11-15 所示。

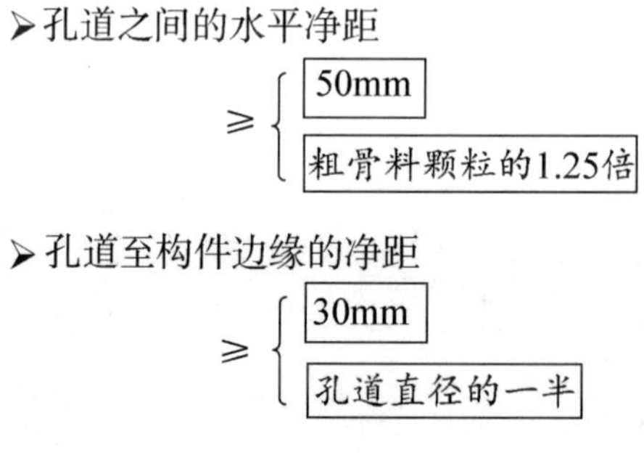

> 孔道之间的水平净距
$$\geqslant \begin{cases} 50mm \\ 粗骨料颗粒的1.25倍 \end{cases}$$

> 孔道至构件边缘的净距
$$\geqslant \begin{cases} 30mm \\ 孔道直径的一半 \end{cases}$$

图 11-15　预应力筋孔道间距

（2）在现浇梁中预留孔道时，为了保证曲线孔道张拉预应力筋时出现的局部挤压应力，不致造成孔道间混凝土的剪切破坏，要求如图 11-16 所示。

为什么当裂缝控制等级为三级时，要求有更大的保护层厚度？

原因：主要是考虑其裂缝状态下的耐久性要求。

（3）预留孔道的尺寸；根据工程经验，要求如图 11-17 所示。

（4）当有可靠经验并能保证混凝土浇筑质量时，为了方便在截面较小的梁类构件内布置预应力筋，预留孔道可水平并列贴紧布置，但并排的数量不应超过 2 束。

（5）在现浇楼板中采用扁形锚固体系时，穿过每个预留孔道的预应力筋数量宜为 3～

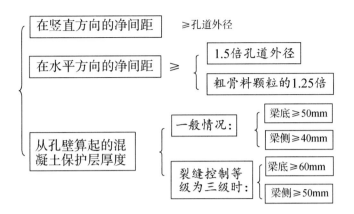

图 11-16　现浇梁中预留孔道的要求

图 11-17　预留孔道尺寸

5 根；常见荷载情况下，孔道在水平方向的净间距应不超过 8 倍板厚及 1.5m 中的较大值。

（6）板中的无粘结预应力筋，根据工程经验，要求如图 11-18 所示。

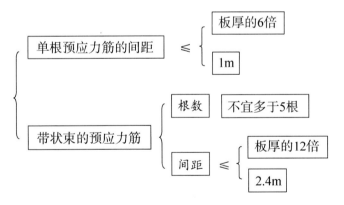

图 11-18　板中无粘结预应力筋

（7）梁中集束布置的无粘结预应力筋：

➢ 集束的水平净间距，不宜小于 50mm；

➢ 集束至构件边缘的净距，不宜小于 40mm。

以上参见《混规》10.3.7 条

6. 端部有局部凹进的后张法预应力构件

当构件在端部有局部凹进时，为保证端部锚固区的强度和裂缝控制性能，根据试验和工程经验，应增设折线构造钢筋，或其他有效的构造钢筋。

以上参见《混规》10.3.9 条

7. 锚具

后张法预应力钢筋所用锚具的形式和质量应根据国家现行标准《预应力筋用锚具、夹具和连接器》GB/T 14370 的有关规定选用。

✸ 11.4.2　曲线、折线型预应力筋的情况

1. 当沿构件的凹面布置曲线预应力束时

如果预应力筋凹侧的混凝土保护层较薄，且曲率半径较小时，容易导致混凝土崩裂，因此应进行防崩裂设计。

配置 U 形插筋可有效地抵抗崩裂径向力。

按预应力筋所产生的径向崩裂力不超过混凝土保护层的受剪承载力的原则，可推导得到对应的曲率半径。

（1）当实际的 r_p 不小于它时，可仅配置构造 U 形插筋。

（2）当实际的 r_p 大于它时，根据工程经验，并参考国外规范（日本预应力混凝土设计施工规范及美国 AASHTO 规范），每单肢 U 形插筋的截面面积应按《混规》式（10.3.11-2）（为了偏安全，该式中没有计入混凝土的抗力贡献）确定。

以上参见《混规》10.3.11 条

2. 对后张法构件的曲线形、折线形预应力筋的要求

（1）曲线预应力钢丝束、钢绞线束：

① 根据素混凝土构件局部受压的试验结果，并参考国外规范（日本预应力混凝土设计施工规范及美国 AASHTO 规范）后，给出了曲率半径的计算公式［《混规》式（10.3.10）］。

② 根据工程经验，曲率半径不宜小于 4m。

③ 当曲率半径不满足上述要求时，在局部挤压力作用下可能导致混凝土局部破坏，因此可在曲线预应力束弯折处内侧设置钢筋网片或螺旋筋，其数量可按《混规》中有关配置间接钢筋局部受压承载力的计算规定确定。

（2）对折线配筋的构件，在预应力筋弯折处的曲率半径可适当减小。

以上参见《混规》10.3.10 条

✸ 11.4.3　局部加强措施

1. 先张法构件端部的构造措施

根据长期工程经验和对试验研究结果的总结，构造措施如图 11-19 所示。

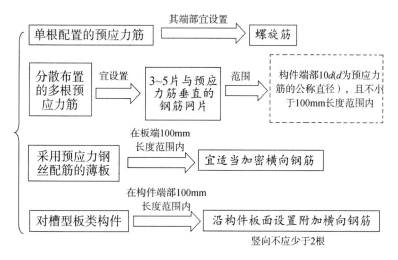

图 11-19　先张法构件端部的构造措施

以上参见《混规》10.3.2条

2. 后张法构件的端部锚固区

在预应力筋锚具下及张拉设备的支承处，应设置预埋钢垫板及配置间接钢筋（横向钢筋网片或螺旋式钢筋）等局部加强措施。

配置间接钢筋的具体规定：

（1）采用普通垫板时，相关要求如图 11-20 所示。

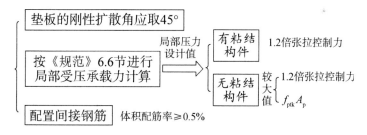

图 11-20　普通垫板

（2）采用整体铸造垫板时，局部受压区的设计应符合相关标准的规定。

（3）附加配筋区范围内应配置附加箍筋或网片，如图 11-21 所示。

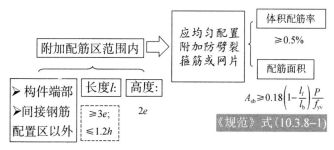

图 11-21

注：e—截面重心线上部或下部预应力筋的合力点至邻近边缘的距离；h—构件端部截面高度。

（4）当构件端部的预应力筋需集中布置在截面的下部或集中布置在上部和下部时，需设置附加的防裂构造筋，以防止端面裂缝。如图 11-22 所示。其截面面积要求如图 11-23所示。

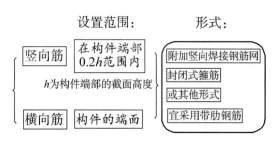

图 11-22　防止端面裂缝

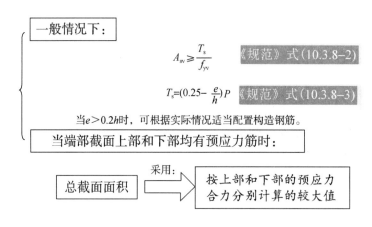

图 11-23　对截面面积的要求

注：端面的横向钢筋应与竖向钢筋形成网片筋配置。

以上参见《混规》10.3.8条

3. 在预应力混凝土屋面梁、吊车梁等构件靠近支座处

为了防止裂缝的出现，宜在斜向主拉应力较大的部位，将一部分预应力筋弯起配置。

4. 预应力筋在构件端部全部弯起的受弯构件或直线配筋的先张法构件

当构件端部与下部支撑结构焊接时，应考虑混凝土收缩、徐变及温度变化所产生的不利影响，宜在构件端部可能产生裂缝的部位设置纵向构造钢筋。

以上参见《混规》10.3.4条和10.3.5条

✳ 11.4.4　无粘结预应力混凝土结构中的对非预应力筋的构造要求

1. 对于无粘结的受弯构件

在预压受拉区配置一定数量的普通钢筋，可以避免该类构件在极限状态下发生双折线形的脆性破坏现象，并改善开裂状态下构件的抗裂性能和延性。

纵向受拉的非预应力筋的配置应符合：

（1）单向板

钢筋直径≥8mm，钢筋间距≤200mm。根据国内和美国的试验研究，并结合以往的设计经验，配筋面积应符合：

$$A_s \geqslant 0.002bh \qquad \text{《混规》式(10.1.15-1)}$$

式中　b、h——分别为截面的宽度和高度。

（2）梁

钢筋直径不宜小于14mm；钢筋宜均匀分布在梁的受拉边缘。

配筋面积 A_s 应取下列两式计算结果的较大值：

$$A_s \geqslant \frac{1}{3}\left(\frac{\sigma_{pu}h_p}{f_y h_s}\right)A_p \qquad \text{《混规》式(10.1.15-2)}$$

$$A_s \geqslant 0.003bh \qquad \text{《混规》式(10.1.15-3)}$$

式中　h_s——纵向受拉普通钢筋合力点至截面受压边缘的距离。

　　注：对按一级裂缝控制等级设计的梁，当无粘结预应力筋承担不小于75%的弯矩设计值时，根据试验研究，纵向受拉普通钢筋面积应满足承载力计算和《混规》式（10.1.15-3）的要求。

以上参见《混规》10.1.15 条

2. 对于无粘结板柱结构中的双向平板

（1）对于负弯矩区的非预应力筋

根据美国和我国进行的模型试验，应满足以下要求：

① 每一方向上纵筋的截面面积应符合：

$$A_s \geqslant 0.00075hl \qquad \text{《混规》式(10.1.16-1)}$$

式中　l——平行于计算纵筋方向上板的跨度；

　　　h——板的厚度。

② 这些纵筋应分布在各离柱边 1.5h（板厚）的板宽范围内，每一方向至少设置 4 根直径≥16mm 的钢筋，纵筋间距≤300mm，外伸出柱边长度至少为支座每一边净跨的1/6。

③ 如果在承载力计算中考虑了非预应力筋的作用，则其伸出柱边的长度应按计算确定，并符合对一般受拉钢筋锚固长度的要求。

（2）对于正弯矩区的非预应力筋

① 参照美国 ACI 规范的规定，结合国内多年来的工程经验，在荷载标准组合下，当正弯矩区每一方向上抗裂验算边缘的混凝土法向拉应力满足《混规》式（10.1.16-2）时，可仅按构造配筋；超过 $0.4f_{tk}$ 且≤ $1.0f_{tk}$ 时，纵筋的截面面积应符合《混规》式（10.1.16-3）的规定。

② 应均匀分布在板的受拉区内，并应靠近受拉边缘通长布置。

③ 针对温度、收缩应力所需配置的普通钢筋，与普通混凝土板的分布钢筋布置要求相同。

（3）在楼盖的边缘和拐角处，为了提高边柱和角柱节点的受冲切承载力，可设置钢筋混凝土边梁，并考虑柱头剪切作用，将该梁的箍筋加密配置。

以上参见《混规》10.1.16 条

✳ **11.4.5　预制肋形板的构造要求**

（1）宜设置加强其整体性和横向刚度的横肋，端横肋的受力钢筋应弯入纵肋内（图11-24）。

图 11-24　预制肋形板

（2）当采用先张长线法生产有端横肋的预应力混凝土肋形板时，应在设计和制作上采取防止放张预应力时端横肋产生裂缝的有效措施。

> 以上参见《混规》10.3.3条

✳ **11.4.6　耐久性措施要求**

（1）预应力构件混凝土中的最大氯离子含量：0.06％。

（2）预应力筋：

① 应根据具体情况采取表面防护、孔道灌浆、加大混凝土保护层厚度等措施；

② 外露的锚固端应采取封锚和混凝土表面处理等有效措施。

（3）对于后张法中的外露金属锚具，为了保证耐久性，根据国内外的应用经验，并参考美国 ACI 和 PTI 的有关规定，制定了具体的防护要求，详见《混规》10.3.13条。

11.5　考虑抗震时的预应力混凝土结构设计

多年来的抗震性能研究及震害调查表明，预应力混凝土结构只要设计得当，重视概念设计，采用预应力筋与普通钢筋混合配筋的方式，设计为在活荷载作用下允许出现裂缝的部分预应力混凝土，采取保证延性的措施，构造合理，仍可获得较好的抗震性能。

✳ **11.5.1　一般要求**

（1）预应力混凝土结构的适用范围：

① 可用于抗震设防烈度 6 度、7 度、8 度区；

② 当 9 度区需采用预应力混凝土结构时，应专门进行试验或分析研究，并采取保证结构具有必要延性的可靠措施；

（2）应采取措施使结构具有良好的变形和消耗地震能量的能力，达到延性结构的基本要求。

（3）应避免：

① 构件剪切破坏先于弯曲破坏；

② 节点先于被连接构件破坏；

③ 预应力筋的锚固粘结先于构件破坏。

（4）抗震设计时，预应力混凝土结构的抗震等级及相应的地震组合内力调整应按对普通钢筋混凝土结构的要求执行。

（5）预应力混凝土结构的混凝土强度等级：

① 框架和转换层的转换构件，不宜低于 C40；

② 其他抗侧力的预应力混凝土构件，不应低于 C30。

（6）对后张法构件：

① 当用于框架、门架、转换层的转换大梁时，宜采用有粘结预应力筋；

② 当用于承重结构的预应力受拉杆件、抗震等级为一级的框架时，应采用有粘结预应力筋。

以上参见《混规》11.8.1 条、11.8.2 条，《抗震规范》附录 C

✳ 11.5.2 预应力混凝土结构的抗震计算

（1）研究表明，预应力混凝土框架结构在弹性阶段的阻尼比可采用 0.03，并可按钢筋混凝土结构部分和预应力混凝土结构部分在整个结构总变形能所占的比例折算为等效阻尼比。

当裂缝出现后，在弹塑性阶段可取与钢筋混凝土相同的阻尼比 0.05。

在框架—剪力墙结构、框架—核心筒结构及板柱—剪力墙结构中，当仅采用预应力混凝土梁或板时，阻尼比仍应取为 0.05。

（2）预应力混凝土结构构件截面抗震验算时，《抗震规范》第 5.4.1 条地震作用效应基本组合中，应增加预应力作用效应项，参考国内外有关规范的规定，预应力作用的分项系数按如下取值：

① 当预应力作用效应对构件承载力有利时，取为 1.0；

② 不利时取为 1.2。

（3）预应力筋穿过框架节点核心区时：

① 由于预应力对节点的侧向约束作用，使节点混凝土处于双向受压状态，不仅可以提高节点的开裂荷载，也能提高节点的受剪承载力。节点核心区的截面抗震受剪承载力应按《混规》11.6 节的有关规定进行验算，并可考虑有效预加力的有利影响（可取为 $0.4N_{pe}$，N_{pe} 为作用在节点核心区预应力筋的总有效预加力）。

② 节点核芯区的截面抗震验算，应计入总有效预加力以及预应力孔道削弱核芯区有效验算宽度的影响。

✳ 11.5.3 预应力混凝土框架结构的抗震构造措施

除应符合钢筋混凝土结构的要求外，还应符合以下要求。

1. 框架梁

框架梁是主要承重构件之一，应保证其必要的承载力和延性。

（1）试验研究表明，预应力混凝土框架梁端截面，计入纵向受压钢筋的混凝土受压区高度，应有一定的限制。具体来说，应符合《混规》11.3.1条的规定。

当允许配置受压钢筋平衡部分纵向受拉钢筋，以减小混凝土受压区高度时，要求按普通钢筋抗拉强度设计值换算的全部纵向受拉钢筋的配筋率不宜大于 2.5%。原因：截面受拉区钢筋过多会引起梁端截面中较大的剪力，而且钢筋过多时不方便施工。

（2）预应力混凝土框架梁端纵向受拉钢筋的最大配筋率、底面和顶面非预应力钢筋配筋量的比值，应按预应力强度比相应换算后符合钢筋混凝土框架梁的要求。

（3）在预应力混凝土框架梁中，采用预应力筋和普通钢筋混合配筋的方式，是提高结构抗震耗能能力的有效途径之一。

但预应力筋的拉力与预应力筋及普通钢筋拉力之和的比值，为多少合适？

分析：要结合工程具体条件，全面考虑使用阶段和抗震性能两方面的要求。

➤ 从使用阶段看，该比值大一点好；

➤ 从抗震性能看，该比值不宜过大。

为了使二者比较协调，按工程经验和试验研究，该比值不宜大于 0.75。然后基于该限值，并考虑预应力筋及普通钢筋重心离截面受压区边缘纤维距离 h_p、h_s 的影响，得到梁端截面配筋宜符合下列要求：

$$A_s \geq \frac{1}{3}\left(\frac{f_{py}h_p}{f_y h_s}\right)A_p \qquad \text{《混规》式(11.8.4)}$$

（4）预应力混凝土框架梁的梁端箍筋加密区内：

① 截面底部纵向普通钢筋和顶部纵向受力钢筋截面面积的比值，应符合一定的比例，其理由和规定同钢筋混凝土框架。具体见《混规》11.3.6条第2款的规定。

② 计算顶部纵向受力钢筋截面面积时，应将预应力筋按抗拉强度设计值换算为普通钢筋截面面积。

③ 框架梁端底面纵向普通钢筋配筋率尚不应小于 0.2%。

2. 框架柱

（1）抗侧力的预应力混凝土构件，应采用预应力筋和非预应力筋混合配筋方式。二者的比例应依据抗震等级按有关规定控制，其预应力强度比不宜大于 0.75。

（2）考虑地震作用组合的框架柱，可等效为承受预应力作用的普通偏心受压构件，在计算中将预应力作用按总有效预加力表示，并乘以预应力分项系数 1.2，故预应力作用引起的轴压力设计值为 $1.2N_{pe}$。

（3）当计算预应力混凝土框架柱的轴压比时：

① 轴向压力设计值应取柱组合的轴向压力设计值加上预应力筋有效预加力的设计值；

② 其轴压比应符合《混规》表11.4.16的相应要求。

（4）预应力混凝土框架柱的箍筋宜全高加密。

（5）对于大跨度框架边柱，承受较大弯矩而轴向力较小，可采用非对称配筋的预应力混凝土柱。具体来说：

① 在截面受拉较大的一侧配置预应力筋和普通钢筋的混合配筋；

② 另一侧仅配置普通钢筋；

③ 应符合一定的配筋构造要求。

3. 无粘结预应力混凝土结构的抗震设计

应采取措施防止罕遇地震下结构构件塑性铰区以外有效预加力松弛，并符合专门的规定。

4. 后张预应力筋的锚具、连接器

不宜设置在梁柱节点核心区内。原因：该处的重要性突出。

> 以上参见《混规》11.8.1条、11.8.4条、
> 11.8.6条、《抗震规范》附录C

11.6　本　章　总　结

（1）预应力混凝土（PC）构件与普通混凝土（RC）构件的主要不同点，如图11-25所示。

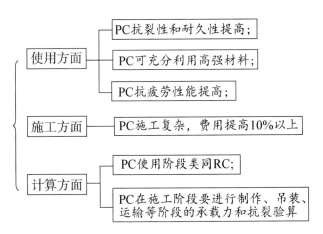

图 11-25　PC 与 RC 的主要不同点

（2）下列结构物宜优先采用预应力混凝土：

➢ 要求裂缝控制等级较高的结构；

➢ 大跨度或受力较大的结构；

➢ 对刚度和变形控制要求较高的结构构件。

（3）对于 9 度时先张法和后张有粘结预应力混凝土结构的抗震设计，应进行专门研究。

第12章 结 语

12.1 若干要点小结

✴ 12.1.1 混凝土结构的设计思想概括

按照现有表达，我国现行的建筑结构设计方法是：

"以概率理论为基础的极限状态设计方法，以可靠指标度量结构构件的可靠度，采用以分项系数的设计表达式进行设计。"

设计思想的要点可简单记作：

（1）为保证结构安全，先对荷载和抗力分别拟定一个比较保守的标准值，再分别乘以或除以一个大于1的系数（分项系数）来进行初步设计，以提供安全储备。

（2）为保证结构正常使用，需对初步设计好的结构验算变形和裂缝情况。

（3）考虑多种活荷载不会同时出现或同时达到最大值，需要进行合理的组合和折减。

✴ 12.1.2 设计过程的"迭代性"

本书主要讲了两大类结构：框架结构和排架结构。

都属于超静定结构。计算荷载作用下的内力时，可用的方法是力法、位移法及衍生方法（弯矩分配法等）。

回顾：这些方法都需要结构的两大类参数：

（1）各构件（梁、柱等）的长度尺寸。可由建筑设计确定。

（2）各构件的截面刚度参数（线刚度）。需要各构件的弹性模量和截面尺寸，才能得到刚度参数。

因此，结构设计时的步骤如图12-1所示。

可见，结构设计不是一个正向的"推出式"设计，而是"迭代式"设计。需要给予条件

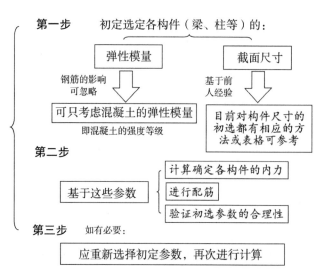

图 12-1 结构设计的步骤

才能启动。如图 12-2 所示。

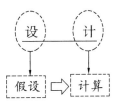

图 12-2　设计的含义

✳ **12.1.3　构件设计的不唯一性**

如图 12-3 所示。

图 12-3　构件设计的不唯一性

✳ **12.1.4　有关荷载组合的种类**

如图 12-4 所示。

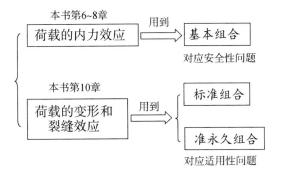

图 12-4　荷载的组合种类

✳ **12.1.5　时变性**

如图 12-5 所示。

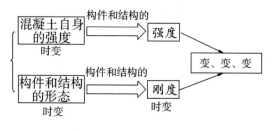

图 12-5 时变性

注意

也就是说，混凝土结构的强度和刚度都在不停地变、变、变。

✳ 12.1.6 钢筋的并筋问题

在结构设计和施工时，有时候会遇到粗钢筋及配筋密集引起的困难，此时对钢筋可采用并筋（钢筋束）的布置方式。

（1）并筋数量

直径 28mm 及以下的钢筋：并筋数量不应超过 3 根；

直径 32mm 的钢筋：并筋数量宜为 2 根；

直径 36mm 及以上的钢筋：不应采用并筋。

（2）并筋的布置方式

二并筋：可横向或纵向布置；

三并筋：宜按品字形布置。

（3）并筋后的等效直径计算

等效直径按截面面积相等的原则换算确定。如：

① 对相同直径的二并筋，等效直径为 1.41 倍的单根钢筋直径；

② 对相同直径的三并筋，等效直径为 1.73 倍的单根钢筋直径。

另外，并筋采用绑扎搭接连接时，应按每根单筋错开搭接的方式连接。

接头面积百分率应按同一连接区段内所有的单根钢筋计算。并筋中钢筋的搭接长度应按单筋分别计算。

以上参见《混规》4.2.7 条和 8.4.3 条

✳ 12.1.7 钢筋的代换问题

对构件中配好的钢筋可进行代换。代换的要求如图 12-6 所示。

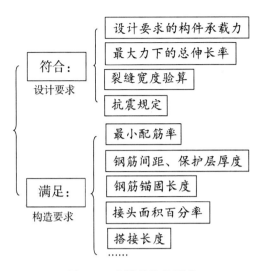

图 12-6　钢筋代换的要求

以上参见《混规》4.2.8 条

12.2　三个少见的问题

以下三个问题因为不常用，所以在本书中未加以详细介绍：

✳ 12.2.1　防连续倒塌的设计方法

重点结构的防连续倒塌，可采用如下设计方法：

（1）局部加强法

对可能遭受偶然作用而发生局部破坏的竖向重要构件和关键传力部位：

① 提高安全储备；

② 也可直接考虑偶然作用进行设计。

（2）拉结构件法

在结构局部竖向构件失效的条件下，可根据具体情况分别按以下模型进行承载力验算，维持结构的整体稳固性：

① 梁—拉结模型；

② 悬索—拉结模型；

③ 悬臂—拉结模型。

（3）拆除构件法

① 按一定规则拆除结构的主要受力构件，验算剩余结构体系的极限承载力；

② 也可采用倒塌全过程分析进行设计。

以上参见《混规》3.6.2 条

当进行偶然作用下结构防连续倒塌验算时，要点如图 12-7 所示。

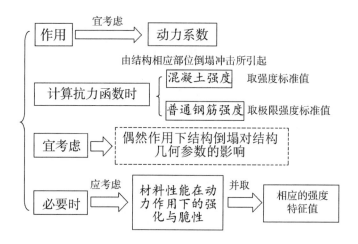

图 12-7　进行偶然作用下结构防连续倒塌验算时的要点

以上参见《混规》3.6.3 条

✳ 12.2.2　既有结构的处理

（1）对既有结构如果要进行延长使用年限、改变用途、改建、扩建或需要进行加固、修复等时，应先对其进行评定。

① 评定的原则要求见现行国家标准《工程结构可靠性设计统一标准》GB 50153；

② 评定的具体要求见《混规》3.7.2 条。

（2）如果既有结构需要改变用途或延长使用年限，则需进行承载能力极限状态的验算。验算宜符合《混规》3.3.2 条的规定。

（3）如果对既有结构需要进行改建、扩建或加固改造，则应进行重新设计。重新设计要强调对既有结构加强整体稳固性的原则，避免只考虑局部加固处理的片面做法，防止结构承载力或刚度的突变。详见《混规》3.7.3 条的规定。

✳ 12.2.3　二维或三维混凝土结构构件的情况

结构上大部分构件都属于一维构件，也就是一个方向的正应力明显大于其余两个正交方向的应力。但有时候也会遇到二维构件、三维构件。

二维构件——两个方向的正应力均显著大于另一个方向的应力；

三维构件——三个方向的正应力无显著差异。

对二维、三维混凝土结构构件，当按弹性或弹塑性方法分析并以应力形式表达时，可将混凝土应力按区域等代成内力设计值，按《混规》3.3.2 条进行计算，也可直接采用多轴强度准则进行设计验算。

以上参见《混规》3.3.3 条

12.3　对两类"特殊"结构进行细致分析的方法

✦ 12.3.1　对重要或受力复杂的结构

宜采用弹塑性分析方法对结构整体或局部进行验算。

（1）弹塑性分析原则：见《混规》5.5.1条；

（2）弹塑性分析方法：见《混规》5.5.2-3条。

✦ 12.3.2　对不承受多次重复荷载作用且有足够塑性变形能力的结构

可采用塑性极限理论的分析方法进行结构的承载力计算，同时应满足正常使用的要求。整体结构的塑性极限分析计算应符合《混规》5.6.2条的规定。

12.4　有关叠合构件和装配式结构

混凝土框架和排架结构除了按现浇工艺进行设计和施工外，还有以下两类特殊情况。

✦ 12.4.1　叠合构件

指的是由预制构件和后浇混凝土两部分叠合而成的受力构件。叠合构件能减少现浇工作量、减少建筑垃圾、提高质量、加快施工进度。

（1）对梁、板类的叠合构件：其设计要点详见《混规》9.5.1节；

（2）对柱、墙类的叠合构件：其设计要点详见《混规》9.5.2节。

✦ 12.4.2　装配式和装配整体式结构

限于篇幅，这里不再详细介绍。

（1）设计要点：详见《混规》9.6节；

（2）所用预埋件（图12-8）和连接件的详细要求：见《混规》9.7节和11.1.9条。

图12-8　预埋件（供图：林学武）

注：对于《混规》9.7.6条，2015年8月进行的局部修订中新增加了选用Q235圆钢的相关要求。

（3）另外可详细参照《装配式混凝土结构技术规程》JGJ 1—2014和《装配式混凝土建筑技术标准》GBT 51231—2016。

参 考 文 献

［1］ 《混凝土结构设计规范》GB 50010—2010
［2］ 《高层建筑混凝土结构技术规程》JGJ 3—2010
［3］ 《建筑抗震设计规范》GB 50011—2010
［4］ 《建筑结构荷载规范》GB 50009—2012
［5］ 东南大学，天津大学，同济大学合编 .《混凝土结构》上册——混凝土结构设计原理(第五版). 北京：中国建筑工业出版社，2012
［6］ 东南大学，天津大学，同济大学合编 .《混凝土结构》中册——混凝土结构与砌体结构设计(第五版). 北京：中国建筑工业出版社，2012